DES INSTITUTIONS

DE

CRÉDIT FONCIER

ET AGRICOLE

DANS LES DIVERS ÉTATS DE L'EUROPE

DES INSTITUTIONS

DE

CRÉDIT FONCIER

ET AGRICOLE

DANS LES DIVERS ÉTATS DE L'EUROPE

NOUVEAUX DOCUMENTS

RECUEILLIS PAR ORDRE

DE M. DUMAS

MINISTRE DE L'AGRICULTURE ET DU COMMERCE

ET PUBLIÉS

PAR M. J. B. JOSSEAU

AVOCAT À LA COUR D'APPEL DE PARIS

AVEC LA COLLABORATION DE MM. H. DE CHONSKI ET DELAROY

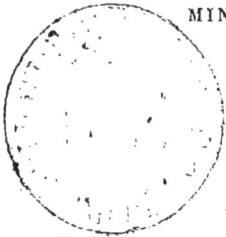

PARIS

IMPRIMERIE NATIONALE

M DCCC LI

RAPPORT

A M. LE PRÉSIDENT DE LA RÉPUBLIQUE,

PAR M. LE MINISTRE DE L'AGRICULTURE ET DU COMMERCE.

———◦———

Monsieur le Président,

Vous avez vu fonctionner en Allemagne les institutions du crédit foncier; vous en avez étudié le mécanisme, vous en avez constaté les bienfaits, et, fort d'une conviction arrêtée, vous avez mis toute votre sollicitude à les naturaliser en France. Témoin de vos efforts persévérants et souvent infructueux pour dissiper dans tous les esprits les doutes qui les troublent, j'ai cru qu'un tableau exact des faits qui se produisent dans la plupart des États du nord de l'Europe vous aiderait dans l'accomplissement de la tâche que vous avez entreprise.

En conséquence, j'ai institué depuis six mois une enquête dans tous les pays qui possèdent

A

des institutions de crédit foncier ou de crédit agricole. Grâce à l'empressement de nos agents diplomatiques et consulaires, et au dévouement de quelques hommes spéciaux, elle m'a fourni des documents authentiques, complets et concluants, sur les conditions légales, sur la situation financière actuelle et sur les avantages agricoles de ces associations.

A leur aide, une somme qui, dans le moment présent, sans parler du passé, s'élève à 540 millions pour une population de 27 millions d'habitants, a été prêtée à l'agriculture aux conditions les plus favorables; et lorsqu'on voit que la valeur des lettres de gage descend jusqu'à 75 francs, on juge de l'innombrable quantité de cultivateurs qui en ont profité.

Les titres de ces associations ont une valeur à peu près fixe; ils ne suivent pas les oscillations des effets publics. Les dépréciations que les événements politiques font subir à ceux-ci les influencent peu; ils ne donnent aucune prise à l'agiotage.

Les instructions de crédit foncier placent l'agriculture sur le même pied que l'industrie. Elles dirigent les capitaux vers la terre, et retiennent les populations au milieu des champs; elles op-

posent au morcellement de la propriété un utile
contre-poids ; elles rendent la production des produits agricoles plus facile, moins coûteuse, et,
sans nuire à l'agriculteur, elles abaissent au profit
de tous le prix des matières alimentaires.

Lorsque les Gouvernements sont intervenus
dans le but de favoriser ces institutions naissan-
tes, leur garantie n'a jamais été compromise. En
réalité, elle est restée purement morale.

Les documents que j'avais réunis, coordonnés
avec soin, forment la matière d'un volume dont
l'impression est terminée. Comme il serait difficile
d'en multiplier le tirage au delà d'un certain
nombre, j'ai pensé qu'il était nécessaire de publier un résumé de ce travail, qui vient de s'a-
chever dans mon cabinet. C'était la meilleure
manière de reconnaître et de récompenser le zèle
et l'abnégation des personnes qui ont bien voulu
me porter un concours digne de toute votre bien-
veillance.

J'ai l'honneur d'être,

Monsieur le Président,

Avec respect,

J. DUMAS.

Paris, le 2 janvier 1851.

A.

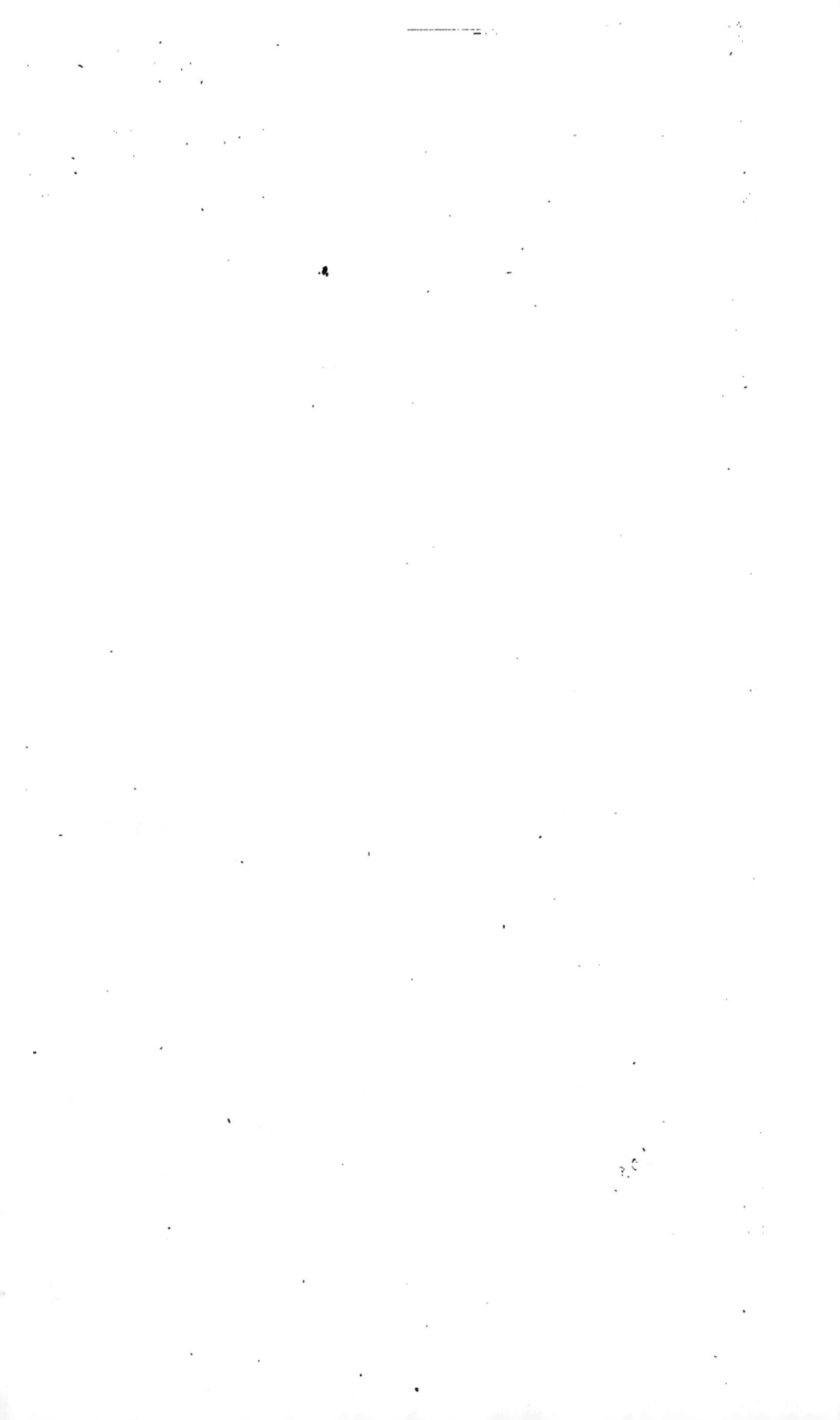

RAPPORT

PRÉSENTÉ A M. DUMAS,

MINISTRE DE L'AGRICULTURE ET DU COMMERCE,

PAR M. J. B. JOSSEAU,

COMMISSAIRE DU GOUVERNEMENT.

———◁○▷———

MONSIEUR LE MINISTRE,

Au moment où l'Assemblée législative est appelée par le Gouvernement à examiner le projet de
loi relatif aux sociétés de crédit foncier, vous avez
jugé utile de mettre sous ses yeux tous les faits
propres à éclairer la discussion.

Depuis la publication du remarquable rapport
de M. Royer sur quelques-unes des institutions
de crédit qui existent en Allemagne, de graves
événements se sont accomplis. La question du
crédit foncier a fait un grand pas. Il était devenu
indispensable de recueillir de nouveaux rensei-

gnements, soit sur les modifications apportées à
l'organisation des établissements décrits par
M. Royer, soit sur les institutions existantes dans
les pays que cet inspecteur n'avait pas reçu mission de visiter. Il importait surtout de connaître
l'influence que les derniers événements politiques
ont exercée sur la situation de ces établissements,
et de rechercher si la combinaison qui en forme
la base est susceptible, avec certaines modifications, d'être transportée dans notre pays.

Vous avez pensé, Monsieur le Ministre, qu'il
appartenait au Gouvernement de rassembler ces
précieux documents; vous avez bien voulu me
confier le soin d'analyser ceux qui vous sont parvenus, d'en extraire ce qui peut jeter un nouveau
jour sur l'organisation des institutions de crédit
qui fonctionnent dans les divers États de l'Europe,
et d'en former un faisceau qui serve de complément aux documents publiés par le précédent
Gouvernement.

Je viens vous rendre compte de ce travail, aujourd'hui complétement terminé.

Ces institutions, considérées au point de vue
de leur objet, sont de deux sortes. Les unes sont
destinées à favoriser le crédit foncier proprement
dit, c'est-à-dire le crédit basé sur l'hypothèque.

Les autres ont pour objet de venir en aide au crédit agricole, c'est-à-dire au crédit personnel ou
mobilier du cultivateur. Ces dernières institutions
se subdivisent en établissements de prêts et en
caisses de secours, destinés principalement à sou-
lager les besoins de la petite culture et des industries qui s'y rattachent.

Ce double objet des établissements de crédit
nous traçait tout naturellement le plan de ce
volume. Nous l'avons divisé en deux parties : la
première contient les renseignements relatifs aux
institutions de crédit foncier proprement dit ; ils
ont été puisés dans les États suivants : Russie,
Pologne, Prusse, Autriche, Bavière, Saxe (royaume), Hanovre, Mecklenbourg, villes anséati-
ques, Danemarck, Hesse-Cassel, Hesse-Darmstadt,
duché de Nassau, Suisse, Belgique et Grande-
Bretagne.

La seconde renferme les renseignements relatifs aux établissements basés sur le crédit agricole
et aux caisses de secours qui existent en Russie,
en Bavière, dans la Hesse-Darmstadt ou autres
pays situés sur la rive gauche du Rhin, et en
Irlande.

Bien qu'il ne s'agisse pas en ce moment de
créer chez nous des établissements de cette na-

ture, j'ai l'honneur de vous proposer de publier, comme annexes, les renseignements qui y sont relatifs. Ils serviront à préparer des solutions qui ne sont point encore arrivées à un degré suffisant de maturité.

DES INSTITUTIONS DE CRÉDIT FONCIER

PROPREMENT DIT.

Ces institutions, personne ne le conteste, rendent, dans les pays où elles sont établies, des services incontestables à l'agriculture et à la propriété immobilière. Leur étude, pour être complète, nous paraît devoir être faite sous les cinq aspects suivants :

1° Des divers établissements de crédit foncier existant en Europe; leur division;

2° Leur origine;

3° Les bases fondamentales de leur organisation ;

4° Les résultats qu'ils ont produits ;

5° L'examen comparatif de la situation économique et territoriale des pays où ils sont institués avec celle de la France.

§ Ier.

DES DIVERS ÉTABLISSEMENTS DE CRÉDIT FONCIER; LEUR DIVISION.

Les établissements de crédit foncier peuvent se classer, au point de vue de leur institution publique, en deux grandes catégories.

Les uns reposent sur la base de l'association, et sont administrés par des associés.

Les autres sont fondés et régis exclusivement par l'État et les autorités centrales ou provinciales.

A. *Associations de crédit foncier.*

Les associations de crédit foncier se rangent en deux groupes.

Au premier appartiennent les associations créées en vue des emprunteurs, avec ou sans garantie de l'État, mais toujours établies sous la surveillance du Gouvernement et, jusqu'à un certain point, avec son concours.

Le second groupe comprend les établissements qui, tout en rendant service aux emprunteurs, sont destinés à fonctionner principalement dans l'intérêt des prêteurs. Ce sont les institutions fondées et régies par des compagnies financières, avec ou sans le concours de l'État, mais opérant sous la surveillance du Gouvernement.

I. Dans le premier groupe doivent être placées :

1° Les associations de crédit foncier de la monarchie prussienne établies dans les provinces suivantes, d'après leur ordre chronologique :

Silésie,

Marche-Électorale et Nouvelle-Marche (de Brandebourg),

Poméranie ,

Prusse occidentale ,

Prusse orientale ,

Grand-duché de Posen.

Les statuts de l'association de la Poméranie, revisés en 1846, sont reproduits dans ce recueil, comme les plus récents.

2° Les établissements de crédit du royaume de Hanovre. Ce sont :

a. L'institution du crédit hypothécaire de Lunebourg, établie à Zelle ;

b. Les établissements de crédit foncier pour les principautés de Calenberg, Grubenhagen et Hildesheim ;

c. Ceux institués pour le duché de Brême et la principauté de Verden, établis à Stade ;

d. Ceux institués pour la principauté de la Frise orientale.

Un autre établissement de crédit pour le royaume de Hanovre, particulièrement institué pour le rachat des dîmes et servitudes, puis étendu à des prêts hypothécaires, est régi exclusivement par le Gouvernement, quoique celui-ci ne donne sa garantie que jusqu'à une certaine somme.

3° En *Autriche*, l'institut de crédit de la Gallicie. Il est encore le seul qui fonctionne dans cet empire.

Cet établissement est administré par l'association, avec le concours de la diète provinciale.

4° En *Wurtemberg*, l'association de crédit du Wurtemberg; quoique un peu différente des précédentes dans son organisation, elle rentre dans cette classe d'établissements.

5° En *Saxe*, *a*, l'association de crédit des pays héréditaires du royaume de Saxe;

b. La banque hypothécaire des états provinciaux de la haute Lusace. Cette banque est administrée par une délégation des états provinciaux, sous le contrôle de l'État, mais non directement par celui-ci.

6° Dans le *Mecklenbourg*, l'association de crédit foncier dont les statuts sont reproduits ou analysés dans le présent recueil.

7° A *Hambourg*, la caisse de crédit pour les porpriétés de la ville de Hambourg.

8° A *Brême,* une institution de crédit garantissant l'émission par les propriétaires des cédules hypothécaires.

9° En *Danemarck,* la loi du 20 juin 1850 vient d'autoriser les établissements de crédit foncier basés sur l'association des emprunteurs.

10° Dans l'*Empire de Russie, a,* l'association de *crédit-système,* dans les provinces baltiques (Livonie, Esthonie et Courlande) ;

b. La banque des paysans dans les mêmes provinces.

11° En *Pologne,* la société du crédit territorial du royaume de Pologne.

II. Dans le second groupe d'établissements de crédit foncier, c'est-à-dire de ceux fondés et régis par les compagnies financières, et dans l'intérêt du prêteur plutôt que dans celui des emprunteurs, on compte les établissements suivants :

1° En *Bavière,* la banque hypothécaire de Bavière, qui réunit aux prêts sur hypothèque des opérations d'escompte et d'assurances.

2° Dans la *Hesse-Darmstadt,* l'établissement de

rentes (*Renten anstalt*), faisant des prêts hypothécaires.

3° La caisse de crédit, aujourd'hui banque
nationale du duché de Nassau.

4° Les banques communales de *Wurtemberg*,
faisant des prêts sur hypothèque ou sur billets.

5° En *Suisse*, les banques hypothécaires de
Berne et de Bâle-Campagne.

6° En *Belgique*, dans la même catégorie, se
placent les compagnies financières suivantes :
Caisse des propriétaires, caisse hypothécaire.

B. Institutions de crédit foncier fondées et dirigées par l'État exclusivement.

1° *Hesse-Cassel*. La caisse du crédit territorial
(*Landes-Credit-Casse*), instituée principalement
dans le but d'aider au rachat des dîmes, servitudes
et autres redevances féodales, mais faisant aussi
des prêts hypothécaires, même à la petite propriété.

2° *Hanovre*. Institution de crédit territorial
pour le royaume de Hanovre, déjà mentionnée,
établie dans le même but que la précédente et
étendue ensuite aux prêts hypothécaires.

3° *Prusse*. Différentes caisses fondées, principa-

lement én Wesphalie, dans le but de faciliter le
rachat des charges foncières et servitudes féodales.

4° *Bade.* Caisse instituée dans un but analogue.

5° *Danemarck.* Caisse de crédit à la fois hypothécaire et personnel, fondée en 1786.

6° *Grande-Bretagne.* Il n'existe ni dans la
Grande-Bretagne, ni en Irlande, aucun établissement spécial de crédit foncier proprement dit.
La constitution de la propriété s'y oppose. Les
banques écossaises, comme les banques anglaises
et irlandaises, font des prêts aux agriculteurs, à
l'industrie et au commerce; mais ces établissements ont pour objet spécial d'aider le crédit
agricole et personnel.

Le Gouvernement a avancé des sommes considérables pour les améliorations agricoles, notamment pour le drainage.

7° *Russie.* Un des établissements les plus considérables de crédit hypothécaire est la banque
d'emprunt de l'empire. Quelques autres banques
du Gouvernement, les administrations des caisses
pupillaires et des établisements de bienfaisance
prêtent également sur hypothèque. Mais tous ces
établissements sont de la nature des institutions
financières d'utilité générale plutôt que des établissements spéciaux de crédit foncier.

8° *Belgique*. L'adoption du projet de loi présenté aux chambres belges le 8 août 1850 créerait l'établissement le plus complet, rentrant spécialement dans la classe de ceux régis par l'État.

§ II.

ORIGINE DES INSTITUTIONS DE CRÉDIT FONCIER.

La première institution de crédit foncier établie en Allemagne le fut en Silésie vers 1770.

Ce système fut appliqué ensuite dans la marche de Brandebourg en 1777, dans la Poméranie en 1781, à Hambourg en 1782, dans la Prusse occidentale en 1787, dans la Prusse orientale en 1788, dans la principauté de Lunebourg en 1791, dans l'Esthonie et la Livonie en 1803, dans le Schleswig et le Holstein en 1811, dans le Mecklenbourg en 1818, dans le grand-duché de Posen en 1822, dans le royaume de Pologne en 1825, dans les principautés de Kalenberg, Grubenhagen et Hildesheim en 1825; dans les duchés de Brême et de Verden en 1826, dans la Bavière en 1826, dans le Wurtemberg en 1827, dans l'électorat de Hesse-Cassel en 1832, dans la Westphalie en 1835, dans la Gallicie en 1841, dans le Hanovre en 1842, dans la Saxe en 1844.

En Silésie, le premier essai d'association eut lieu après la guerre de sept ans.

La propriété foncière était dans la détresse par suite des maux de la guerre et du vil prix des denrées ; l'intérêt de l'argent était monté à 10 p. o/o et au-dessus, les frais de commission à 2 et 3 p. o/o. La noblesse de la province obtint de Frédéric II un sursis de trois ans pour payer ses dettes.

Cet état de choses inspira à un négociant obscur de Berlin, M. Buring, l'idée de relever le crédit foncier en substituant à la responsabilité individuelle de chaque débiteur la garantie collective d'une société de propriétaires engagés par contrat hypothécaire.

L'association silésienne, fort imparfaite d'abord, fut améliorée progressivement et perfectionnée depuis par l'introduction de la réforme la plus importante, l'extinction de la dette par amortissement.

La société de crédit foncier de Pologne a une origine analogue à celle de Silésie. Les charges énormes accumulées sur la propriété foncière par les guerres de l'empire dans le grand-duché de Varsovie ont d'abord fait décréter un sursis (mo-ratorium) au profit des débiteurs. Elles ont ensuite amené une liquidation générale au moyen du crédit collectif, dont l'organisation, dans le royaume de Pologne, a profité des expériences chèrement achetées en Prusse.

Mais, dans la plupart des États allemands, l'origine des associations de crédit foncier est différente. Dans le Hanovre, l'institut de crédit hypothécaire du duché de Lunebourg, établi à Zelle en 1790, a été fondé dans le but de procurer aux grands propriétaires des capitaux à un taux d'intérêt peu élevé, et d'appliquer à l'extinction des dettes le système d'amortissement importé de la Grande-Bretagne, avec laquelle le Hanovre avait un souverain commun. Une autre association hanovrienne, celle du crédit foncier pour tout le royaume, a remplacé, en 1842, l'établissement fondé pour le rachat des dîmes, servitudes, etc.

Cette institution, après avoir affranchi la terre des redevances féodales, lui a procuré les capitaux nécessaires à son exploitation et aux autres besoins de la propriété.

Telle est également l'origine de la caisse de crédit territorial de l'électorat de Hesse-Cassel, fondée en 1832.

Dans les autres États de l'Allemagne, on a profité des essais et des expériences qui avaient réussi en Prusse, en Pologne et dans le Hanovre, pour établir des institutions analogues, en y introduisant des combinaisons nouvelles. Telle est l'origine des associations de Wurtemberg, de Saxe, des banques hypothécaires de Bavière et de quelques autres établissements de moindre importance.

Enfin, le projet récent de l'institution d'une caisse de crédit foncier en Belgique, présenté aux chambres belges dans la séance du 8 mai dernier, est né du besoin de degréver la propriété foncière de la dette énorme qui l'écrase, de lui procurer des emprunts à des conditions plus favorables et de développer ainsi de nouvelles sources de bien-être pour le royaume.

Ainsi donc la cause originaire de la fondation de ces établissements, dans les pays où le crédit foncier a déjà été organisé ou se trouve à la veille de l'être, n'a pas été partout identique.

Mais une pensée commune a présidé à leur création. Cette pensée est celle-ci : il existe pour le prêteur une multitude de chances de pertes. Les irrégularités et les lenteurs de la procédure, l'évaluation parfois trop élevée des immeubles, leur dépréciation par suite d'événements imprévus, la nature même du revenu foncier, qui ne ré-

pond que lentement aux sacrifices faits pour améliorer le sol, toutes ces circonstances sont autant
de causes d'incertitude pour le créancier, et, en
contribuant à rendre les prêteurs plus réservés,
elles forcent les emprunteurs, soit à payer des
primes plus onéreuses, soit à engager à somme
égale une plus grande quantité d'immeubles. Si
l'on ajoute à ces circonstances la concurrence
que font à l'agriculture le commerce et l'industrie, on comprend aisément que l'emprunt hypothécaire, entouré de formalités gênantes et illu-
soires, loin d'appeler les capitaux, les effraye et
les écarte. Aussi voyait-on en Allemagne comme
ailleurs le crédit rural, suivant toutes les oscillations de la rente foncière, baisser avec une rapidité désolante, lorsque la nécessité de rembourser
amenait dans les campagnes de fréquentes déconfitures.

Quel était le moyen d'obvier à ces inconvénients et de rendre plus sûr, et par conséquent
moins onéreux, le prêt hypothécaire? On l'a
trouvé dans la création d'un intermédiaire, qui,
évitant aux capitalistes l'embarras des investigations, leur offrît la garantie solidaire d'une collec-
tion de propriétaires associés, leur assurât le service exact des intérêts, et les déterminât ainsi à

effectuer ces prêts à des conditions moins dures. Plus tard, on a perfectionné cette combinaison; la libération par amortissement a été introduite, et le crédit foncier a été dès lors complétement organisé.

Telle a été, en Allemagne, l'origine commune de ces institutions de crédit qui ont eu pour effet de doubler les forces productives du sol, en appelant vers lui les capitaux qui le fuyaient.

§ III.

MÉCANISME DES INSTITUTIONS DE CRÉDIT FONCIER; LEURS BASES FONDAMENTALES [1].

Les institutions qui ne sont pas régies par l'État sont formées, nous l'avons vu, par une réunion de propriétaires ou par une association de prêteurs.

Dans le premier cas, elles sont des agences de prêts et d'emprunts, qui, en échange de contrats

---

[1] La plupart des renseignements contenus dans ce recueil, sont extraits de dépêches émanées d'agents diplomatiques, qui ont étudié sur les lieux les institutions de crédit foncier. Nous regrettons que de hautes convenances internationales nous interdisent de faire connaître les noms de ceux de ces agents qui ont fourni au Gouvernement les documents les plus utiles.

hypothécaires, émettent des obligations négociables sans frais, produisant un intérêt modique, et remboursables tous les six mois par annuités.

Dans le second cas, elles sont créées en vue des prêteurs, au moyen d'une organisation de banque combinée avec des opérations de prêts hypothécaires; telle est la banque de Bavière.

La plupart des associations allemandes appartiennent à la première catégorie.

Voici leur mécanisme.

Entrée dans l'association.—L'entrée dans l'association est facultative tant que le propriétaire n'a pas emprunté, mais elle devient obligatoire par le fait seul de l'emprunt.

La Prusse orientale fait exception à cette règle. Tout propriétaire fait partie de l'association. Aussi peut-il réclamer comme *un droit* sa part de crédit.

Demande de crédit.—Quiconque veut emprunter est tenu de présenter au directeur de l'association le bordereau des inscriptions hypothécaires constituées sur ses immeubles. Il est ensuite procédé à l'évaluation.

Évaluation.—Pour parvenir à une évaluation aussi impartiale que possible, on a établi, pour chaque arrondissement ou cercle, des principes distincts de taxation, conformes au caractère particulier de la localité. En thèse générale, on écarte les éléments flottants et variables de la propriété, tels que cheptel, ustensiles, etc.

On prête moins sur les constructions que sur les biens ruraux.

Ouverture de crédit. — Le prix moyen de l'immeuble une fois trouvé, l'association accorde au propriétaire emprunteur un crédit qui, pour l'ordinaire, ne va pas au delà de la moitié de la valeur. Quelques sociétés cependant donnent les trois quarts.

En général, on ne prête que sur première hypothèque. Lorsqu'il existe sur l'immeuble une hypothèque antérieure, elle doit être préalablement purgée ou convertie en lettres de gage, si le créancier y consent.

Lettres de gage. — A cet effet, on délivre à l'emprunteur une obligation hypothécaire, dite *lettre de gage (Pfand-Brieffe)*, et signée par la direction au nom de l'association.

Dans certains pays, toute lettre de gage portant au dos ces mots : *mise hors de cours,* est inaliénable. Par cette simple apostille, le détenteur peut se garantir des suites d'une soustraction frauduleuse.

Les lettres de gage emportent exécution parée.
Elles sont en général au porteur. Leur valeur nominale varie de 20 à 2,000 thalers, 75 à 7,500ᶠ.
Elles subissent moins que les autres titres négociables l'influence des événements politiques. Un
des effets les plus admirables de l'institution, c'est
que, tout en facilitant l'achat et la vente des titres
qu'elle a créés, elle ne fournit presque pas matière à l'agiotage.

Le mode d'émission des lettres de gage varie
dans les diverses provinces. Dans quelques États,
l'association remet ces effets aux emprunteurs, en
leur laissant le soin de les négocier eux-mêmes.
Dans d'autres, on préfère le mode inverse ; c'est-
à-dire que l'association s'interpose directement
entre le capitaliste et le propriétaire. C'est elle
qui se constitue créancière immédiate de l'emprunteur ; c'est elle qui remet au prêteur la lettre
de gage représentative de son versement, et qui
lui sert les intérêts échus ; c'est elle enfin qui se
fait rembourser le capital par le débiteur.

Presque toutes les associations modernes ont
jugé à propos d'adopter ce dernier système. Il
est certain qu'une association, constituée avec
toutes les garanties possibles, trouve plus aisément que les simples particuliers des capitalistes

disposés à échanger leurs espèces contre des lettres de gage.

C'est dans cette pensée que les statuts de la banque de Bavière portent à l'article 49 : « Les prêts de l'association se font en argent comptant. »

Libération. — L'emprunteur se libère par une redevance annuelle dans laquelle sont compris les intérêts, les frais d'administration et la somme (1/2 à 2 p. o/o) affectée à l'amortissement.

Il peut aussi se libérer par à-compte, qu'il paye soit en argent, soit en lettres de gage.

Lorsqu'un quart environ de la dette est éteint, la radiation partielle des hypothèques peut être demandée.

Remboursement des lettres de gage. — Le remboursement des lettres de gage ne peut être exigé par les prêteurs. L'expérience des dangers qu'ont fait courir aux établissements des demandes simultanées de remboursement, a fait ajouter ce perfectionnement à leurs statuts.

Les titres se remboursent, en général, par voie de tirage au sort, au prorata des fonds provenant de l'amortissement.

Garantie. — Ils ont pour gage, indépendamment des immeubles hypothéqués et des autres biens du débiteur, la responsabilité mutuelle de tous les associés, et, dans certains pays, la garantie de l'État ou des états provinciaux.

Mais telles sont les règles de prudence prescrites par les statuts et observées par les directeurs, que ce recours n'est jamais exercé. Le droit du porteur à cet égard est une lettre morte, dont l'unique effet est d'accroître la confiance qu'inspirent les titres émis par les sociétés.

Droits du porteur. — Pour obtenir le payement des intérêts, le porteur ne s'adresse point à l'emprunteur individuellement; il s'adresse à l'association, qui se charge d'en faire le service au moyen de la rentrée des annuités dues par les propriétaires.

Droits de l'association. — Les associations ne peuvent forcer aucun de leurs membres à rembourser les sommes empruntées, tant que les intérêts sont exactement servis; mais, comme du payement régulier des intérêts dépendent et l'exactitude des opérations et le maintien de leur crédit, la législation leur accorde le droit d'exercer des poursuites rigoureuses et sommaires contre les débiteurs en retard d'exécuter leurs engagements.

Dès que le terme est échu et qu'une sommation

itérative de payer est restée sans effet, l'association se fait mettre en possession des biens hypothéqués et leur nomme un gardien. Le séquestre dure jusqu'à l'acquittement intégral de la dette en capital, intérêts et frais, à moins que les statuts ne prescrivent la vente de l'immeuble, à un terme préfix, ou qu'ils ne permettent au propriétaire de se libérer en donnant ses terres à ferme.

La société est, en outre, autorisée à contracter un emprunt sur l'immeuble, au nom du propriétaire, en attendant l'expropriation et le payement du prix.

Toutefois, il serait injuste d'appliquer ces maximes rigoureuses lorsque de grandes calamités, qu'il est impossible de prévoir et de prévenir, empêchent les propriétaires de servir régulièrement les annuités arriérées. Aussi, en pareil cas, sur la notification du sinistre aux directeurs, ceux-ci, après enquête, n'hésitent pas à accorder aux débiteurs, selon les circonstances, soit un nouveau délai, soit même de nouvelles avances, afin de prévenir le dépérissement complet de l'immeuble exploité.

Fonds de réserve. — Pour parer aux éventuali tés, chaque institution possède un fonds de réserve. Ce fonds se compose de divers éléments, notamment d'une contribution modique et proportionnelle, payable une fois pour toutes au moment de l'emprunt. La réserve est placée de manière à être toujours disponible.

Privilége. — Les associations jouissent de priviléges importants. En Bavière, les billets de la société ont cours forcé, mais pour une somme fixe et avec des précautions très-sages. Il y a, pour ces institutions, exemption des droits de timbre et d'enregistrement, des frais d'acte. Elles sont autorisées à employer, en lettres de gage, les capitaux des villes, des tutelles, des corporations, des caisses d'épargne et des consignations.

Subvention. — En outre, la plupart d'entre elles sont dotées par l'État, etc.

Ainsi, Frédéric II fit à l'association de Silésie une avance de 300,000 thalers à 2 p. o/o qui, au moyen du placement à 5 p. o/o, lui valut un bénéfice net de 3 p. o/o [1].

Grâce à cette subvention, M. de Struensée, ministre d'État de Prusse, dans son *Traité sur le crédit,* évalue le bénéfice brut de l'association à 69,650 francs, et le bénéfice net à 37,500 francs

[1] *OEuvres de Frédéric le Grand,* tome VI, p. 78, nouvelle édition de Berlin; ordre du cabinet du Roi, en date du 29 août 1769.

par an. Or, dit-il, si la banque de Berlin continue d'escompter les lettres de gage élevées,
10,000 francs suffiront à l'association pour rembourser les petites qu'on lui présentera, ce qui lui
permet de placer au moins 26,000 francs par an
à intérêt composé, qui, en vingt ans, constituent
un fonds de 1,339,421 francs, et en quatre-vingt-
dix-neuf années, 38,278,190 francs.

Des dotations ont également été accordées aux
associations de Gallicie, de Saxe et de Posen.

En Russie, l'empereur Alexandre emprun-
ta à la banque esthonienne une somme de
500,000 roubles argent à 3 p. o/o d'intérêt et
3 p. o/o d'amortissement, et 2,700,000 papier à
5 p. o/o, à charge d'amortir 5 p. o/o par an, à
compter de la seizième année de sa fondation [1].

Administration.—Le personnel des institutions
de crédit foncier se compose ordinairement d'un
commissaire du Gouvernement, d'une direction
chargée des affaires courantes, de plusieurs employés subalternes, d'un comité qui se réunit à certains intervalles, de commissions spéciales dans
les divers districts de la province; enfin de tous
les membres de l'association.

[1] Storch, *la Russie sous Alexandre*, p. 375.

Les salaires et frais d'administration représentent en moyenne 1/4 p. o/o des prêts.

La surveillance de l'État s'exerce très-scrupu-
leusement sur tous les actes de l'administration.
Le commissaire a le droit d'assister à toutes les
délibérations; son adhésion, constatée par sa signature sur les obligations mêmes de la société,
est une condition de l'existence de ces actes.

Les institutions dont on vient d'analyser les
règlements sont toutes l'œuvre de l'industrie privée. Celles fondées et régies par l'État, telles que
les caisses de Hesse-Cassel, du Danemarck, et
celle que l'on propose de créer en Belgique reposent sur une combinaison analogue.

Nous dirons seulement un mot d'un établissement de cette catégorie qui existe en Prusse, et
qui s'encadre heureusement dans les associations
foncières de ce pays : c'est l'institution royale de
crédit foncier, créée en 1835. Voici en quoi consiste la mission de cet établissement.

On avait remarqué que les propriétaires associés, une fois que la moitié de leurs immeubles
étaient hypothéqués sur lettres de gage, avaient
des difficultés à réaliser de nouveaux emprunts à
des conditions acceptables.

C'est pour remédier à cet inconvénient et pour

élargir le crédit des agriculteurs, que le gouvernement prussien organisa une banque avec une dotation de 1,125,000 francs.

Les hypothèques qu'elle consent sous la garantie de l'État, jusqu'aux trois quarts de la valeur des immeubles, ont rang immédiatement après les lettres de gage provinciales.

Tels sont les principes généraux qui ont servi de base à la création des diverses institutions de crédit foncier en Allemagne et en Russie.

§ IV.

RÉSULTATS OBTENUS PAR LES INSTITUTIONS DE CRÉDIT FONCIER.

Si les associations de crédit foncier sont impuissantes à improviser des capitaux, elles ont du moins la vertu de faire circuler et de mieux répartir ceux qui existent.

A ce point de vue, elles remplissent les fonctions de véritables machines à circulation. Mieux que le crédit individuel, le crédit collectif peut, sinon empêcher des crises, du moins en atténuer les conséquences désastreuses.

Partout où elles s'établissent, elles ont pour

résultat de faciliter le dégrèvement de la propriété, de fournir au sol des instruments d'amélioration et de mettre obstacle au morcellement
exagéré.

En Allemagne, les biens des paysans étaient
grevés envers les biens nobles d'une immense
quantité de charges féodales, réelles et person-
nelles. Depuis 1815, diverses lois ont autorisé le
rachat de la plus grande partie de ces charges.
Les caisses de crédit foncier ont eu pour effet de
rendre ce rachat possible, en avançant aux propriétaires de biens de paysans des fonds que
ceux-ci ont eu la faculté de restituer à long
terme. Ces opérations, qui ne sont pas encore
terminées, surtout en Autriche, ont affranchi en
général la propriété. Le paysan s'est enrichi, et
son aisance ensuite a enrichi la terre.

Voici, en résumé, les avantages que les associations de crédit offrent à l'emprunteur et au prêteur :

A l'emprunteur :

1° Elles lui permettent de trouver des capitaux
sans l'intervention coûteuse de tiers ;

2° Elles lui évitent des demandes imprévues
de remboursement ;

3° Elles lui donnent le moyen de se libérer par
petits versements ;

4° En le forçant à servir régulièrement les intérêts, elles lui inspirent un esprit d'ordre qui profite à l'ensemble de son exploitation. L'association, en effet, est inexorable, et, pour peu que le débiteur laisse arriérer le payement de l'annuité, le séquestre ne se fait pas attendre.

5° Elles font hausser la valeur des biens ruraux.

Au prêteur :

1° Elles lui offrent un placement sûr et un service exact d'intérêts ;

2° Elles le dispensent de surveiller l'immeuble hypothéqué ;

3° Elles lui épargnent les embarras d'une procédure compliquée, la lettre de gage étant titre paré ;

4° Elles lui sauvent les frais de courtage et autres menues dépenses qui accompagnent le payement des intérêts, la rentrée et le placement des capitaux, etc.

Cours des lettres de gages. — Pour se faire une idée complète du succès que les institutions de crédit foncier ont obtenu à l'étranger, il est intéressant de connaître les cours auxquels se sont négociées les lettres de gage à diverses époques, et notamment à la suite des agitations que la révolution de Février a répandues dans toute l'Allemagne.

Le rapport de M. Royer (p. 29) fait connaître les cours des principaux établissements depuis 1808 jusqu'à 1843, c'est-à-dire pendant trois périodes : 1° la période de dépréciation par les guerres avec l'empire français; 2° celle de prospérité depuis la paix et avant la conversion; 3° celle qui a suivi la conversion des lettres de gage, c'est-à-dire la réduction de l'intérêt à 3 1/2, et la suppression du droit qu'avait le créancier d'exiger le remboursement.

Pendant la première période, la dépréciation a été moins grande que pour les fonds publics et les autres valeurs. Pendant la seconde, les lettres de gage se sont généralement cédées au-dessus du pair. Enfin la conversion, cette mesure capitale adoptée en 1839, n'a pas affecté sensiblement les cours, et les titres, après un moment de baisse, sont promptement remontés au-dessus du pair.

En 1848, la révolution de Février a fait fléchir le taux de toutes les valeurs; ainsi, pendant cette année, le cours moyen des lettres de gage produisant 3 1/2 p. o/o d'intérêt a été : dans la Silésie et la Poméranie, de 93; dans la Prusse occidentale, de 83; dans la Prusse orientale, de 96.

Mais, pour apprécier ces cotes à leur juste valeur,

il faut les placer en regard des autres effets publics, qui ont éprouvé une baisse effrayante depuis
le 24 février 1848. Ainsi les rentes prussiennes
étaient cotées en moyenne à 69 p. o/o; les actions
de la banque de Prusse à 63 p. o/o; les actions
des chemins de fer, de 30 à 90 p. o/o.

Le parallèle est donc tout en faveur des lettres
de gage, surtout lorsqu'on tient compte de l'influence qu'ont dû exercer, sur le cours de ces
titres territoriaux, les divers emprunts publics
qui se sont succédé en Prusse.

En 1850, la comparaison se soutient avec le
même avantage. Ainsi, tandis que la dette publique en Prusse (3 1/2 p. o/o) était à 86 1/2 (cours
du 30 avril 1850), les lettres de gage des diverses
caisses prussiennes (3 1/2) se cotaient à 90, à 95
3/4 p. o/o; les lettres de gage de Posen (4 p. o/o)
se négocient en ce moment à 102; celles du Mek-
lenbourg à 103. Malgré la concurrence que fait
à ces dernières l'emprunt de 70 millions contracté
à Hambourg après l'incendie de 1842, elles sont
très-recherchées.

Le montant des lettres de gage mises en circulation, par les principales institutions de crédit
foncier en Allemagne, vient encore démontrer
l'importance des services qu'elles rendent à la

propriété immobilière. Voici les renseignements que nous avons pu nous procurer à cet égard :

PAYS.	POPULATION.	ANNÉES.	MONTANT de la circulation.
PRUSSE.			
Provinces de			
Silésie. (Association provinciale)...........	3,065,809	1839	133,232,218 fr.
Silésie. (Institut royal)....................	....	1838	3,337,500
Brandebourg. (Association provinciale).....	2,066,993	1837	44,557,338
Poméranie, *id*.........................	1,165,073	1837	55,602,844
Prusse occidentale, *id*....................	1,019,105	1837	38,836,530
Prusse orientale, *id*......................	1,480,318	1837	42,164,250
Posnanie, *id*............................	1,364,399	1844	50,802,500
Westphalie, *id*..........................	....	Inconnue.	
AUTRES ÉTATS.			
Hanovre. (Toutes les associations réunies) (1)	1,758,847	1844	34,000,000 environ.
Mecklenbourg, *id*.......................	624,477	1846	15,043,680
Saxe, *id*...............................	1,836,433	1846	3,750,188
Bavière, *id*.............................	4,504,874	1849 plusde	30,000,000
Wurtemberg, *id*........................	1,725,167	1846	11,930,930
Hesse électorale, *id*.....................	754,590	1841	37,988,254
Bade, *id*...............................	1,335,200	1840	1,342,910
Nassau, *id*.............................	424,817	1840	6,420,000
Hambourg, *id*..........................	....	Inconnue.	
Gallicie (Autriche), *id*..................	4,702,388	1843	11,414,016
TOTAUX......................	27,827,990	TOTAUX..	540,423,158

(1) Association de Lunebourg, en 1844, 5,625,000 fr. environ.
Association de Calenberg, en 1844, 5,625,000 fr. environ.
Association de Bremen et Verden, en 1844, 3,750,000 fr. environ.
Établissement du crédit foncier, en 1844, plus de 15,000,000 fr.
Association de la Grèce orientale. Inconnue.

Ainsi, on le voit, sur une population d'environ 27 millions d'habitants, la circulation des lettres de gage dépasse un demi-milliard! Ces chiffres sont la meilleure preuve que l'on puisse fournir des services rendus par les établissements de crédit foncier dans ces pays.

C.

Critiques adressées aux établissements de crédit foncier. — Plusieurs critiques ont été adressées à ces institutions. On dit d'abord qu'elles donnent aux propriétaires une trop grande facilité pour contracter des dettes. Ainsi l'on a vu des agriculteurs consacrer les sommes empruntées, soit à des dépenses de luxe, soit à des spéculations téméraires, soit à des acquisitions inconsidérées.

Il est vrai que ces abus se sont manifestés, surtout dans les premiers temps. Mais la législation moderne y a apporté un puissant correctif en empruntant à la science financière une heureuse combinaison. Cette combinaison consiste à imposer à l'emprunteur, outre le service des intérêts annuels, l'amortissement successif de l'emprunt. Le fonds d'amortissement, sans doute, augmente la rente à payer annuellement, et peut quelquefois gêner le propriétaire obéré; mais cet inconvénient disparaît devant les avantages que présente la combinaison. En effet, d'un côté, l'amortissement sert à accroître la confiance des capitalistes, et, par cela même, opère un abaissement du taux de l'intérêt qui profite au débiteur. D'un autre côté, il fait réfléchir. le propriétaire avant l'emprunt; il le porte à s'appliquer sérieusement à l'amélioration de son exploitation. Il tempère l'esprit d'entre-

prises par l'esprit d'économie; il corrige les inconvénients de la facilité de l'emprunt par la facilité
de la libération.

Une autre imperfection que l'on a reprochée
aux institutions de crédit, c'est qu'elles limitent
leur action à la grande propriété, tandis que la
moyenne et la petite se trouvent exclues de leurs
bienfaits. En effet, presque toutes les associations
en Prusse ont été créées dans l'intérêt des terres
seigneuriales. Cette particularité avait sa raison
d'être dans l'esprit du siècle qui les a vues naître.
Ainsi, l'on croyait que les temps de crise sont plus
difficiles à passer pour le grand propriétaire que
pour le petit cultivateur, par ce simple motif,
que celui-ci trouve dans ses bras une ressource
qui manque à celui-là. D'un autre côté, le nombre et le morcellement des héritages devaient
rendre plus difficile l'œuvre de l'association, sur
tout à son début.

Ces raisons avaient paru concluantes à l'origine. Aussi, plus la date de la création des établis
sements est ancienne, plus leur caractère est
exclusif et aristocratique. Mais les lois démocratiques relatives aux rachats des droits féodaux ont
introduit des principes nouveaux dans l'histoire
de ces institutions. Aussi a-t-on songé, presque

partout, aux moyens de rendre les caisses de crédit accessibles à la moyenne et à la petite propriété. L'association wurtembergeoise, par exemple admet dans son sein les propriétaires qui peuvent fournir une hypothèque de 1,000 florins (2,140 fr.) de valeur, à condition que la commune à laquelle ils appartiennent garantira les intérêts. La banque rurale de la Prusse orientale compte dans son sein des terres paysannes de 500 thalers (1,875 francs) de valeur ; celle de Poméranie, des terres nobles du double (3,750 francs). Les lettres de gage émises par ces deux dernières associations se sont presque toujours maintenues à un taux plus élevé que les titres des autres banques de crédit.

Ce n'est pas tout : en ce moment, de nouvelles lois sont rendues, de nouvelles propositions sont faites, qui réduisent ou tendent à réduire encore le minimum de la valeur des biens sur lesquels il peut être prêté par les institutions de crédit. Ces institutions pourront donc désormais étendre leurs bienfaits à la petite culture.

Enfin, on reproche à ces établissements d'avoir pour effet irrésistible de consolider et d'arrondir les domaines agricoles, en perpétuant, au profit de l'aristocratie, la grande propriété. C'est uniquement par ce motif, dit un certain parti en Alle-

magne, qu'elles sont patronées par les Gouvernements.

Nous n'avons point à décider ici jusqu'à quel
point cette incrimination peut se justifier ; mais,
pour quiconque connaît la condition de l'agriculture sous le régime du morcellement à l'infini, tel
qu'il existe dans certaines parties de l'Allemagne,
l'inconvénient n'a rien qui, pour la France, doive
inspirer de frayeur. Il y aurait plutôt lieu de
se féliciter de trouver dans les institutions de crédit un moyen de mettre un frein à une tendance
si contraire à l'amélioration du sol. Ce n'est pas
au moment où l'agriculture sollicite une loi qui
arrête cette tendance qu'il conviendrait de voir,
dans cet effet naturellement produit par les institutions de crédit, une objection contre leur introduction dans notre pays.

§ V.

SITUATION COMPARATIVE DE L'ALLEMAGNE
ET DE LA FRANCE AU POINT DE VUE DES INSTITUTIONS
DE CRÉDIT FONCIER.

Le succès de ces institutions en Allemagne
n'est révoqué en doute par personne ; mais beau-

coup doutent de la possibilité de les introduire en France avec les mêmes avantages. Examiner cette opinion, c'est rechercher si ce succès provient d'une combinaison répondant à des besoins qui tiennent à la nature même de la propriété foncière, ou bien, au contraire, s'il doit être attribué à des causes purement locales.

Les documents dont vous avez prescrit la publication, Monsieur le Ministre, ont pour objet principal d'éclairer ce point de vue de la question.

Il en résulte manifestement que le succès des associations de crédit tient à la nature même de l'institution. C'est l'avis de la plupart des agents diplomatiques consultés par le Gouvernement sur cette question.

En effet, il est constant que le capital prêté à la terre, et employé aux travaux d'amélioration, ne reparaît que graduellement au bout d'un grand nombre d'années. Dans l'état actuel des choses, le propriétaire qui emprunte pour améliorer son fonds, étant obligé de rembourser après quelques années, est dans l'impossibilité d'y parvenir à l'aide du surcroît de produit obtenu. Aussi, l'échéance arrivée, est-il obligé de renouveler son obligation avec de nouveaux frais, ou de subir l'expropriation.

Or, cet inconvénient, qui détourne beaucoup de propriétaires et de capitalistes de faire ces sortes d'opérations, disparaît précisément par l'effet de la combinaison qui est la base des institutions de crédit. En permettant au propriétaire de se libérer à très-long terme, au moyen d'un amortissement annuel, elle assure la libération; en prenant des mesures telles que le placement soit solide, le service des intérêts fait avec exactitude, la négociation des titres toujours possible, elle procure aux capitalistes une caisse de dépôt, et attire leurs fonds à bon marché.

N'est-il pas manifeste que ces résultats tiennent à la nature des choses, et doivent se reproduire dans tous les pays où cette combinaison sera appliquée?

Aussi voit-on fonctionner avec avantage les institutions de crédit en Russie, en Pologne, dans un milieu social qui a peu de rapports avec celui de l'Allemagne; et, en Allemagne même, où elles ont toutes rendu des services, il existe entre les divers États de notables différences au point de vue du régime hypothécaire et de l'état de la propriété.

Le régime hypothécaire, l'état de la propriété, telles sont les deux principales objections que l'on fait à la possibilité d'introduire ces établissements en France.

En Allemagne, dit-on, le système hypothécaire repose sur la double base de la publicité et de la spécialité. Or, chez nous, l'existence d'hypothèques occultes, générales et indéterminées, ne permet pas au gage territorial d'inspirer une entière sécurité. Aucune organisation de crédit foncier n'est donc possible sans une réforme profonde dans notre législation hypothécaire.

A coup sûr, jusqu'à ce que cette réforme soit opérée, le développement complet du crédit foncier rencontrera des obstacles sérieux. Mais, d'une part, le projet actuellement soumis aux délibérations de l'Assemblée nationale a pour objet d'obtenir la publicité de toutes les hypothèques; d'autre part, les mesures proposées par le Gouvernement dans le projet de loi relatif aux sociétés de crédit foncier tendent à faire disparaître, au moyen de la purge, le discrédit que jette sur les immeubles la clandestinité des garanties réservées aux incapables.

Une autre objection, nous l'avons dit, est adressée à toute tentative d'introduire en France les établissements de crédit territorial. Elle est puisée dans la comparaison de l'état de la propriété en

Allemagne et en France. Là, dit-on, la grande propriété rend faciles et peu dangereuses les opérations des banques foncières; ici, le morcellement extrême du sol serait pour elles une cause inévitable de ruine.

En présence d'une objection aussi grave, le Gouvernement a dû prendre les renseignements les plus précis sur l'état de division de la propriété dans les divers pays où fonctionnent des établissements de crédit. Il lui a été démontré que dans plusieurs pays de l'Allemagne, par exemple, en Bavière, dans le Wurtemberg, où les associations territoriales ont un grand succès, la propriété est à peu près aussi divisée qu'en France. Quant à ceux des autres pays où la grande propriété noble domine, ces associations, nous l'avons vu, ont seules pu permettre l'affranchissement des biens de paysans, et à l'heure qu'il est, dans ces États, la propriété des biens de paysans, sans être aussi morcelée qu'en France, l'est cependant assez pour démontrer que le morcellement n'est pas un obstacle invincible au succès des institutions de crédit foncier. On peut citer pour exemple le Hanovre, où la banque centrale rend d'éminents services à la petite propriété.

Sans doute, l'état de morcellement du sol en

France offrira des difficultés. Mais il est d'abord une remarque à faire. On tombe souvent dans une confusion d'idées lorsque l'on parle du *morcellement* de la propriété chez nous. M. Passy, dans son excellente brochure sur les *systèmes de culture*, fait observer que la propriété n'est pas, à beaucoup près, aussi morcelée que pourrait le faire supposer le *morcellement du sol*. Une multitude de cotes foncières appartiennent très-souvent au même propriétaire.

En outre, ce qui constitue la solidité des lettres de gage, ce n'est pas tant l'importance de la propriété sur laquelle elles reposent, que le rapport entre la valeur de l'immeuble et le montant de l'émission. Que ce rapport soit conforme aux règles d'une extrême prudence, qu'on impose aux sociétés, par exemple, l'obligation de ne pas prêter au delà de la moitié de cette valeur, qu'on exige même un *minimum* proportionnel de revenu, qu'enfin il soit interdit d'ouvrir un crédit à des immeubles dont le prix serait au-dessous des frais présumés d'expropriation, n'est-ce pas là tout ce qui est strictement nécessaire pour que le remboursement du capital des titres émis par l'association soit assuré? Aussi les agents diplomatiques, consultés par le Gouvernement sur les effets du morcellement de la propriété au point de vue des institutions de crédit, sont-ils presque tous d'accord sur ce point. Les mieux instruits d'entre eux, sur la localité même, des causes qui expliquent le succès de ces établissements, reconnaissent la réalité de l'obstacle à vaincre et la possibilité de le surmonter. Confions-nous d'ailleurs à l'esprit inventif qui distingue notre époque, pour trouver d'ingénieuses combinaisons qui approprient, sans imitation servile, les institutions étrangères aux besoins particuliers et à la situation économique de notre pays.

Nous nous sommes demandé, pour répondre à un doute élevé par beaucoup de personnes, si la cause principale des cours auxquels se sont tenues les lettres de gage n'était pas dans la prédilection des Allemands pour les placements hypothécaires, ou dans l'absence d'une concurrence sérieuse résultant des fonds publics et des actions industrielles. Doit-on penser que, chez nous, au contraire, les capitaux rechercheront toujours de préférence, soit les rentes sur l'État, soit les placements aventureux, qui présentent, avec des chances de pertes, l'espoir de gros bénéfices?

Sur ce point, la réponse est facile.

D'abord, il y a en Allemagne, comme chez nous, des modes de placement et des valeurs négociables qui se présentent sur la place concurremment avec les lettres de gage. Il y a la dette publique, les chemins de fer, les assurances. Or, aucune de ces valeurs ne nuit à la prospérité des caisses de crédit foncier, par la raison toute simple que leurs titres, outre les garanties les plus solides, ont un intérêt assuré et un remboursement facile.

En France en sera-t-il autrement?

D'abord, remarquons que si les prêts sur immeubles sont moins recherchés qu'ils ne devraient l'être, il faut s'en prendre, en partie du moins, aux vices de notre législation hypothécaire, qui admet les droits occultes.

Et pourtant, malgré cette législation, n'y a-t-il pas en France sept à huit milliards au moins de créances inscrites par suite de placements sur la propriété foncière? Les créanciers de cette énorme somme n'ont-ils pas consenti à donner leur argent contre des grosses d'obligations incommodes, indivisibles, difficiles à réaliser et à négocier, à cause des frais de transport? Jusqu'à ce jour, n'a-t-il pas été de l'essence des titres hypothécaires de rester immobilisés entre les mains du

détenteur? Jusqu'à ce jour, une classe très-nom-
breuse de capitalistes ne s'est-elle pas exclusivement préoccupée de la solidité du placement et
non de la négociabilité du titre? Pourquoi donc
cette disposition, qui a fait prêter huit milliards
sur des immeubles non purgés de l'hypothèque
légale, changerait-elle tout à coup du jour de
l'établissement du crédit foncier? Pourquoi des
titres encore plus solides, dont les intérêts seront
mieux servis, et dont la transmission sera facile,
ne seraient-ils pas accueillis avec faveur?

Les obligations de la liste civile, qui offrent
avec les nôtres la double similitude d'un gage solide et d'une négociation facile, ont été d'abord
acceptées avec réserve; mais en quelques mois
elles ont atteint le pair, et, dans l'année même de
leur émission, elles se négocient avec primes.

Pourquoi n'en serait-il pas de même des obligations foncières?

Sans doute, beaucoup de capitaux continue-
ront de se diriger vers les entreprises industrielles;
mais n'y en aura-t-il pas aussi un grand nombre qui
rechercheront les obligations du crédit foncier?

Une foule de maisons de commerce, de particuliers riches, ont, en écus ou en billets de
banque, un fonds courant. Les intérêts de ce fonds

sont ordinairement perdus. Pense-t-on qu'on ne
préférera pas placer ce fonds, souvent considérable, en obligations hypothécaires productives
d'intérêt et réalisables à volonté? Les capitaux des
incapables, ceux provenant de l'économie, ceux
appartenant à des établissements publics, les capitaux timides, tous ceux qui recherchent des
placements sûrs plutôt qu'un gros intérêt ou des
chances de bénéfices, ne seront-ils pas employés
en obligations de crédit foncier, si elles sont
émises par une société bien organisée?

Il est des personnes qui, frappées de craintes
toutes différentes, redoutent, 1° pour les propriétaires, l'emploi des valeurs empruntées à des acquisitions imprudentes; 2° pour l'industrie, la
dépréciation des valeurs fondées sur le crédit
personnel.

Assurément on se ferait illusion si l'on espérait
que tous les fonds provenant de la négociation
des *obligations* seront employés à des améliorations agricoles. Une notable partie, surtout dans
le commencement, sera affectée, du consentement des créanciers inscrits, au dégrèvement de
la propriété foncière. Mais ce résultat lui-même
n'est-il pas d'une extrême importance? Une
autre portion sera destinée à des acquisitions.

Mais la *manie d'acheter*, comme on l'appelle, est-
elle absolument funeste ? N'est-elle pas un mobile qui pousse à l'économie ? Et si elle a des inconvénients, ne proviennent-ils pas surtout de la
brièveté du terme de l'échéance des sommes empruntées ? Or ces inconvénients sont singuliè-
rement amoindris, pour ne pas dire anéantis,
par la faculté qu'offrent les sociétés de crédit
foncier d'amortir la dette en trente ou quarante
ans. Il y aura encore des abus, peut-être; mais
nous ne croyons pas qu'ils puissent être comparés
aux avantages qui doivent résulter des institutions
de crédit foncier. Tout compte fait, nous sommes
convaincu que, grâce au mécanisme de ces institutions, une immense quantité de capitaux sera
employée à l'amélioration de la propriété foncière.

Quant à la dépréciation que l'on prévoit pour
les valeurs industrielles par suite de l'émission
des *obligations* foncières, il ne faut rien exagérer
à cet égard. L'économie sociale ne saurait souffrir
de l'émission d'obligations solidement garanties.
Il convient que chaque industrie ait son développement complet et régulier. Le mal est bien
plutôt dans l'existence de ces valeurs artificielles
jouissant de primes factices, qui inondent nos
places de commerce, que dans la concurrence de

D

titres sérieux et peu accessibles à la spéculation.

L'expérience de l'Allemagne vient encore ici éclairer les prévisions. Dans les villes où il existe tout à la fois des associations de crédit foncier et des banques fondées sur le crédit personnel, ces dernières sont très-connues; les premières le sont à peine. Elles vivent dans une sphère à part; leurs valeurs se négocient, en général, entre personnes étrangères aux jeux de bourse. Pourquoi, chez nous, leur caractère serait-il différent? N'appartiendra-t-il pas d'ailleurs au Gouvernement, avant d'autoriser les projets de statuts qui seront soumis à son approbation, de prescrire les mesures propres à faire maintenir les obligations foncières à un taux voisin du pair, ou toutes autres mesures de nature à les mettre à l'abri de l'agiotage?

En résumé, lorsqu'on étudie de près la combinaison qui sert de base aux associations de crédit foncier, on demeure convaincu qu'indépendamment des causes particulières qui peuvent lui faire produire plus ou moins d'avantages dans les divers pays où elle est mise en pratique, elle est intrinsèquement bonne. Elle répond à la nature du revenu foncier. La création d'un intermédiaire jouissant du privilége de déclarer le crédit des immeubles et de le mettre en circulation par des valeurs représentatives, l'extinction de la dette par amortissement, telles sont les bases fondamentales sur lesquelles l'expérience nous paraît devoir faire reposer en France l'institution du crédit foncier.

Organisée sur ces bases, cette institution pourra doter l'agriculture des ressources que la banque fournit à notre commerce. En provoquant son introduction en France, le Gouvernement aura rendu un service éminent à l'agriculture. Chez nous, comme en Allemagne, l'organisation du crédit foncier aura pour effet de dégréver la propriété d'une partie de la dette qui pèse sur elle, d'en arrêter le morcellement exagéré, de favoriser le développement de l'industrie agricole par la mise en circulation de valeurs qui se négocient actuellement avec difficulté, d'abaisser le taux de l'intérêt, de relever le prix des immeubles en fournissant au sol un puissant instrument d'amélioration, et d'assurer l'ordre public par l'augmentation progressive du bien-être de tous les citoyens.

Veuillez agréer, Monsieur le Ministre, l'assurance de mon profond respect.

J. B. JOSSEAU,
Avocat à la Cour d'appel de Paris.

Paris, le 2 janvier 1851.

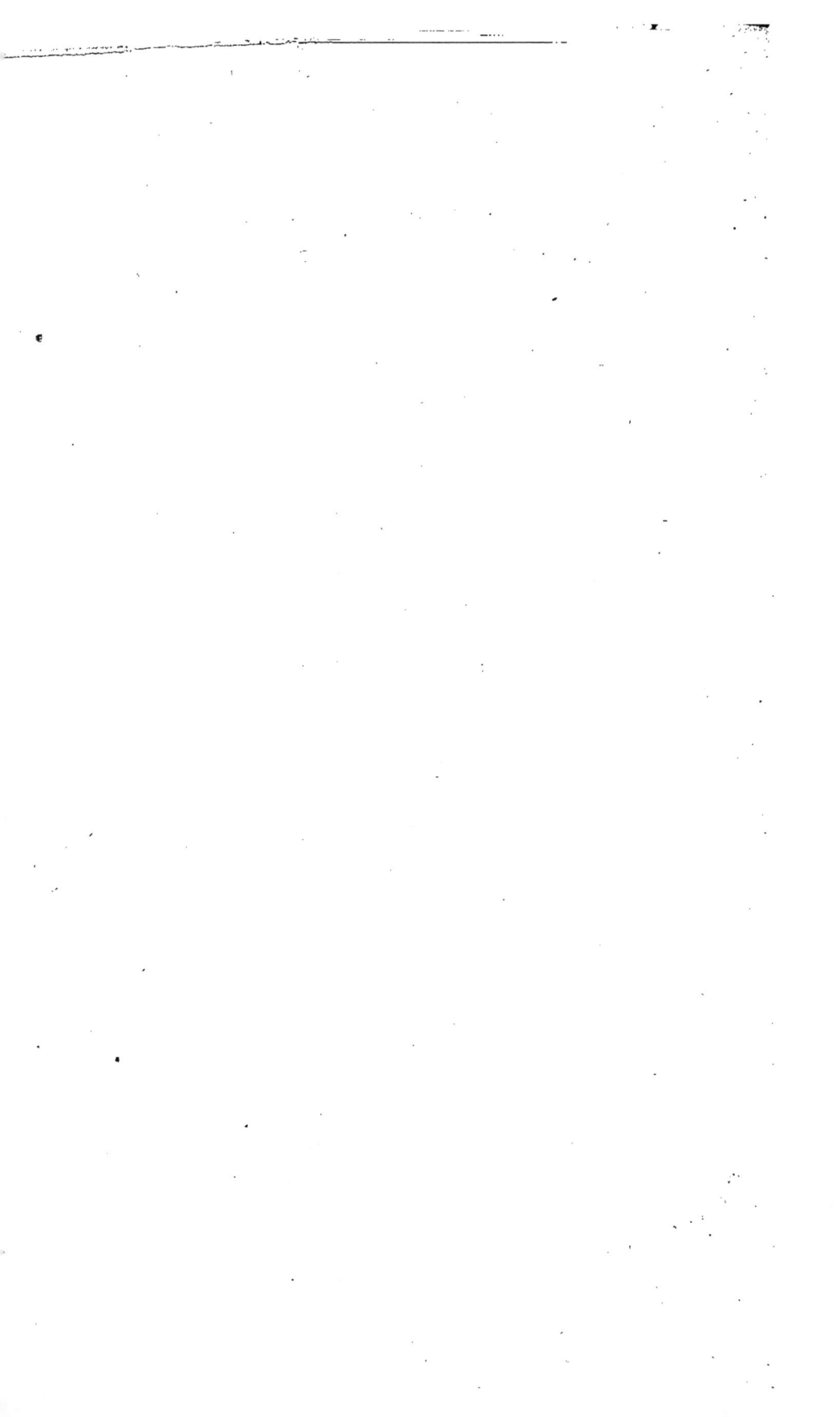

DES INSTITUTIONS

DE

CRÉDIT FONCIER ET AGRICOLE

DANS LES DIVERS ÉTATS DE L'EUROPE.

PREMIÈRE PARTIE.

INSTITUTIONS DE CRÉDIT FONCIER.

CHAPITRE PREMIER.

RUSSIE. — POLOGNE.

La Russie se divise, sous le rapport législatif et administratif, en trois parties distinctes : l'empire proprement dit, le royaume de Pologne et le grand-duché de Finlande.

L'Empire est subdivisé en soixante-deux provinces portant le nom de gouvernements (*goubernies*), arrondissements (*oblasti*) ou territoires (*zemli*).

A la tête de l'administration de tout l'empire sont placés: le conseil de l'empire, le sénat et les ministères

1

ou grandes directions générales, au nombre de douze, y compris le contrôle général ou cour des comptes.

A la tête de l'administration des provinces sont placés les gouverneurs, chefs d'arrondissement et chefs militaires.

Les gouverneurs sont de trois sortes: gouverneurs généraux, administrant une ou plusieurs provinces; gouverneurs militaires d'une province ou d'une ville; gouverneurs civils ou chefs d'administration, un dans chaque province. Auprès de chaque gouverneur civil sont placés un conseil de régence, une chambre fiscale et une administration des domaines de la couronne.

La propriété du sol, dans l'empire russe, comprend deux classes de terres, terres habitées par des paysans serfs et terres *non peuplées*.

Les premières ne peuvent être possédées, en toute propriété, que par la couronne ou par la noblesse; les autres peuvent être la propriété des habitants appartenant à d'autres classes de la population libre.

Le nombre des paysans dans les domaines de la couronne, c'est-à-dire dans les terres appartenant à l'empereur, dans les apanages de sa famille et dans les biens du fisc ou domaines de l'État, a été évalué en 1846, approximativement, à 23 millions d'individus des deux sexes. La population des paysans dans les biens de la noblesse dépasse, d'après la même estimation, 25 millions d'individus des deux sexes.

La législation civile de l'empire proprement dit est

contenue dans le recueil des lois dit *Svod* et dans les oukazes ou ordonnances impériales qui le complètent.

L'empire Russe possède des établissements de crédit territorial; les uns, fondés sur l'association, ont leur siège dans les provinces baltiques, c'est-à-dire dans les gouvernements (*goubernies*) de Livonie, Esthonie et Courlande et dans le royaume de Pologne. Les autres, fondés et dirigés par l'État, fonctionnent dans le reste de l'empire. Ce sont: la *banque d'emprunt*, le *Lombard*, les caisses pupillaires et celles des établissements de bienfaisance qui prêtent sur hypothèque avec ou sans amortissement.

§ Ier.

PROVINCES BALTIQUES.

Ces provinces ou gouvernements (*goubernies*) sont au nombre de trois.

1° *La Livonie*, capitale Riga, résidence du gouverneur général des trois provinces et du gouverneur civil de la Livonie; elle compte, d'après les évaluations faites en 1846, une population de 841,100 habitants, répandue sur une superficie de 41,294 verstes carrés ou 858,44 milles carrés géographiques (de 15 au degré).

2° *L'Esthonie*, capitale Réval, siège du gouverneur militaire et du gouverneur civil de la province, qui a

une population de 310,400 habitants et une superficie
de 18,209 verstes carrés ou 376,35 milles carrés géographiques.

3° *La Courlande*, capitale Mittau, siége du gouverneur
civil de la province. Sa population est de 553,300 habitants, sa superficie de 23,987 verstes carrés ou
495,75 milles carrés géographiques.

La noblesse et la bourgeoisie, dans ces trois provinces, sont en majeure partie d'origine allemande; les
paysans et le bas peuple, dans les villes, sont de race
finnoise ou Lettone.

La propriété rurale est presque en totalité possédée
par la noblesse. C'est à son bénéfice qu'a été institué
en 1818 l'établissement de crédit foncier dit *Crédit-
système*. Les paysans, affranchis du servage en 1817,
sont aujourd'hui tenanciers libres des terres appartenant aux nobles. Une tentative a été faite en 1847 pour
faciliter aux paysans l'acquisition de la propriété du
sol par l'institution d'une *banque des paysans*.

Indépendamment de ces deux institutions de crédit
foncier proprement dit, il existe encore, sur l'île d'Oesel
(gouvernement de Livonie), une *banque des paysans* dont
la spécialité rentre dans la catégorie des établissements
du crédit agricole, personnel et mobilier.

Voici les renseignements relatifs aux deux premiers
des établissements précités.

A. BANQUE DE CRÉDIT-SYSTÈME.

L'origine de cette banque remonte à 1818.

Origine et historique.

Après la guerre terminée en 1815, les terres des seigneurs se trouvaient tellement obérées, qu'il était impossible à ceux-ci de se procurer l'argent nécessaire pour l'exploitation de leurs biens; l'emprunt avec hypothèque était difficile; les négociants, qui avaient des fonds à leur disposition, ne pouvant, par suite de leur roture, posséder des terres, se refusaient à prêter de l'argent à des personnes qu'ils ne pouvaient déposséder en cas de non-payement. Les nobles livoniens, pour attirer l'argent des capitalistes, proposèrent, dans une de leurs diètes, l'établissement de la banque de *crédit-système*, qui fut autorisée par l'empereur Alexandre. Ce souverain en fit les premiers fonds, qui depuis ont été remboursés à la couronne.

D'après l'oukase qui autorisait la fondation de la banque, la valeur des terres des seigneurs qui avaient dû emprunter, répondait de l'argent prêté; et, pour qu'une estimation trop élevée ne vînt point entacher cette institution de mauvaise foi, les terres furent toutes estimées par la banque à 2,700 roubles argent[1] l'haacken. L'haacken a une étendue variable et se compose

---

[1] Le rouble argent vaut 4 francs; il est divisé en 100 kopecks, dont chacun vaut 4 centimes. Le rouble assignat vaut environ 1 franc.

de champs, prairies et bois, et sa valeur varie de 4,000 à 10,000 roubles argent.

Les obligations, portant intérêt à 5 p. o/o, ne tardèrent pas à se répandre dans le public et montèrent au-dessus du pair. Les seigneurs, alors, pour se dégrever d'un payement d'intérêts trop considérables, en réduisirent, dans une assemblée de la noblesse, le taux à 4 p. o/o. Cette décision, prise dans la diète, où n'étaient point représentés les prêteurs, fit tomber tout à coup la valeur de ces obligations. Cependant la sûreté de ce placement lui fit reprendre peu à peu crédit dans l'opinion publique, et les obligations sont maintenant au pair.

rganisation. Le but de l'établissement est, comme le déclare le premier article du règlement constitutif, de procurer à tout possesseur de biens fonds des capitaux à un intérêt modéré.

Le propriétaire qui veut en obtenir est tenu de s'associer à la compagnie fondatrice pour celui ou ceux de ses biens nominativement désignés qu'il désire engager.

Il ne peut en distraire aucune part.

Solidarité. L'engagement est solidaire et absolu, et s'applique tant aux intérêts qu'au capital de toutes les obligations ou *lettres de gage* (*pfand-briefe*) pour les trois quarts seulement de la valeur des biens engagés.

tres nominatifs u au porteur. Ces titres sont nominatifs ou au porteur, selon le désir de l'emprunteur. Ils sont cessibles et transmissibles par voie d'endossement. Ils sont reçus dans les caisses du Gouvernement pour leur valeur nominale.

Chaque lettre de gage indique le nom du premier preneur, le nom du fonds engagé, le district et la paroisse dans la circonscription desquels il est situé, le montant du capital en chiffres et en lettres, enfin le lieu et la date de l'émission.

L'emprunteur est tenu de payer à la banque, outre les intérêts de sa dette, un quart pour cent destiné aux frais d'administration, certain fonds d'amortissement proportionnel dont la quotité n'est point fixée dans le règlement organique. Amortissement

Faute par lui de remplir ces engagements, surtout celui relatif aux intérêts, la banque peut retirer de la circulation les obligations émises à son profit; mais les terres engagées ne seraient vendues que dans le cas où la banque ne pourrait suffire, avec ses ressources disponibles, aux demandes de remboursement qui lui seraient faites.

Le débiteur de la banque peut toujours se libérer envers elle en tout ou en partie, moyennant un remboursement total ou partiel du capital prêté.

La banque s'administre par un conseil supérieur général au-dessous duquel sont placés des conseils de districts. Les fonctions y sont électives. Administration

L'assemblée générale de la banque de crédit-système se réunit ordinairement tous les trois ans, sans préjudice des réunions extraordinaires qui peuvent avoir lieu pour des besoins particuliers. Tout membre y a droit égal d'initiative et de suffrage ; mais tous doivent se soumettre aux décisions prises par la majorité. La banque a une caisse d'administration par arrondissement ou district.

Avantages de la banque.

Les avantages qui résultent de l'institution de la Banque sont : la suppression ou la diminution des frais accessoires de l'emprunt, la transmissibilité facile du titre qui le constate, par conséquent, la création d'un nouveau moyen d'échange, enfin et surtout la facilité de libération au moyen de l'amortissement graduel. Ces avantages sont considérables et évidents.

B. BANQUE DES PAYSANS.

Origine et historique.

Cette banque, conçue dans le but de rendre les paysans propriétaires des terres, n'est encore qu'à l'état de projet. Néanmoins, tous les travaux préparatoires de la loi sont terminés, et elle n'attend plus que la décision de l'empereur pour recevoir son exécution qui, suivant les uns, est prochaine, et, suivant d'autres, remise à une époque encore assez éloignée.

Les paysans des provinces de la Baltique ont été affranchis en 1817. Une certaine liberté leur fut accordée, restreinte cependant par plusieurs mesures transitoires que ce nouvel état nécessitait. La plus importante de ces mesures fut l'obligation où les paysans ont été de donner des jours de corvée pour la culture des terres du seigneur.

-. Pour sortir de cette situation, plusieurs moyens ont été successivement adoptés; mais le peu d'intérêt qu'y prenaient les paysans en paralysa l'effet.

A la diète de 1845, la question fut débattue, mais on ne lui donna pas de suite à cause de l'irritation qu'excitèrent dans la population les conversions religieuses que le gouvernement russe cherchait à opérer.

Depuis, les esprits sont devenus plus calmes, et les seigneurs livoniens ont cru, en 1847, le moment opportun pour examiner cette question. Après de longs débats, la majorité a adopté, parmi les différents projets proposés par les membres de la noblesse, celui de M. de Fœlkersahm, qui consiste dans la création d'une banque à l'usage des paysans, banque dont les premiers fonds sont faits soit par l'État, soit par des cotisations particulières. Cette banque a pour objet de prêter aux paysans l'argent nécessaire pour acquérir des terres. Mais afin de restreindre les demandes qui résulteraient d'une trop grande latitude dans les emprunts, on a posé les conditions suivantes :

Le paysan ne peut acquérir qu'une terre (moyennant l'emprunt à la banque) dont la valeur ne dépasse pas 100 roubles argent de revenu. 20 p. o/o doivent être payés argent comptant, et peuvent être regardés comme une garantie de la moralité et de la conduite du paysan. 60 p. o/o sont payés au propriétaire par les obligations de la banque que le paysan peut emprunter, et les derniers 20 p. o/o du prix de l'acquisition portant intérêt à 4 p. o/o, restent comme gage au propriétaire.

Après cette opération, le paysan jouira dans toute son étendue de la liberté. Son temps lui appartiendra, il n'aura plus de corvée à donner à son seigneur; il pourra vendre, aliéner et léguer cette terre devenue sa propriété.

Appréciation. L'opinion publique est encore divisée sur les résultats probables de cette institution. Les avantages sont facilement saisis par tout le monde. Mais, dans l'application, cette mesure pourra rencontrer bien des difficultés. D'abord, presque toutes les terres nobles sont déjà grevées d'hypothèques dont il faut payer l'intérêt, et le paysan aura à distraire du revenu de sa terre: 1° l'intérêt de cette première hypothèque, 2° l'intérêt de celle qu'il aura contractée pour devenir acquéreur; 3° les 4 p. o/o du cinquième qui reste comme gage au propriétaire. Or la quantité de terre qu'il peut acquérir, dont la valeur est de 100 roubles argent de revenu, est calculée sur ce qui lui est nécessaire pour l'entretien de sa famille. Dans une année de disette ou même de mauvaise récolte, s'il ne peut pas satisfaire à tous ses engagements, il s'endettera, et les embarras ne feront que croître d'année en année; il se trouvera dans la dépendance de son seigneur comme débiteur, position pire que la première, puisqu'avant son affranchissement, son existence était assurée par la loi, d'une part, et de l'autre par le propriétaire.. En admettant qu'il puisse payer ces divers intérêts, pourra-t-il économiser assez pour rembourser à la banque les 60 p. o/o de son acquisition ?

Ce sont là des objections dont la pratique seule pourra révéler la gravité.

———

Nous ne parlerons pas ici de la banque des paysans de l'île d'Oesel. Cet établissement se rattachant à la classe des institutions de crédit agricole, nous en donnons les statuts dans la seconde partie de ce volume. (Voir page 515.)

§ II.

POLOGNE.

La Pologne est actuellement une partie intégrante de l'empire russe. Sa population, d'après le compte rendu général pour 1847, est de 4,857,700 habitants répandus sur une superficie de 2,320 milles carrés géographiques (de 15 au degré).

Le royaume de Pologne, créé en 1815, avait été d'abord un royaume constitutionnel ayant un gouvernement composé du roi ou de son lieutenant et des deux chambres (sénat et chambre des nonces). A la

tête de l'administration étaient placés un conseil d'État
et cinq commissions gouvernementales présidées chacune par un ministre. Il y avait huit palatinats ou départements, administrés chacun par une commission
palatinale ayant à sa tête un président ou préfet.

Aujourd'hui les chambres représentatives sont supprimées, les commissions gouvernementales sont réduites au nombre de trois, présidées chacune par un
directeur général.

Le royaume est actuellement divisé en cinq gouvernements (goubernies), savoir : ceux de Varsovie, de
Radom, de Lublin, de Plotsk et d'Augustowo, régis
par des gouverneurs civils et militaires. La population
de ces gouvernements varie de 550 à 1,600 mille
habitants.

La propriété rurale est en majeure partie possédée
par la noblesse. Les paysans sont ses tenanciers libres
ou fermiers à bail. Le fermage est payé en argent, en
redevances en blé, ou en journées de travail.

La loi civile du pays est le Code Napoléon, introduit
dans le grand-duché de Varsovie en 1807.

Mais ce Code a été modifié, dans certaines de ses
parties, par des lois postérieures, votées par les diètes
de Pologne ou décrétées par des ordonnances royales
et impériales. Une des modifications principales est
relative au régime hypothécaire, qui a été réformé par
une loi adoptée par la diète en 1818. Cette loi a sup-
primé les hypothèques occultes et générales, et fixé un

terme péremptoire pour l'inscription des créances hypothécaires de toute nature.

Il existe en Pologne un établissement de crédit foncier : c'est la Société du Crédit territorial, fondée en 1825. Voici l'historique de cette association :

Établissement de crédit.

Après le succès obtenu par les diverses sociétés de crédit foncier, qui s'établirent successivement dans les anciennes provinces de la monarchie prussienne, une association analogue avait été décrétée en 1811 pour les provinces polonaises, dont le gouvernement avait été confié par Napoléon au roi de Saxe, sous le titre de grand-duché de Varsovie. Cette association, bien que les guerres de 1812 à 1814 l'aient empêchée de fonctionner, fit faire un pas au système de crédit, en y introduisant l'amortissement.

Origine et historique.

Après le partage du grand-duché de Varsovie, dont le gouvernement s'était vu obligé d'accorder un sursis aux débiteurs pour le payement des dettes hypothécaires, on s'occupa de porter un secours plus efficace aux propriétaires obérés par des charges énormes résultant des guerres terminées en 1815. Dans ce but, on appliqua aux maux du pays les associations de crédit territorial qui avaient rendu ailleurs tant de services.

Le gouvernement prussien, auquel était échue en 1815 la partie du grand-duché de Varsovie qui forme aujourd'hui le grand-duché de Posen (ainsi que les villes de Dantzig et de Thorn), décréta, le 15 décembre 1821, l'établissement d'une société de crédit foncier dans le territoire nouvellement acquis.

La société du grand-duché de Posen fut installée le 20 mai de l'année suivante. Ses statuts (publiés dans le rapport de M. Royer, page 307) renferment tout ce qui méritait d'être imité dans les associations précédentes, jusques et y compris les améliorations proposées pour celle du grand-duché de Varsovie, c'est-à-dire, l'amortissement et la durée déterminée des engagements envers la société.

A l'exemple du grand-duché de Posen, le gouvernement du nouveau royaume de Pologne, échu en partage à la Russie par le démembrement du grand-duché de Varsovie, résolut d'établir une société analogue.

Fondation. Après avoir modifié le régime hypothécaire du Code Napoléon en vertu d'une loi adoptée par la diète en 1818, ce gouvernement prépara un projet d'association de crédit territorial, en s'appliquant à corriger les imperfections qui avaient été signalées dans les statuts de l'association de Posen. Ces imperfections peuvent se résumer ainsi :

1° L'estimation des biens des sociétaires y est bien soumise à certains règlements, mais la base n'en est ni fixée, ni évidente;

2° L'hypothèque spéciale est désignée sur la lettre de gage, malgré la solidarité de tous les associés. Cette mesure laisse le propriétaire exposé à être recherché et inquiété dans sa liquidation, quoiqu'il ait rempli scrupuleusement ses engagements;

3° L'amortissement par rachat à la bourse jusqu'à 3 p. o/o de prime, rentre dans les opérations de banque, et peut prolonger la durée des obligations envers la société au delà du terme des engagements des sociétaires;

4° Enfin l'exigibilité des lettres de gage laisse la direction à découvert au moment des crises politiques.

Tous ces graves inconvénients ont été évités dans les statuts de l'association de la Pologne, dont voici l'économie.

Organisation.

L'association est composée de propriétaires fonciers, payant de leurs biens une contribution directe de 100 florins de Pologne (60ᵗ).

Le Gouvernement entre dans la société pour une partie des domaines nationaux.

Le siége de la direction générale est à Varsovie.

Il y a des directions particulières dans les villes palatinales.

La société gère elle-même toutes ses affaires; elle nomme à cet effet une direction générale et un comité siégeant à Varsovie.

Le président de la direction générale est nommé par le chef de l'État.

Les porteurs de lettres de gage nomment également un comité qui siége à Varsovie; il est chargé de surveiller leurs intérêts.

La société ne peut prêter que jusqu'à concurrence des trois sixièmes de la valeur de l'immeuble hypothéqué.

L'estimation est basée sur l'impôt et le revenu net (20 fois).

Tout membre est tenu d'amortir 2 p. o/o par an du capital emprunté. Il verse en conséquence à la caisse de la société, en monnaie légale et en deux payements égaux, du 1er au 12 juin et du 1er au 12 décembre, une annuité de 6 p. o/o du capital, savoir : 4 p. o/o d'intérêt, 2 p. o/o d'amortissement.

L'emprunteur, au moyen du versement régulier de cette annuité de 6 p. o/o éteint sa dette en 28 ans.

Les emprunteurs qui ne payent pas leurs annuités aux échéances fixées sont assujettis à des amendes; leurs biens sont, en outre, soumis à une exécution administrative. La société met les immeubles en vente et en devient propriétaire, si personne n'enchérit.

La société délivre au propriétaire emprunteur des lettres de gage, divisées en coupures de 20,000, 5,000, 1,000, 500 et 200 florins.

Les lettres de gage produisent des intérêts à 4 p. o/o par an, payables par semestres; des coupons d'intérêt pour 7 ans sont délivrés avec le titre.

Les lettres de gage sont au porteur, transmissibles de la main à la main ou par endos.

Le remboursement s'effectue tous les 6 mois par voie de tirage au sort.

Chaque associé paye en une seule fois, pour les frais

d'émission des lettres de gage et des coupons, 1 florin par lettre de gage de 200 et de 500 florins, et 2 florins par chaque millier de florins, représenté par lettre au-dessus de 500.

Il paye, en outre, pour frais d'administration, à chaque versement trimestriel, 3 centimes un tiers par franc versé à la caisse (un gros de Pologne par florin).

Les créanciers hypothécaires ayant leurs créances garanties par un immeuble quelconque, situé dans le royaume de Pologne, sont tenus d'accepter les lettres de gage en payement de leurs créances.

Le créancier peut contraindre son débiteur, propriétaire foncier, ayant droit d'entrer dans l'association, à le rembourser immédiatement, ou à faire entrer dans la société tous les biens qui servent de gage à sa créance.

La dissolution a lieu au bout de 28 ans ou après remboursement des lettres de gage, si elles sont amorties avant cette période.

Nous donnons, au surplus, la traduction à peu près littérale des statuts de l'association.

STATUTS

DE LA SOCIÉTÉ DE CRÉDIT FONCIER

DANS LE ROYAUME DE POLOGNE.

Nous Alexandre Ier, par la grâce de Dieu, empereur de toutes les Russies, roi de Pologne, etc.

A tous et à chacun que cela concerne, et notamment aux citoyens de notre royaume de Pologne, savoir faisons que la chambre du sénat et celle des nonces ont, conformément au projet présenté en notre nom et après avoir entendu les orateurs du conseil d'État et ceux des commissions de la Diète, voté ce qui suit :

LOI

TENDANT À ÉTABLIR UNE SOCIÉTÉ DE CRÉDIT FONCIER

DANS LE ROYAUME DE POLOGNE.

TITRE PREMIER.

BASES DE LA SOCIÉTÉ DU CRÉDIT FONCIER.

Art. Ier. La *Société du crédit foncier* est une association composée, dans la forme ci-dessous décrite, des propriétaires fonciers qui soumettent leurs biens aux dispositions de la présente loi, pour contracter emprunt par *lettres de gage* et pour jouir des avantages que cette loi leur assure.

2. Tout propriétaire foncier qui paye de son bien une contribution directe, dite *l'offrande* de 100 florins de Pologne (60 francs), peut devenir membre de la société.

3. La commission gouvernementale des finances et du trésor (ministère des finances) entrera dans la société du crédit foncier pour une partie des domaines nationaux, qui sera déterminée par le gouvernement.

4. Le montant de l'emprunt contracté à la société sur les biens des particuliers ou sur les domaines nationaux ne pourra dépasser les 3/6 de la valeur de ces biens, résultant de l'estimation.

5. Les bases de cette estimation sont les suivantes :

a. Pour les biens des particuliers, la contribution directe dite *offrande* payée par ces biens, multipliée par cinq, représentera le revenu net ; ce revenu, multiplié par vingt, représentera la valeur estimée des biens.

b. Les domaines nationaux se composent des anciens biens de dotation viagère (dits biens des *starosties*) et des biens anciens du clergé. Le revenu net des biens de la première catégorie, spécifié dans le recensement de 1789, multiplié par vingt, représentera la valeur en capital. Quant aux biens de la seconde catégorie, leur estimation sera faite de la même manière que celle des biens des particuliers.

6. Si la valeur en capital, ainsi estimée, paraissait trop élevée à la société, et susceptible de compromettre les intérêts de celle-ci, le revenu estimé d'après le mode décrit ci-dessus pourra n'être multiplié que par le chiffre de 19, de 18, et même par un chiffre moindre. Par contre, dans le cas où l'estimation paraîtrait trop basse, cette multiplication pourra être faite par le chiffre de 21, de 22 et jusque par celui de 25.

7. Tout membre est obligé de verser, à raison de son emprunt, 4 p. o/o d'intérêt et 2 p. o/o d'amortissement par an, à la caisse de la société. Ce versement sera fait en espèces, en monnaie d'argent ayant cours dans le pays, au taux monétaire de 86 $\frac{55}{126}$ florins de Pologne par marc d'argent pur de Cologne.

8. Les versements auront lieu tous les six mois, du 1er au 12 juin et du 1er au 12 décembre de chaque année.

9. Le versement régulier des intérêts et annuités aux termes indiqués amortit complétement l'emprunt contracté dans l'espace de vingt-huit ans.

10. Les *lettres de gage* seront émises au porteur, et produiront 4 p. o/o d'intérêt payables tous les six mois, le 22 juin et le 22 décembre.

11. Les *lettres de gage* serviront à payer toutes les dettes hypothécaires, tant privées que publiques, ainsi que celles appartenant aux établissements laïcs et ecclésiastiques inscrites dans la section IV des livres hypothécaires, jusqu'au jour de la promulgation de la présente loi, et dans le palatinat de Cracovie jusqu'au

1ᵉʳ janvier 1836, cette date étant celle du terme péremptoire fixé pour les inscriptions, par la loi hypothécaire de 1818, tout cela nonobstant toutes conventions antérieures ou restrictives, contraires à la loi.

12. Tout possesseur de lettres de gage peut payer avec ces lettres les dettes hypothécaires spécifiées dans l'article précédent; mais, pour purger les biens grevés, et pour s'inscrire en première hypothèque, cette société payera elle-même avec les lettres de gage les dettes de ses membres, en suivant l'ordre d'inscription hypothécaire. Le restant ou la totalité de l'emprunt ne sera délivré au débiteur que lorsque rien ne s'opposera à ce que la société soit inscrite en première hypothèque sur les biens engagés.

13. Les obligations hypothécaires dans lesquelles le chiffre de la dette est exprimé en or seront évaluées en argent, lors de leur conversion en lettre de gage. La monnaie d'or du pays sera évaluée d'après la valeur nominale, la monnaie étrangère d'après la moyenne du cours de cette monnaie à la bourse de Varsovie dans le mois qui précédera la conversion en lettres de gage.

14. Les créanciers hypothécaires, ayant leurs créances garanties par un immeuble quelconque situé dans le royaume de Pologne, sont obligés d'accepter les lettres de gage en payement de leurs créances.

15. Si un débiteur, propriétaire foncier, ayant droit d'être membre de la société du crédit, n'y accède

pas, et si l'un de ses créanciers lui demande le remboursement de sa créance, le débiteur doit faire ce remboursement, ou bien il peut être obligé par le créancier d'entrer dans la société avec tous les biens qui servent de gage à la créance dont il s'agit.

16. Les lettres de gage seront émises, d'après un modèle prescrit, pour les sommes suivantes : 20,000 florins, 5,000 florins, 1,000 florins, 500 florins, 200 florins.

17. A ces lettres seront joints des coupons d'intérêts semestriels, pour sept ans. Après l'expiration des sept ans, de nouveaux coupons seront délivrés aux porteurs de lettre de gage, pour une période suivante de la même durée, et ainsi de suite jusqu'à parfaite extinc-tinction de la dette.

18. Les 2 p. o/o versés annuellement par les asso-ciés forment le fonds d'amortissement des lettres de gage. Ce fonds, augmenté par les intérêts des lettres déjà rachetées, les amortira toutes dans l'espace de vingt-huit ans.

19. La somme accumulée tous les six mois, et des-tinée au fonds d'amortissement, sera employée au rem-boursement de lettres de gages désignées par voie de tirage au sort, d'après le mode qui sera décrit ulté-rieurement.

20. Tous les payements aux porteurs de lettres de gage et de coupons, seront faits en espèces en mon-naie d'argent ayant cours. (Voir article 7.)

21. Les porteurs de lettres de gage toucheront leur argent à Varsovie. Ils pourront cependant aussi le toucher dans les villes palatinales (départementales), s'ils le demandent à temps.

22. Les lettres de gages et les coupons sont transmissibles de la main à la main sans aucune formalité. Il est permis cependant de faire la cession de ces lettres par voie d'endossement; mais alors elles ne pourront plus circuler que si elles sont endossées à chaque mutation.

23. La régularité des payements à faire aux porteurs de lettres de gage, d'après les articles 10 et 19, est assurée par tout l'avoir de la société consistant en biens engagés. Chaque bien particulier est d'abord responsable des engagements contractés aux termes de l'article 7; puis il est responsable des engagements de la société en général, simultanément avec tous les biens engagés, privés et publics, en proportion des sommes par eux payables d'après ce même article 7.

24. Tous les biens engagés à la société doivent être assurés contre l'incendie pendant toute la durée de l'engagement.

25. Tout associé a le droit de se retirer de la société en tout temps, en déposant en lettres de gage la valeur de tout le capital non amorti. S'il ne désire se libérer qu'en partie, il peut le faire de la même manière. Il sera affranchi de l'obligation de faire les versements prescrits par l'article 7, et de la responsabilité

décrite dans l'art. 23, dans la proportion de la somme déposée. Celui qui se retire tout à fait est délivré de toute responsabilité pour le passé et pour l'avenir; mais il doit verser, en un seul payement supplémentaire, 2 p. o/o en espèces de la somme qui doit être rayée de l'hypothèque.

26. La société gère elle-même toutes ses affaires; elle nomme à cet effet les autorités suivantes :

1° Les directions particulières dans les villes palatinales (départementales) : leur nombre sera proportionné au nombre des membres de la société;

2° La direction générale siégeant à Varsovie;

3° Le comité de la société, siégeant également à Varsovie.

27. Pour veiller aux intérêts des porteurs de lettres de gage, il sera élu par ces porteurs un *comité des propriétaires des lettres de gage,* siégeant aussi à Varsovie.

28. Indépendamment de ce comité, les procureurs près les tribunaux civils départementaux veilleront à la stricte observation des lois par les directions particulières. Dans le même but, le procureur auprès de la Cour d'appel siégera dans la direction générale.

29. Pour faire les frais d'émission des lettres de gage et des coupons, chaque membre de la société payera, en une seule fois, 1 florin par lettre de 200 et de 500 florins, et 2 florins par chaque millier de florins représenté par lettre au-dessus de 500.

30. Pour faire face aux frais d'administration, les membres ajouteront à chaque versement semestriel un gros de Pologne par chaque florin versé à la caisse (3 $\frac{1}{3}$ centimes par franc).

31. Indépendamment des versements faits par les domaines nationaux engagés à la société d'après les articles 29 et 30, le gouvernement payera, aux frais du trésor public, le traitement du président de la direction générale, celui du président du comité des propriétaires des lettres de gage et les frais de bureau de ce comité. Dans le cas où les sommes fixées par les articles 29 et 30 ne suffiraient point aux dépenses prévues par ces mêmes articles, le gouvernement fournira un fonds supplémentaire, qui ne grèvera en aucune façon les biens des associés.

32. Tous les biens des particuliers et les domaines nationaux engagés à la société sont passibles, pour les versements arriérés, d'une exécution administrative de la part de la société, qui veillera à la conservation des créances privilégiées, des charges perpétuelles et des droits des créanciers postérieurs, en se conformant strictement aux dispositions de la présente loi.

33. Les biens des particuliers engagés à la société, appartenant au même propriétaire, mais inscrits séparément dans les livres hypothécaires, ne sont pas responsables l'un pour l'autre des versements à effectuer. A plus forte raison cette responsabilité ne s'étendra pas

aux autres biens du même propriétaire qui ne sont pas engagés à la société.

La responsabilité des biens engagés ne s'étend pas au delà de celle prescrite par l'article 23. Cette responsabilité d'un autre bien appartenant au même propriétaire ne commencerait, en vertu de la loi civile, que lorsqu'il serait prouvé au propriétaire qu'il a laissé dépérir, par sa faute, la valeur du bien engagé, soit en dévastant des forêts, soit en aliénant des bâtiments, des semences, des instruments aratoires, ou de toute autre façon.

34. Les domaines nationaux situés dans le ressort de la même direction particulière répondent solidairement des versements qui doivent être faits pour leur compte.

35. Les fonctionnaires de la société recevront un traitement payable sur les fonds spécifiés dans les articles 29, 30 et 31. Ils ne pourront renoncer à ce traitement.

36. Les membres de la société sont soumis aux décisions de la direction particulière. Ceux qui se croiraient lésés par cette direction peuvent porter plainte devant la direction générale. Les plaintes contre la direction générale doivent être portées devant le comité de la société.

37. Lorsque la plainte portée contre une direction ou un fonctionnaire de la société donne lieu à une enquête, cette direction ou ce fonctionnaire seront

considérés comme partie intimée, et la partie condamnée payera comme frais 12 florins par chaque jour consacré à l'enquête, ou au déplacement d'un membre de la direction générale, et 18 florins, si le délégué est un membre du comité. Les autorités supérieures de la société ont le droit de suspendre et de destituer les fonctionnaires inférieurs pour négligence ou transgression des dispositions de la présente loi. Ces fonctionnaires sont, en outre, responsables des dommages qu'ils ont occasionnés et peuvent être poursuivis, à raison de ce fait, par les voies légales. Pour les délits prévus par le Code pénal, ils doivent être livrés aux tribunaux ordinaires.

38. Si, par suite des économies opérées dans les frais d'administration, toutes les lettres de gage étaient amorties avant l'expiration de vingt-huit ans, la société serait dissoute aussitôt après l'amortissement terminé.

TITRE II.

ÉTABLISSEMENT DE LA SOCIÉTÉ DU CRÉDIT FONCIER.

39. Le roi nommera le président de la direction générale. Celui-ci prêtera, devant le conseil d'État, serment selon la formule.

40. Dix jours, au plus tard, après la promulgation de la présente loi, le président invitera, par l'intermédiaire des autorités locales, les propriétaires fonciers,

à manifester leurs intentions relativement à leur entrée dans la société du crédit.

41. Le propriétaire qui a l'intention d'entrer dans la société le fera par acte notarié, dans lequel il déclarera se soumettre à toutes les dispositions de la présente loi, et spécifiera les biens qu'il désire engager pour sûreté des lettres de gage.

42. Le propriétaire qui accède à la société doit prendre un extrait de l'acte précité et y joindre :

a. Un extrait hypothécaire contenant l'état des biens et l'inscription dans le livre hypothécaire, l'avertissement que le propriétaire demande à emprunter sur ces biens une somme de....

b. Un relevé exact de la contribution directe dite de l'*offrande*, payée par chaque bien en particulier. Ce relevé sera certifié par le receveur de l'arrondissement respectif et visé par le commissaire de cet arrondissement (sous-préfet).

c. Celui dont le droit de propriété est limité de façon à gêner le versement des sommes prescrites par l'article 7 doit déposer le consentement à l'emprunt de celui qui limite son droit.

La même disposition s'applique aux biens de dotation payant une redevance emphytéotique (canon) au trésor.

43. Tous ces actes et documents doivent être transmis par l'impétrant au président de la direction générale, ou déposés à la commission palatinale (pré-

fecture), qui les fera parvenir tous les huit jours au
président de la direction générale.

44. L'impétrant doit aussi remettre une copie de
l'acte prescrit par l'article 41 à chaque créancier qui
doit être remboursé par les lettres de gage empruntées,
en spécifiant le montant de chaque lettre de gage
qu'il veut obtenir. Il transmettra au président de la
direction générale ou à la commission palatinale (pré-
fecture) respective une copie de cet acte, avec une
preuve par écrit constatant qu'il l'a communiqué aux
créanciers. Dans le délai de deux mois, à partir du
jour de la communication, les créanciers sont obligés
de déposer, soit directement devant le président de la
direction générale, soit par l'intermédiaire d'une commission palatinale, leurs déclarations constatant qu'ils
consentent à la demande du propriétaire des biens,
relative au montant de chaque lettre de gage, ou
qu'ils désirent la voir modifiée. Leur silence sera considéré comme un consentement aux propositions du
débiteur.

45. Tous les actes d'accession parvenus au président de la direction générale doivent être inscrits dans
un tableau indiquant les détails mentionnés dans l'article 42. Le 1er novembre 1825, le président rédigera
un projet d'organisation d'un certain nombre de directions particulières, proportionné au nombre des membres accédants. Ce projet désignera les lieux où ces
directions devront siéger, les districts qu'elles com-

prendront dans leur ressort, prescrira la formule du serment pour les membres de la direction générale et pour les présidents et les membres des directions particulières. Le président de la direction générale soumettra ce projet, accompagné d'un rapport motivé, à l'approbation du gouvernement.

46. Le gouvernement décidera la formation d'un certain nombre de directions particulières, nommera les présidents des réunions, parmi les membres adhérents; il communiquera aux présidents de commissions palatinales (préfets) la liste de ces membres, compris dans le ressort de chaque direction particulière; il fixera un jour pour les élections et autorisera les présidents à convoquer les membres afin de procéder à l'élection des fonctionnaires. Il transmettra en même temps aux présidents la formule du serment à prêter par les présidents et les membres des directions particulières, et communiquera cette même décision au président de la direction générale, avec la formule du serment pour les membres de cette direction.

47. Chaque assemblée de cercle ou d'arrondissement nommera dans son sein sept membres de la direction particulière et deux membres de la direction générale. Elle nommera aussi le président de la prochaine assemblée et son suppléant. Tous ces fonctionnaires seront pris parmi des propriétaires fonciers dont les dettes ne dépassent pas la moitié de la valeur hypothécaire des biens.

48. Les actes d'accession faits conformément à l'article 42, et les déclarations des créanciers exigées par l'article 44, envoyés au président de la direction générale, seront déposés par celui-ci à la direction, qui les transmettra, avec toutes les pièces à l'appui, aux directions particulières.

49. Après la constitution des directions particulières, tous les actes exigés par les articles 42 et 44 seront transmis directement à ces directions.

TITRE III.

COMPOSITION DES DIRECTIONS PARTICULIÈRES, LEURS ATTRIBUTIONS ET OBLIGATIONS, LEURS RAPPORTS AVEC LES MEMBRES DE LA SOCIÉTÉ ET LES PORTEURS DE LETTRES DE GAGE.

50. *Composition des directions particulières.* — Chaque direction particulière sera composée de sept membres. Ces membres nommeront parmi eux un président; ils prendront rang entre eux suivant l'âge, et remplaceront, d'après le même rang, le président, en cas d'absence.

51. La durée des fonctions du président et des membres sera de quatre ans. Les membres seront renouvelés par moitié tous les deux ans. La moitié des membres nommés pour la première fois restera ainsi deux ans seulement en fonctions, et, pour cette fois, le sort désignera les membres sortants.

52. Le nombre strictement nécessaire pour délibérer est de trois, dont deux membres et le président.
Le tour de chaque membre pour siéger à la direction
sera réglé par cette direction elle-même.

Le nombre des membres prenant part à une délibération doit toujours être impair. Si, par conséquent,
les membres présents à une délibération se trouvent
en nombre pair, le sort désignera celui qui, siégeant
hors de tour, devra s'abstenir.

53. Les présidents des directions particulières prêteront serment devant le président de la direction
générale. Les membres des directions particulières prêteront serment devant le président de la direction particulière respective.

54. Les présidents des directions particulières auront un traitement annuel fixe ; les membres ne seront
payés que pour le temps où ils sont en activité de
service. Les membres des directions particulières désignés pour faire une enquête seront considérés comme
étant en activité de service pendant tout le temps du
voyage et de la durée de l'enquête.

55. Les décisions des directions particulières seront
prises à la majorité des voix. Un membre qui ne partage pas l'opinion de la majorité peut consigner son
opinion dans le procès-verbal tenu à cet effet, et, dans
ce cas, il n'est pas responsable des conséquences de
la décision prise contrairement à son avis.

56. Le président peut convoquer une séance de la

direction toutes les fois qu'il le juge nécessaire; il doit aussi la convoquer toutes les fois que deux membres de la direction le demanderont.

57. Le procureur près le tribunal civil peut assister à tous les actes de la direction particulière, et il a le droit de faire des propositions. Il siége immédiatement après le président, mais il ne peut jamais le suppléer.

58. Toutes les fois que le procureur croira nécessaire de protester contre une décision de la direction particulière, il devra remettre à cette direction une protestation par écrit. Si la direction ne voulait pas changer sa décision, ou si le procureur ne voulait pas retirer sa protestation, après explication, ce dernier devrait transmettre cette protestation, accompagnée d'un exposé des motifs, au procureur près la cour d'appel. La direction particulière devra, dans ce cas, suspendre la mise à exécution de sa décision, donner des explications à la direction générale, et attendre la décision de celle-ci.

59. Les procureurs près des tribunaux civils n'ont pas le droit de suspendre l'exécution des décisions de la direction générale, quand même celles-ci leur paraîtraient contraires à la loi; ils sont tenus, néanmoins, d'en avertir le procureur près la cour d'appel.

60. Les procureurs civils ont le droit de visiter les comptes des directions particulières, et sont obligés de faire leur rapport au procureur près la cour d'appel.

3

61. Chaque direction particulière nommera son greffier, qui doit être une personne ayant les qualifications nécessaires pour être fonctionnaire judiciaire de troisième classe. Le greffier aura un traitement fixe annuel.

62. *Expédition des lettres de gage.* — Chaque direction particulière examinera les actes d'accession et les pièces à l'appui, exigées par l'article 42 ; après avoir acquis la conviction qu'ils sont conformes aux dispositions de la loi, et que la valeur des biens n'est pas estimée trop haut, elle fera son rapport à la direction générale, spécifiant la quantité et le montant des sommes représentées par les lettres de gage demandées. Quant à ce montant, les directions suivront les intentions des créanciers, mais, si les créanciers étaient en retard de faire les déclarations exigées par l'article 44, on suivra sur les demandes des propriétaires des biens. En tout cas, les directions recevront le payement destiné aux frais d'expédition des lettres de gage, prescrit par l'article 29, et l'enverront à la direction générale en même temps que le relevé des sommes pour lesquelles devront être émises les lettres de gage demandées.

63. La direction particulière retournera à l'impétrant tout acte d'accession et tout document non conformes à la règle, pour qu'il ait à les modifier. Si cette direction acquiert la conviction que l'estimation des biens est trop élevée, elle fera connaître à la direction géné-

rale de combien il faudrait, d'après son opinion, abaisser cette estimation, conformément à l'article 6, pour garantir les intérêts de la société. Elle en informera en même temps le propriétaire des biens.

64. Aussitôt après avoir reçu de la direction générale les lettres de gage avec les coupons, ainsi que l'acte constatant leur émission, la direction particulière inscrira cet acte dans un livre tenu à cet effet; elle signera les lettres de gage et les coupons. Après avoir accompli cette formalité, la direction transmettra l'acte en question, ainsi que les lettres de gage, au conservateur des hypothèques; celui-ci fera, en présence du délégué, une inscription qui remplacera l'avertissement prescrit par l'article 41, dans le livre hypothécaire; puis il inscrira les lettres de gage dans un livre spécial tenu à cet effet dans le bureau du notariat et d'enregistrement. Enfin, en retournant les lettres de gage, il délivrera au délégué un extrait officiel de l'inscription hypothécaire et un extrait de l'inscription dans le livre des lettres de gage, pour être conservés à la direction particulière.

65. Après avoir rempli les formalités ci-dessus, la direction particulière fixera le délai d'un mois, dans lequel le propriétaire du bien et ses créanciers devront comparaître; ceux-ci apporteront les documents qui prouvent leurs créances.

66. Lorsque le terme de comparution sera arrivé, le délégué déposera à la conservation des hypothèques

3.

les mêmes lettres de gage qui, conformément à l'article 64, ont été inscrites dans le livre des lettres de
gage, au bureau du notariat et d'enregistrement. La
conservation des hypothèques ordonnera de recevoir
du créancier qui doit être payé en lettres de gage la
déclaration par laquelle celui-ci reconnaîtra la quittance, en présence du délégué de la direction, au bureau du notariat et d'enregistrement. Après radiation,
faite en vertu de cette quittance, de la créance à convertir en lettres de gage, et après inscription de l'o-
bligation envers la société à la place de la susdite
créance, le conservateur des hypothèques inscrira sur
chaque lettre de gage l'annotation suivante :

« Cette lettre a été enregistrée dans le livre des
lettres de gage du palatinat, (département) de.....
page..... numéro..... »

Après avoir signé et apposé le sceau officiel sous
cette annotation, le conservateur des hypothèques,
conjointement avec le délégué de la direction, remettra
ces lettres de gage aux créanciers ayant donné quittance,
et prendra reçu de cette remise.

67. Si un des créanciers négligeait de comparaître
au terme fixé, ou si, en comparaissant, il ne voulait
pas reconnaître la quittance prescrite par l'article 66,
et accepter les lettres de gage comme remboursement
de sa créance, le délégué de la direction présentera les
lettres destinées au payement dudit créancier au gérant
du notariat et d'enregistrement, spécifiera dans l'acte

dressé à cet effet les numéros, les lettres alphabétiques de la série et le montant de chaque lettre de gage,
et déclarera être prêt à payer le créancier récalcitrant.
En vertu d'un pareil acte, les lettres de gage dont il s'a-
git deviennent la propriété du créancier défaillant ou
récalcitrant. La conservation des hypothèques procédera, sur présentation de l'acte susindiqué, à la radiation de la créance et à l'inscription à sa place de la
créance de la société. Après quoi, sans recourir à la
formalité prescrite par l'article 64, elle retournera au
délégué de la direction les lettres de gage avec les coupons, pour qu'il les mette en dépôt à la direction générale aux frais de leur nouveau propriétaire.

68. De même, si, par suite d'une contestation, la
radiation de la créance et l'inscription, à sa place, de
l'obligation envers la société, ne pouvaient avoir lieu,
dans le livre hypothécaire, conformément à l'article 66,
le délégué de la direction fera dresser un acte notarié,
par lequel il expliquera les motifs qui empêchent la
livraison des lettres de gage au créancier inscrit en
première hypothèque. Cet acte sera communiqué au
conservateur des hypothèques, et si celui-ci reconnaît
la gravité des motifs allégués, les lettres seront envoyées,
aux frais de la partie qui aura succombé, à la direction
générale, où ils resteront comme propriété des parties
litigieuses, jusqu'à ce que la contestation soit vidée.

69. Les lettres de gage conservées au dépôt de la
direction générale, en vertu des deux articles précé-

dents, y resteront, dans le premier des deux cas prévus dans ces articles, jusqu'à ce que le créancier déclare, dans une pétition adressée à la direction générale, être prêt à reconnaître la quittance dont il est
question dans l'article 66; dans le second cas, elles
y resteront jusqu'à ce que le créancier dépose, aux
actes du notariat et d'enregistrement, une décision judiciaire qui lui reconnaisse le droit de première hypothèque, et jusqu'à ce qu'il déclare, en même temps,
dans une pétition adressée à la direction générale, être
prêt à reconnaître la quittance dont il a été parlé.

Dans les deux cas, la direction particulière, aussitôt
qu'elle aura reçu de la direction générale les lettres de
gage avec les coupons et avec l'argent comptant qui aurait été versé à la caisse de dépôt, au compte de ces
lettres, en informera le propriétaire de ces lettres, et
marquera le jour où celui-ci devra se présenter au bureau du notariat et de l'enregistrement pour les recevoir ainsi que les coupons et l'argent comptant y affé-
rent, après avoir, toutefois, accompli les formalités
prescrites par l'article 66.

70. Si la somme prêtée en lettres de gage dépas-
sait le montant des dettes hypothéquées qui grèvent le
bien engagé, l'excédant en lettres de gage, qui resterait
après le remboursement des créanciers, sera remis au
propriétaire du bien, contre sa quittance homolo-
guée.

71. Si les biens engagés à la société n'étaient gre-

vés d'aucune créance hypothécaire, les lettres de gage seraient remises au propriétaire contre une quittance en règle.

72. Après avoir accompli tous les actes prescrits par les articles précédents, les directions particulières feront leur rapport à la direction générale.

73. Chaque créancier hypothécaire, quel que soit le numéro de son inscription, ayant le droit de dénoncer son capital, et qui voudrait forcer son débiteur d'entrer dans la société du crédit foncier, doit présenter une demande à la direction particulière respective, et y joindre l'extrait hypothécaire de sa créance. Après avoir reçu cette demande, la direction particulière fera un appel au propriétaire, ou, s'il y a lieu, aux tuteurs et curateurs, leur enjoignant d'avoir à déposer, dans l'espace de trente jours, soit la preuve de l'acquittement de la dette, soit son accession à la société selon les formalités prescrites.

74. Si le propriétaire du bien, son tuteur ou curateur, tardaient à envoyer la preuve constatant qu'ils ont remboursé les créanciers ou à envoyer l'acte d'accession à la société, la direction fera par son délégué inscrire dans le livre hypothécaire un avertissement portant que le propriétaire du bien dont il s'agit a été requis par le créancier d'entrer dans l'association. Cette direction se fera représenter l'extrait hypothécaire du bien en question, et demandera au commissaire du cercle (sous-préfet) de lui faire transmettre l'extrait du

rôle des contributions directes relatif à l'impôt de l'*of-frande* payé par ce même bien.

75. Après avoir reçu les documents demandés, la direction particulière informera les créanciers de la sommation adressée au propriétaire, d'avoir à faire partie de la société, et requerra les créanciers de déclarer, dans le délai de deux mois, le montant de chaque lettre de gage qu'ils désirent avoir. Après l'expiration de ce délai, la direction remplira toutes les formalités nécessaires pour garantir la première hypothèque aux lettres de gage dont il s'agit.

76. *Règles à observer lorsqu'on demande le payement des intérêts à une direction particulière.* — Les porteurs de lettres de gage qui désirent toucher leurs intérêts à une direction particulière, sont obligés de déposer dans une de ces directions, avant le 20 mai ou le 20 novembre, les coupons du semestre courant et de déclarer par quelle direction ils désirent être payés à l'échéance. La direction délivrera au porteur un reçu, inscrira sur chaque coupon une annotation portant qu'il sera payé à telle direction indiquée, et transmettra tous les coupons à la direction générale, avant le 24 mai et le 24 novembre, pour être comparés aux talons restés dans le livre de souche, et pour mettre cette direction en mesure de disposer des fonds nécessaires afin de satisfaire au désir du porteur.

77. *Règles à observer lorsqu'on demande le payement du capital à une direction particulière.* — Lorsqu'un por-

teur de lettres de gage, qui doivent être amorties, désire en toucher le remboursement à une direction particulière, il doit déposer les lettres à une de ces directions, et indiquer celle par laquelle il veut être payé. La direction particulière rédigera sur la même feuille un reçu et un avis conforme pour la direction où le payement doit être effectué. Le reçu sera détaché et remis au propriétaire, l'avis sera envoyé à la direction que cela concerne, et les lettres de gage seront envoyées à la direction générale dans le délai et pour les fins désignés dans l'article 76.

78. *Réception des versements faits par les membres de la société.* — Les directions particulières recevront, en vertu des articles 7 et 30, du 1er au 12 juin et du 1er au 12 décembre, les versements semestriels, comprenant : 2 p. o/o d'intérêt, 1 p. o/o d'amortissement et un gros de Pologne par chaque florin versé (3 1/3 centimes par franc). Elles en recevront autant sur les prêts faits aux domaines nationaux engagés à la société et situés dans leur ressort. Les directions donneront quittance de tout versement effectué par les membres.

79. Les versements peuvent être faits, soit en espèces, soit en coupons du semestre courant. Les directions sont tenues de détacher elles-mêmes les coupons. Le propriétaire du coupon doit inscrire dessus l'annotation suivante : « Versé comme espèces, » et la signer.

80. S'il y avait doute sur l'authenticité des lettres

de gage ou des coupons, les directions particulières, non-seulement refuseront de les recevoir pour du comptant, mais devront les saisir, dresser procès-verbal sur leur provenance d'après la déclaration du porteur, prendre note de ses nom et domicile, et lui délivrer copie du procès-verbal, qui constatera que les lettres ou les coupons ont été retenus pour être envoyés à la direction générale, afin d'être vérifiés. Si la direction générale acquiert la preuve que ces lettres ou coupons sont authentiques, elle les renverra à la direction particulière respective pour être retournés au propriétaire; dans le cas contraire, après les avoir barrés avec la plume, elle les retiendra et enjoindra aux directions particulières de rechercher les faussaires. Dans le cas où les coupons, reçus comme authentiques par la direction particulière, auraient été trouvés faux par la direction générale, le membre de la société qui les donne en payement sera tenu de les rembourser avec intérêt à la société, et poursuivra en restitution du prix celui qui les lui aura vendus.

81. Le membre de la société qui désire rembourser en tout ou en partie la dette contractée envers la société, devra, ou solder en lettres de gage le restant du capital dû, d'après le tableau d'annuités, ou n'en payer, d'après le même tableau, que la partie qu'il veut amortir, puis il payera, sur la somme qui aura été rayée du livre hypothécaire, les 2 p. o/o prescrits par l'article 25. La direction particulière après

avoir donné quittance des lettres et des coupons remis par le propriétaire, les renverra à la direction générale, et, sur l'autorisation de celle-ci, elle remplira
les formalités nécessaires pour la radiation de la dette
du livre hypothécaire, reprendra le reçu des lettres et
des coupons, l'annulera et fera sur le tout un rapport
à la direction générale.

82. Les directions particulières, après avoir retenu
en leur possession les sommes qu'elles auront été autorisées à garder par la direction générale, enverront
le restant du produit des versements à la direction générale avant le 15 juin et le 15 décembre. S'il y avait
des arriérés, les directions particulières dresseraient la
liste nominative des membres de la société et des biens
par lesquels ces arriérés sont dus et l'enverraient à la
direction générale.

83. *Du payement des intérêts et des capitaux aux
propriétaires de lettres de gage.* — Les directions particulières commenceront les payements au 22 juin et au
22 décembre. En payant les intérêts du semestre courant et les capitaux pour les lettres de gage destinées
à être amorties, elles se feront restituer les *reçus* délivrés en vertu des articles 76 et 77 ; elles les compare-
ront avec les avis dont ces *reçus* ont été détachés. En
outre, les propriétaires de ces reçus donneront à la direction quittance des capitaux payés. Cette quittance
sera placée sur les lettres de gage elles-mêmes, qui, à
cet effet, seront transmises par la direction générale aux

directions particulières respectives. Les *reçus* délivrés
par les autres directions particulières leur seront renvoyés. Quant à toutes les autres lettres de gage, elles
seront, de même que les intérêts et les capitaux non
touchés aux directions particulières, renvoyées à la
direction générale, avant le 10 juillet et le 10 janvier.

84. Les versements et les payements ne seront acceptés et effectués par les directions particulières, que
les jours de séance et dans le local où siége la direction. Il n'est pas permis de prendre quittance en ren-
voyant le payement à un autre jour.

85. *Recouvrement des arriérés dûs par les membres de
la société.*— Toutes les sommes dues et non versées jusqu'au 12 juin et au 12 décembre, par les membres de
la société, seront considérées comme *arriérées*. A partir du lendemain de ces dates, les directions inflige-
ront une amende aux retardataires, savoir, pour le
premier mois de retard, un demi pour cent de toute
la somme arriérée, si le versement est effectué avant
l'expiration du mois; pour le second mois, l'amende
sera d'un pour cent. Si l'arriéré n'est pas payé dans
le courant du troisième mois, la direction poursuivra
l'expropriation du bien du débiteur. Celui-ci, indépendamment de l'amende d'un pour cent pour le troisième mois de retard et pour chaque mois suivant,
sera obligé de nourrir l'exécutant et de lui payer un
florin (60 centimes) par chaque jour d'exécution.

86. Si l'exécution ne suffit pas pour faire rentrer

l'arriéré, la direction enverra, le quatrième mois, un administrateur qui procédera à la vente des blés et autres
produits excédant les besoins de l'exploitation. Si la
créance de la société, avec frais et intérêts, peut être
soldée de cette manière, les biens seront restitués au
propriétaire. Dans le cas contraire, la direction particulière, après avoir pris l'avis de la direction générale,
mettra les biens en fermage pour trois ans, par enchère publique, au prochain terme de la Saint-Jean.

87. La direction particulière fera annoncer par une
annonce répétée trois fois dans les journaux de Varsovie et dans ceux du palatinat respectif, insérée quelques semaines avant le terme de la Saint-Jean, les
conditions auxquelles les biens engagés seront mis en
fermage, et notamment elle spécifiera :

a. Les charges attachées au sol (décrites dans l'art. 41
de la loi hypothécaire); et les charges perpétuelles
(décrites dans la même loi, art. 44), en tant que
ces charges priment la créance de la société, dont le
montant est de......., puis toutes les charges publiques.

b. L'obligation de déposer en espèces tout l'arriéré
dû à la société, avec intérêts et frais, et dont le montant est de.....

c. L'engagement de verser, durant le temps du fermage, les intérêts et annuités dus à la société, en deux
payements semestriels, le montant de chacun étant
de......

d. L'engagement de restituer, après l'expiration du bail, les biens dans l'état où ils ont été livrés.

e. La renonciation à toute indemnité pour les avances foncières faites durant le temps du bail.

88. Le surplus du prix offert par le plus fort enchérisseur, qui accepte les conditions ci-dessus, appartient au propriétaire ou aux créanciers hypothécaires ultérieurs, conformément aux dispositions de la loi.

89. Les directions particulières veilleront à ce que les fermiers remplissent les conditions du bail, et ne détériorent pas le bien affermé. Un membre de la société, habitant à proximité de ce bien, doit exercer cette surveillance, lorsqu'elle lui aura été confiée par la direction.

90. Les directions particulières pourront permettre, dans certains cas, que le propriétaire continue à résider dans ses terres, pourvu qu'il ne s'immisce pas dans leur administration. Après l'expiration du bail, le propriétaire rentre dans la jouissance de ses biens.

91. Si aucun fermier ne veut souscrire aux conditions fixées pour l'enchère dans l'article 87, la direction maintiendra son administration sur les biens. Mais, à partir de l'époque où l'enchère est restée sans résultat, la direction ne perçoit plus, comme pénalité, qu'un demi pour cent, par mois, de tout l'arriéré. Puis, après avoir pris l'avis de la direction générale, elle annonce la vente des biens engagés aux conditions suivantes :

1º Obligation de satisfaire à toutes les charges attachées au sol et à toutes les charges perpétuelles décrites dans les articles 41 et 44 de la loi hypothécaire, en tant qu'elles priment la créance de la société. Le tout se montant à la somme de.....

2º Obligation de faire les versements dus à la société d'après l'article 7, se montant à la somme annuelle de..... et pendant la période de.....

3º Remboursement des intérêts déjà versés par le propriétaire pour amortissement successif du capital, d'après le tableau d'amortissement décrit par l'article 18, le tout se montant à la somme de.....

4º Dépôt de la somme nécessaire pour parfaire le montant de la valeur des biens, d'après l'estimation faite en vertu de l'article 5, si le montant de l'emprunt contracté n'atteint pas cette estimation, cette somme étant de.....

Après avoir annoncé la vente des biens par enchère publique, la direction particulière fera un appel aux créanciers hypothécaires, afin qu'ils aient à déclarer si, au moyen d'un accord entre eux, ils ne trouveraient pas les moyens de désintéresser la société. La direction transmettra leurs propositions à cet égard à la direction générale. Dans le cas où les créanciers ne le feraient point, la direction mettra les biens en vente aux conditions susindiquées.

Sur la somme résultant des §§ 3 et 4 réunis, la part nécessaire pour rembourser les arriérés dus à la so-

ciété, avec intérêts et frais, sera versée en espèces;
le restant, ainsi que tout l'excédant du prix offert sur
le prix de mise en vente, peut être versé en espèces ou
en lettres de gage et employé à rembourser les créanciers ultérieurs, ou remis au propriétaire.

Si le dernier enchérisseur ne veut offrir rien au
delà des obligations décrites par les §§ 1, 2, 3 et 4,
les biens lui seront adjugés.

Si aucun des enchérisseurs ne veut accepter les
conditions ci-dessus, la direction gardera les biens
sous son administration pendant un an. Si, dans le
courant d'une année de cette administration, tout l'arriéré avec intérêts et frais sont acquittés et tous les
versements courants effectués, les biens seront restitués au propriétaire avec tout le surplus en argent qui
restera après cet acquittement.

Si, au contraire, le produit de cette administration
ne suffit pas à acquitter intégralement la dette ci-
dessus, la direction, après en avoir référé à la direction générale et obtenu la décision de celle-ci, mettra
encore une fois les biens en vente aux conditions suivantes:

a. Même condition que celle spécifiée au n° 1,
art. 91.

b. Dépôt, en espèces, de tout l'arriéré dû à la société, avec intérêts et frais, le tout se montant à la
somme de...

c. Même condition que celle spécifiée au n° 2, art. 91.

Tout le surplus de la somme offerte par le dernier enchérisseur, qui restera après acquittement des obligations ci-dessus, sera ou employé au remboursement des créanciers ultérieurs, en vertu des prescriptions de la loi, ou remis au propriétaire. Mais si personne ne veut se rendre acquéreur des biens aux prix des obligations décrites sous les rubriques *a*, *b* et *c*, alors les biens deviendront la propriété de la société, et seront administrés pour son compte par la direction particulière, jusqu'à ce que le comité de la société ordonne la vente de ces biens.

92. Les règles suivantes seront observées à l'égard des ventes dont il est parlé dans l'article précédent:

1.° Les directions particulières seront obligées de faire avant tout, par leur délégué, une déclaration au moyen d'un acte notarié, portant que tels biens sont mis en vente par enchère, d'indiquer les conditions et l'époque de la vente, et de désigner le notaire par-devant lequel cette vente aura lieu.

2.° Après avoir reçu avis du délégué que l'acte ci-dessus a été dressé, la direction fera annoncer par les journaux de la capitale et par ceux du palatinat respectif la vente qui devra avoir lieu, ainsi que les conditions et l'époque de cette vente. Elle en informera par avis officiel le propriétaire et chacun des créanciers hypothécaires.

L'époque de la vente doit être fixée de telle manière, qu'elle soit précédée de trois annonces insérées dans

4

les journaux, à un mois d'intervalle chaque, et que la dernière annonce précède au moins d'un mois la vente par enchère.

3° Après avoir fait ces annonces, la direction particulière remettra au notaire un exemplaire de chaque journal où l'annonce de la vente a eu lieu. Le notaire procédera à la vente par enchère en présence du délégué de la direction, en dressera procès-verbal, et le transmettra à la conservation des hypothèques, si la vente a été effectuée.

4° La conservation des hypothèques, après avoir constaté que toutes les formalités ont été accomplies, rendra une décision en vertu de laquelle les biens seront adjugés à l'acquéreur, et, lorsque celui-ci aura satisfait aux conditions de la vente, elle inscrira le titre de propriété dans le livre hypothécaire.

93. Les propriétaires, les créanciers ou autres ayant droit, qui se croiraient lésés, soit pendant l'administration, soit à l'occasion de l'affermage ou de la vente par enchère, devront porter plainte à la direction générale.

94. Lorsque, par suite des décisions judiciaires ou des actes publics, une exécution est ordonnée sur les biens engagés à la société, les directions particulières devront veiller, à ce qu'il ne soit porté à cette occasion aucune atteinte aux droits de la société.

95. S'il y a des arriérés sur les domaines nationaux engagés à la société, les directions particulières dé-

clareront à la commission des finances et du trésor (ministère des finances) quels sont les biens que ces directions ont l'intention de prendre sous leur administration, après un délai de deux mois prescrit par l'article 85. Si la commission des finances ne verse pas les arriérés avec les intérêts dans le délai indiqué, les directions particulières établiront une administration sur ces biens, annonceront la vente par enchère dans les journaux, selon les règles prescrites dans l'article 92, et réaliseront la vente au terme indiqué.

Si la vente n'assure pas à la société le payement intégral des à-compte successifs, et ne la fait pas rentrer dans les créances arriérées avec intérêts et frais, la direction particulière en informera la commission des finances, et l'invitera à verser le restant de l'arriéré. Elle désignera en même temps les biens sur lesquels elle étendra l'administration ou le séquestre, dans le cas où la commission ne verserait pas l'arriéré en question.

Si la commission des finances n'effectue pas ce versement dans le délai de deux mois, la direction particulière procédera à la vente de ces autres biens, conformément à l'article 92, et ainsi de suite jusqu'à parfait acquittement de l'arriéré. Si, au contraire, l'acquéreur des biens en avait offert un prix qui, après avoir satisfait aux obligations décrites sous les lettres *a* et *b*, article 91, laissât un excédant disponible en espèces

4.

ou en lettres de gage, cet excédant serait remis à la commission des finances.

96. Si le Gouvernement vendait un des biens engagés à la société, les obligations envers la société attachées à ce bien, conformément aux articles 7 et 3o, seraient transférées au nouvel acquéreur. Ce bien serait dès lors affranchi de la solidarité imposée aux domaines nationaux par l'article 34, et serait soumis aux dispositions de la présente loi, de la même manière que les autres biens des particuliers engagés à la société.

97. Dans le cas d'un désastre qui ne serait pas amené par la faute du propriétaire, et qui le priverait de la moitié de son revenu, désastre tel que : incendie, grêle, inondation, épizootie, récolte complétement manquée, etc., il pourra être accordé un sursis au propriétaire. Il devra en avertir dans les quinze jours la direction particulière, qui déléguera sur les lieux un de ses membres pour se convaincre du dégàt occasionné et de l'impossibilité où se trouve le propriétaire d'effectuer le versement semestriel dans la caisse de la société. Après avoir reçu un rapport, la direction particulière soumettra à la direction générale son avis sur la possibilité de l'atermoiement partiel des intérêts dus. Cet atermoiement ne peut dépasser deux ans, ni comprendre les deux pour cent destinés à l'amortissement de la dette.

Si un désastre pareil arrivait pendant l'atermoiement,

aucun sursis ultérieur ne pourrait être accordé jusqu'à l'acquittement du premier à-compte sur l'arriéré. Les domaines nationaux ne pourront obtenir un sursis en aucun cas.

98. Les directions particulières doivent surveiller attentivement l'exploitation des biens engagés à la société, surtout lorsque les propriétaires de ces biens se trouvent absents. Si ces directions apprennent que le mode d'exploitation diminue les garanties de la société, elles pourront déléguer un membre sur les lieux, pour faire un rapport sur la gestion économique des biens. Si ce membre voit dans la gestion un danger pour la créance sociale, la direction en informera la direction générale, en indiquant en détail les causes de ce danger, et procédera d'après les ordres de cette dernière.

99. Indépendamment des rapports faits à la direction générale, les directions particulières déposeront devant les assemblées les comptes de gestion, ainsi que les preuves de l'amortissement effectué du nombre indiqué de lettres de gage, et ne négligeront rien de ce qui pourrait éclairer les membres sur la gestion des affaires de la société.

TITRE IV.

COMPOSITION DE LA DIRECTION GÉNÉRALE,

SES ATTRIBUTIONS ET OBLIGATIONS,

SES RAPPORTS AVEC LES MEMBRES DE LA SOCIÉTÉ,

AVEC LES PROPRIÉTAIRES DES LETTRES DE GAGE,

AVEC LES DIRECTIONS PARTICULIÈRES ET AUTRES AUTORITÉS.

100. *Composition de la direction générale.* — La di-. rection générale sera composée d'un président et des membres élus, deux par chaque ressort de direction particulière. Les membres de la direction générale resteront en fonctions pendant quatre ans, et se renouvelleront par moitié tous les deux ans. Pour la première fois, la moitié des membres désignée par le sort ne restera, par conséquent, en fonctions que pendant deux ans.

101. Le nombre strictement nécessaire pour délibérer est de trois membres, y compris nécessairement le président. Le tour de présence sera réglé par la direction elle-même, réunie au grand complet.

Le nombre de membres prenant part à la délibération sera toujours impair. Par conséquent, si les membres présents se trouvent en nombre pair, le sort désignera le membre siégeant hors de tour qui devra s'abstenir.

102. Les membres prêteront serment devant le président de la direction générale. Ils prendront rang d'après l'âge, et remplaceront, d'après le même rang le président absent.

103. Le président de la direction générale aura un traitement annuel fixe; les membres ne seront payés que pour le temps où ils resteront en activité.

104. Les décisions de la direction générale seront prises à la majorité des voix. Le membre qui ne partage pas l'opinion de la majorité peut consigner son opinion dans le procès-verbal spécial, et s'affranchir ainsi de la responsabilité qui résulterait de la mise à exécution de la décision prise.

105. Le président pourra, toutes les fois qu'il le jugera nécessaire, convoquer une réunion générale des membres de la direction générale. Il sera obligé de le faire toutes les fois que deux membres de la direction l'exigeront.

106. Le procureur près la cour d'appel peut assister à tous les actes de la direction générale avec droit de faire des propositions. Il siége immédiatement après le président mais sans pouvoir jamais le remplacer. Toutes les fois que le procureur croit devoir protester contre une décision de la direction générale, il remet sa protestation par écrit à la susdite direction. Si celle-ci ne veut pas changer sa décision, ou si le procureur, après les explications données, ne veut pas retirer sa protestation, la direction générale donnera les explications nécessaires au comité de la société, et attendra sa décision.

107. Le procureur près la cour d'appel portera à la connaissance de la direction générale les infrac-

tions à la loi dont les directions particulières se rendraient coupables et dont le procureur serait informé
par les rapports des procureurs près les tribunaux
civils. Ce même procureur a le droit de visiter les
comptes de la direction générale, et il devra dénoncer
au comité de la société toutes les irrégularités qu'il
aura observées.

108. La direction générale nommera auprès d'elle
un greffier qui devra réunir les qualités nécessaires
pour remplir les fonctions judiciaires de troisième
classe. Ce greffier aura un traitement fixe annuel.

109. *Émission des lettres de gage.* —Après avoir reçu
les actes d'accession, ainsi que les rapports des directions particulières, la direction générale les vérifiera, et
examinera si les propositions des directions particulières, concernant l'abaissement de l'estimation des
biens, donnent pleine garantie de sécurité pour les intérêts de la société. Dans le cas où elle jugerait que
cet abaissement n'est pas suffisant, ou si l'estimation
est attaquée par le propriétaire du bien, la direction
générale enverra sur les lieux un ou plus de ses membres, qui feront une enquête le plus promptement
possible, et en rendront compte jour par jour à cette
direction. La question étant élucidée de cette manière,
la direction générale décidera combien de lettres de
gage, et de quelle valeur, seront accordées à la demande du propriétaire. Cette décision sera inscrite
dans un livre spécial tenu à cet effet, et sera signée

par les membres de la direction qui ont rendu la décision.

110. Après avoir accompli ces formalités, trois membres de la direction générale signeront chaque lettre de gage attachée à la souche, en variant l'ordre des signatures. Après quoi les lettres seront détachées, et, sur chaque talon conservé dans le livre à souche, on inscrira le numéro de la lettre détachée, et on y apposera les signatures dans le même ordre que sur la lettre.

Les mêmes formalités seront observées, lorsqu'on découpera du livre à souche la feuille contenant les coupons d'intérêt pour sept ans. En outre, au dos de chaque coupon un des membres de la direction générale mettra sa signature, et le nom du signataire sera noté sur le talon attaché au livre.

111. Toutes les lettres de gage seront imprimées sur parchemin blanc, sauf celles destinées pour les établissements publics, laïcs et ecclésiastiques, qui seront imprimées sur parchemin de couleur. Les coupons seront en papier blanc.

112. La direction générale enverra à la direction particulière les lettres de gage et l'extrait de la décision rendue en vertu de l'article 109.

113. Les lettres de gage renvoyées à la direction générale, en vertu des articles 67 et 77, seront déposées par elle à la banque de Pologne; c'est aussi à la banque que seront versés les payements faits pour le compte de ces

mêmes lettres, le tout aux frais des propriétaires des lettres de gage. Lorsque la direction aura reçu, en vertu de l'article 69, la demande en restitution des lettres de gage déposées, cette direction enverra à la direction particulière respective ces lettres de gage, avec les coupons et avec tout l'argent qui aurait pu être déposé pour le compte des susdites lettres, afin que le tout puisse être remis à leurs propriétaires après l'accomplissement des formalités prescrites par l'article 69.

114. *Extinction des lettres de gage.* — Le tirage au sort des lettres de gage, pour une valeur correspondante à la somme accumulée par les versements sémestriels des annuités, aura lieu le 1er avril et le 1er octobre, publiquement, et en suivant le mode adopté pour les loteries nationales.

115. Le porteur des lettres de gage, qui désire faire participer les lettres, qu'il a en sa possession, au tirage au sort, doit en donner avis à la direction générale avant le 20 mars et le 20 septembre respectivement, et indiquer le numéro, la lettre alphabétique, et la somme représentée par chacune de ces lettres. Il peut donner cet avis pour un ou plusieurs semestres. Après avoir reçu les avis, la direction dressera, chaque semestre, un tableau des lettres de gage proposées au tirage au sort, et le publiera dans des feuilles publiques.

116. Les lettres de gage, sur parchemin de cou-

leur, émises en faveur des établissements publics laïcs et ecclésiastiques, ne seront admises au tirage au sort qu'après que les lettres de couleur blanche, dont les porteurs auront demandé le tirage, seront épuisées.

117. Si la somme totale, représentée par les lettres de gage inscrites pour le tirage, dépasse la somme disponible pour leur remboursement dans le semestre courant, la direction générale fera tirer au sort les lettres qui doivent être remboursées.

118. Si, au contraire, la somme totale résultant des lettres inscrites pour le tirage au sort n'atteint pas le montant de la somme disponible pour leur rem- boursement, la direction générale complétera cette somme par le tirage au sort des lettres de couleur émises au profit des établissements publics. Elle en fe- rait de même si aucun des porteurs des lettres blanches ne demandait que ses lettres fussent soumises au tirage. Dans le cas où toutes les lettres de couleur auraient déjà été rachetées, si aucun des porteurs des lettres blanches ne demandait le rachat de siennes, la direc- tion générale soumettrait toutes les lettres indistincte- ment à un tirage au sort.

119. Si, après le tirage au sort des lettres de gage, la somme destinée à leur remboursement est épuisée, de façon à ne permettre de donner qu'un à-compte sur la dernière lettre sortie, la direction payera cet à-compte au porteur, gardera la lettre de gage et les

coupons en dépôt, pour être soldés avec intérêts au
tirage semestriel suivant et avant toute autre lettre de
gage; provisoirement elle délivrera au porteur un reçu
de la lettre déposée. ·

120. Quatre jours au plus tard après le tirage
effectué, la direction générale fera publier dans les
journaux les numéros, les lettres alphabétiques et les
montants des lettres de gage sorties du tirage.

121. *Règles à observer lorsqu'on exige 'le payement
des intérêts et des capitaux.* — Si un porteur de lettre
de gage adresse à la direction générale, avant le
1er juin ou le 1er décembre, une pétition demandant
que ses coupons d'intérêt, ou ses lettres de gage, sorties
du tirage, soient payés dans une direction particulière,
la direction générale après avoir comparé la lettre ou
le coupon avec le talon resté dans le livre à souche,
inscrira au dos de cette lettre ou de ce coupon le nom
de la direction particulière par laquelle le payement
sera effectué, et en informera la susdite direction.

Elle procédera de même dans le cas où les demandes en payement, en vertu de l'article 77, et accompagnées de lettres sorties du tirage, lui seraient
adressées par les directions particulières. La direction
générale transmettra aux directions particulières, au
plus tard au 4 juin et au 4 décembre, un relevé de
sommes payables par ces directions, et les autorisera
à retenir une somme correspondante sur les versements, afin d'effectuer les payements demandés. Dans

le cas où le produit des versements serait insuffisant, la direction générale ferait parvenir aux directions particulières les fonds nécessaires pour effectuer les payements dont il s'agit.

122. Si les lettrès de gage, présentées par les propriétaires ou transmises par les directions particulières, sont falsifiées, la direction générale les annulera, et prendra des mesures pour découvrir les faussaires et les livrera à la justice.

123. *Échange des lettres de gage et des coupons endommagés, recherche des lettres et des coupons perdus.* — Les porteurs qui demanderont le remplacement des lettres endommagées par de nouvelles lettres devront joindre à cette demande, adressée à la direction générale, le montant des frais nécessaires, conformément à l'article 29. La direction gardera les lettres endommagées, les annulera, délivrera au propriétaire un reçu, émettra de nouvelles lettres à leur place, conformément à l'article 110, et inscrira au dos de celles-ci le mot *duplicata;* puis elle renverra ces nouvelles lettres, ainsi que celles endommagées, à la direction particulière qui les aura mises en circulation; elle lui recommandera de biffer sur les anciennes lettres les signatures de ses membres, et de renvoyer par un délégué les nouvelles à la conservation des hypothèques, afin de remplir toutes les formalités prescrites pour l'émission. Après avoir accompli ces formalités, les nouvelles lettres seront délivrées au propriétaire, et les anciennes seront retournées

à la direction générale pour être annulées. Si les titres endommagées étaient des *duplicata*, la direction générale pourra les remplacer par de nouveaux, avec cette inscription au dos : *Triplicata*, etc.

124. Si les lettres de gage sont tellement endommagées que l'on ne puisse trouver vestige ni de la somme qu'elles exprimaient, ni de leur numéro, ou si elles ont été perdues ou volées, le propriétaire adressera à la direction générale une déclaration spécifiant le numéro et la somme de ces lettres. La direction est obligée d'instituer une enquête, et si cette enquête démontre que le déclarant est effectivement, en vertu des lois existantes, le dernier propriétaire des lettres en question, la direction, après avoir reçu l'avance nécessaire pour les frais, les gardera, les barrera à la plume et fera publier pendant neuf mois, une fois chaque mois, dans les feuilles publiques du pays et des contrées limitrophes de l'étranger, la description de ces titres avec spécification du numéro, de la somme et de la lettre alphabétique qu'elles portaient. Si, par suite de ces avis, personne ne conteste au propriétaire le droit à ces lettres, ou si les lettres perdues ne peuvent être retrouvées, la direction générale rendra, après le délai d'une année, à partir du jour du premier avis, une décision qui annulera les lettres dont il s'agit. Elle communiquera cette décision à toutes les directions particulières, la fera publier dans les feuilles publiques et, trois mois après cette publication, elle émettra de nou-

velles lettres de gage à la place, selon toutes les formalités prescrites en pareil cas.

125. Les mêmes formalités seront observées lorsqu'il s'agira de remplacer les coupons endommagés
ou perdus.

126. Celui qui ignorerait le numéro de la lettre
de gage ou du coupon perdus, devra s'imputer à lui-
même la perte qui en résultera pour lui.

127. Pendant tout le temps que durera la recherche,
la direction générale mettra en dépôt les payements
successifs afférents aux lettres de gage égarées.

128. Si le détenteur de la lettre de gage recher-
chée se présentait à la direction générale, avant l'émission de la nouvelle lettre qui doit la remplacer, conformément à l'article 124, et contestait les droits du
soi-disant propriétaire, la direction n'émettra pas de
nouvelles lettres; elle gardera la lettre présentée contre
un reçu qu'elle délivrera au détenteur, et attendra le
jugement du tribunal civil compétent.

Si le détenteur de la lettre se présente à la direction générale après l'émission de la nouvelle lettre,
cette direction gardera l'ancienne lettre, la barrera à
la plume, et délivrera au détenteur un certificat qui
lui permette d'intenter un procès à celui qui aura obtenu la nouvelle lettre, ou qui aura vendu fraduleu-
sement l'ancienne. Dans les deux cas ci-dessus, la direction communiquera les lettres déposées au tribunal
compétent, à la requête de celui-ci.

129. *Sortie de la société.* — Si un membre de la société veut rembourser tout ou partie de sa dette, la direction recevra la somme déposée, et rendra, conformément à l'article 25, une décision à l'effet de dégrever de l'hypothèque, dans la proportion de ladite somme, les biens engagés. Cette décision sera transmise à la direction particulière respective pour être mise à exécution.

130. *Du payement des intérêts et des capitaux aux propriétaires des lettres de gage.* — Après avoir reçu des directions particulières toutes les rentrées, avec le relevé des arriérés, la direction générale empruntera à la banque une somme égale au montant de tous les arriérés.

131. Cette direction commencera les payements des intérêts et des capitaux le 22 juin et le 22 décembre. Les payements seront effectués en présence de deux membres, et après comparaison faite des lettres de gage et des coupons avec les talons restés dans le livre à souche.

En payant les intérêts, elle gardera les coupon du semestre échéant, elle les recevra même détachés de la lettre. En recevant le remboursement du capital des lettres amorties, les porteurs en donneront acquit sur les lettres mêmes; après quoi la direction gardera les lettres et les coupons payés. S'il manque quelques coupons aux lettres remboursées, la direction déduira une somme correspondante, et les porteurs marqueront

cette déduction en donnant acquit sur la lettre. Au
moment des payements, un des membres annulera les
lettres en y inscrivant le mot *amortie* et mettant au bas
sa signature., à laquelle le teneur de livre joindra la
sienne. Il en fera de même avec le talon resté dans le
livre à souche.

132. Si dans une direction quelconque un payement
a été fait sur présentation d'une fausse lettre de gage
ou d'un faux coupon, et que plus tard on reconnaisse
le vrai titre, la direction générale empruntera à la
banque la somme nécessaire pour payer ce dernier et
poursuivra celui qui a touché illégalement les intérêts
ou le capital. Les fonctionnaires qui, à cette occasion,
se seraient rendus coupables de négligence, seront
aussi responsables subsidiairement. Si toutes ces res-
ponsabilités ne suffisaient pas pour faire rentrer la
direction dans la totalité de la somme déboursée, cette
direction en référerait au comité de la société, lui ex-
poserait l'état de l'affaire, ferait connaître les mesures
prises pour découvrir les coupables et se conformerait
à la décision du comité.

133. La direction générale effectuera ses payements
les jours de séances et dans le local de son administration. La quittance du payement ne peut être reçue si
le payement est ajourné.

134. La caisse des payements sera fermée le 19
juillet et le 19 janvier. Les capitaux et les intérêts non
touchés seront déposés à la banque aux frais et risques

5

des propriétaires de ces sommes. La direction mettra également en dépôt les sommes remises à la place des coupons non rendus à cette direction et qui ont été détachés des lettres de gage amorties. Ces sommes resteront en dépôt jusqu'à ce que les porteurs des coupons se présentent pour en toucher le montant. La direction fera aussi les payements dus aux porteurs des coupons du semestre échéant, afférents aux lettres de gage qui ont été annoncées comme devant être amorties et pour le remboursement desquelles les capitaux ont été mis en dépôt. Ces payements seront effectués sur la somme déposée pour l'amortissement des susdites lettres. Les quittances des coupons payés seront mises en dépôt en remplacement de l'argent comptant qui avait été déposé.

135. Au 20 novembre et au 20 janvier, la direction générale procédera à la révision de la caisse, examinera la manière dont l'article 131 a été mis à exécution, et dressera un tableau des comptes semestriels.

136. Le 1er août et le 1er février, la direction générale rendra compte de sa gestion devant le comité de la société et devant le comité des propriétaires des lettres de gage. Après quoi, en présence des délégués des deux comités, elle procédera à l'annulation des lettres amorties, opération qui s'accomplit en coupant en diagonale chaque lettre ainsi que les coupons restant, et en brûlant la moitié de chacune de ces lettres et tous les coupons rachetés et retirés de la circulation. L'autre

moitié de chaque lettre amortie sera envoyée à la direction particulière respective pour que la lettre soit rayée
du livre des lettres de gage. Si le capital d'une lettre
de gage amortie n'avait pas été touché par le propriétaire de cette lettre, la direction générale transmettrait
à la direction particulière respective la preuve que ce
capital se trouve en dépôt, et, sur cette preuve, la conservation des hypothèques procéderait à la radiation de
la lettre de gage du livre en question.

137. La direction générale examinera rigoureusement tous les rapports envoyés par les directions particulières, conformément à l'article 97; elle rendra sa décision, qui sera inscrite dans le procès-verbal signé par
tous les membres délibérants, et la transmettra à la
direction particulière pour être mise à exécution.

138. La direction générale veillera à la stricte exécution des règlements relatifs au recouvrement des
arriérés sur le bien des membres retardataires. Dans
le cas où le recouvrement de la totalité de l'arriéré
serait impossible, elle procédera en vertu de l'article 132.

139. Les emprunts contractés par la direction générale, en vertu des articles 130 et 132, seront
remboursés par elle avec un demi p. o/o d'intérêt par
mois.

140. La direction générale examinera soigneusement les rapports faits par les directions particulières,
en vertu de l'article 98. Elle proposera au comité de la

société les mesures nécessaires pour empêcher la détérioration des biens engagés à la société et se conformera à la décision du comité.

141. Les délégués de la direction générale visiteront deux fois l'an les livres des directions particulières et feront un rapport à la direction générale.

142. Après avoir mis à exécution les prescriptions de l'article 136, la direction générale fera au Gouvernement un rapport sur ses opérations semestrielles. Ces rapports réunis formeront un compte rendu à la diète.

143. Avant l'expiration de la première période de sept ans, la direction générale préparera de nouveaux coupons pour les sept années suivantes, et les remettra contre quittance aux porteurs de lettres de gage, en effectuant le quatorzième payement des intérêts. Elle procédera de même avec la livraison des coupons pour les périodes septennales ultérieures.

144. La direction générale rédigera, dans le délai de deux mois après sa constitution, les instructions et les états ou tableaux, tant pour elle-même que pour les directions particulières. Ces instructions traiteront des rapports des fonctionnaires et des employés avec la société, de la direction à donner aux affaires, des précautions à observer au sujet de l'émission des lettres de gage, de leur tirage au sort et de leur amortissement. Ces instructions embrasseront l'organisation des dépôts, la tenue de la caisse, le contrôle, les révi-

sions, les règles de l'exécution; en un mot, tous les détails du service intérieur et les dispositions relatives à l'exécution de la présente loi.

Ces instructions et ces états seront proposés à l'approbation du Gouvernement, et, une fois approuvés, ils resteront obligatoires pour les directions jusqu'à ce que le comité de la société trouve nécessaire d'y faire quelque modification et la fasse approuver par le Gouvernement.

145. Si les économies réalisées sur les sommes destinées à l'émission des lettres de gage, et versées en vertu des articles 29 et 30, ainsi que sur les amendes infligées pour les retards dans les versements et pour les arriérés, permettaient de racheter toutes les lettres de gage de la société, avant la période de vingt-huit ans, la direction générale ferait à ce sujet une proposition au comité de la société, en lui présentant en même temps un tableau de la situation générale des fonds, des arriérés et des obligations qui restent à remplir.

146. Les cas douteux relatifs à l'ordre de service seront décidés par la direction générale elle-même; ceux relatifs aux affaires de la société en général seront soumis à la décision du comité de la société.

TITRE V.

DU COMITÉ DE LA SOCIÉTÉ DU CRÉDIT FONCIER.

147. Le comité de la société sera composé d'un président et des conseillers élus, deux par chaque circonscription de direction particulière.

148. Les conseillers nommeront dans leur sein un président, et sa place comme membre sera occupée par le candidat de la circonscription particulière qui aura réuni le plus de suffrages après le membre nommé président.

149. La durée des fonctions du président sera de huit ans, celle des conseillers sera de quatre ans, et, tous les deux ans, un des deux conseillers de chaque circonscription sortira. Par conséquent, pour la première fois, la moitié des conseillers resteront en fonctions seulement deux ans, et le sort désignera pour cette fois les noms des sortants.

150. Le président du comité, au lieu de prêter serment, promettra, en donnant la main au ministre des finances, de veiller, en observant la plus stricte justice, au maintien du crédit des lettres de gage, à la conservation des intérêts de la société et de ses membres, à l'exécution de la loi. Les conseillers promettront, en donnant la main au président, de l'aider consciencieusement à accomplir ses devoirs. Cet acte

sera consigné au procès-verbal, et le ministre des finances fera là-dessus un rapport au Gouvernement.

151. Les conseillers siégeront par rang d'âge, et remplaceront d'après le même rang le président en cas d'absence.

152. Le nombre de membres du comité strictement nécessaire pour délibérer est de cinq, le président compris; le tour de chacun, pour siéger, sera établi par sessions et arrangé par les membres eux-mêmes.

153. Les fonctionnaires du comité recevront une indemnité pour frais de voyage et de résidence dans la capitale, d'après le tableau suivant :

Le président, traitement annuel fixe, $10,000^n$ par an.
Les conseillers, pour le temps où ils sont en activité de fonctions, à raison de........................ 6,000 *id.*
Le secrétaire................. 3,000 *id.*
Pour les employés et les frais de bureau........................ 6,000 *id.*

154. Le comité prend ses décisions à la majorité des voix exprimées publiquement. Le président décide en cas de partage. Les membres qui ne sont pas de l'avis de la majorité peuvent consigner leurs opinions dans un procès-verbal spécial.

155. Le comité de la société se réunira tous les ans au 25 juillet et au 25 janvier.

156. Lorsque le comité aura reçu une plainte d'un membre de la société contre les actes de la direction générale relatifs, soit à l'abaissement de l'estimation de la valeur des biens, soit à tout autre objet, le président déléguera un des conseillers pour examiner sur les lieux l'exactitude des faits allégués. Le conseiller procédera à une enquête rigoureuse et fera son rapport par écrit au président, qui pourra ou convoquer tout de suite le comité, ou attendre l'époque ordinaire de sa réunion.

157. Le comité, après avoir examiné le rapport du conseiller, rendra une décision qu'il transmettra à la direction générale pour être mise à exécution. Dans le cas où le comité reconnaîtrait que les fonctionnaires de la direction générale, ou des directions particulières, sont dans l'obligation d'indemniser des pertes éprouvées par la société, il s'adressera au procureur près la cour d'appel, qui requerra les procureurs près des tribunaux civils de poursuivre d'office, pour les pertes dont il s'agit, les coupables sur les biens à eux appartenant. Le procureur près la cour d'appel informera le comité des jugements intervenus.

158. Dans le cas où la mort, une maladie grave, ou une autre cause empêcherait les fonctionnaires de la société de remplir leurs fonctions, de façon à rendre impossible la réunion du nombre de membres nécessaire pour délibérer, le comité nommera d'autres fonctionnaires parmi les membres de la société qui reste-

ront en activité, jusqu'à ce que le nombre voulu se soit complété par les nominations faites à la prochaine réunion des membres de la société.

159. Le comité de la société examinera les instructions provisoires et les états rédigés pour les directions particulières, y proposera des modifications qu'il motivera, fera un règlement pour lui-même, et présentera tout le travail à l'approbation du Gouvernement. Si cette approbation est obtenue, toutes les instructions et les états deviendront obligatoires pour toutes les autorités sociales.

160. Le comité exercera une surveillance sur la régularité des payements des intérêts et de l'amortissement. Il exercera un contrôle sur les autorités exécutives de la société, et veillera à la stricte application de la présente loi.

161. Dans toutes les décisions que le comité prendra au sujet des plaintes portées contre les directions et au sujet des propositions de la direction générale, le comité se conformera aux principes énoncés dans la présente loi. Il aura toujours en première vue le crédit des lettres de gage, puis l'avantage de toute la société, et, enfin, les avantages des membres particuliers en tant qu'ils peuvent se concilier avec l'intérêt général.

162. Tous les ans, le 1er août et le 1er février, le comité de la société, réuni au comité des porteurs des lettres de gage, sous la présidence du ministre des

finances, entendra le compte rendu des opérations de la direction générale pendant le semestre échu, puis il nommera un délégué qui sera présent à l'exécution de l'article 136, et qui fera là-dessus un rapport au comité.

163. Dans le cas où il y aurait des économies réalisées sur les sommes provenant de l'accumulation des versements faits pour frais d'administration, conformément aux articles 29 et 30, et des pénalités infligées en cas d'arriérés, le comité décidera si ces sommes devront être employées à couvrir les pertes éventuelles de la société; et, lorsqu'il y aura un excédant, si cet excédant devra être appliqué au rachat de lettres de gage ou être prêté à intérêt à la Banque, afin de pouvoir être employé ensuite au remboursement des emprunts contractés en vertu des articles 130 et 132.

164. Lorsque le comité de la société aura été informé, par la direction générale, que toutes les lettres de gage ont été amorties avant le terme fixé pour la durée de la société, il le fera savoir au Gouvernement. Il présentera au Gouvernement le compte rendu des opérations de l'amortissement des lettres de gage pendant toutes les années échues, la situation des dépôts, le montant des reliquats en espèces ou en arriérés à recouvrer, enfin le projet relatif à l'emploi de ces reliquats, et proposera la dissolution de la société.

TITRE VI.

DU COMITÉ DES PROPRIÉTAIRES DE LETTRES DE GAGE.

165. Le comité des propriétaires de lettres de gage sera composé du président et de quatre conseillers élus par ces propriétaires.

166. La durée des fonctions du président et des conseillers sera de quatre ans, la moitié des conseillers sortira tous les deux ans ; par conséquent, la moitié des conseillers restera, pour la première fois seulement, deux ans en fonctions, et le sort désignera les noms des sortants.

167. Le président du comité, au lieu de prêter serment, promettra, en donnant la main au ministre des finances, de veiller aux intérêts des propriétaires de lettres de gage, conformément aux dispositions de la présente loi. Les conseillers promettront, en donnant la main au président, de l'aider dans ses fonctions. Procès-verbal en sera dressé, et le ministre fera là-dessus un rapport au Gouvernement.

168. Le nombre de membres strictement nécessaires pour délibérer sera de trois, le président compris. Le tour de siéger sera arrangé par sessions par les conseillers eux-mêmes.

169. Les conseillers prendront rang d'après l'âge, et remplaceront d'après le même rang le président en cas d'absence.

170. Les fonctions des conseillers sont gratuites.
Le président aura un traitement fixe de 6,000 $^{fl.}$ par an
Le secrétaire, *id*................ 2,000 *id.*
Pour frais de bureau........... 2,000 *id.*

171. Le président du comité devra être propriétaire de 40,000 florins en lettres de gage, qu'il déposera à la caisse pour la durée de ces fonctions. Si ces
lettres étaient amorties par le tirage au sort, il sera
obligé de les remplacer par d'autres.

172. Le comité rend ses décisions à la majorité des
voix. Les conseillers qui diffèrent d'avis avec la majorité peuvent consigner leur opinion dans un procès-
verbal spécial.

173. Les conseillers du comité se réuniront tous
les ans, le 25 juillet et le 25 janvier; mais le président
pourra les réunir extraordinairement toutes les fois
qu'il le jugera nécessaire.

174. Tous les renseignements qui parviendront au
comité sur des manquements qui pourraient préjudi-
cier aux intérêts des propriétaires des lettres de gage,
ou au crédit dont jouissent ces lettres, feront l'objet
des délibérations du comité.

Si les manquements venaient du fait des directions
particulières ou des membres de celles-ci, le comité
fera sa plainte à la direction générale; s'ils sont du fait
de la direction générale, la plainte sera portée au comité de la société. Les plaintes contre le comité seront portées devant le Roi.

175. Le comité des propriétaires des lettres de gage, réuni au complet, assistera, le 1ᵉʳ août et le 1ᵉʳ février, aux séances décrites dans les articles 136 et 162, et entendra le compte rendu par la direction générale de ses opérations semestrielles; après quoi il nommera un délégué qui sera présent à l'exécution de l'article 136, et fera là-dessus son rapport au comité.

176. Le comité des propriétaires de lettres de gage rédigera, dans le délai de deux mois après sa constitution, des instructions pour lui-même et les soumettra à l'approbation du Gouvernement.

TITRE VII.

DES ASSEMBLÉES DES MEMBRES DE LA SOCIÉTÉ DU CRÉDIT FONCIER, DES PROPRIÉTAIRES DE LETTRES DE GAGE ET DES ÉLECTIONS DES FONCTIONNAIRES.

177. Les assemblées ont pour but les élections des fonctionnaires et l'audition des rendu-comptes des affaires qui avaient été confiées aux fonctionnaires élus.

178. Les assemblées des membres de la société seront séparées des assemblées des propriétaires de lettres de gage.

179. *Assemblées des membres de la société.* — Les assemblées des membres de la société auront lieu dans les locaux où seront établies les directions particulières. Tous les membres de la société, dont des biens seront engagés à l'association, dans le ressort d'une di-

rection particulière, feront partie des assemblées, et auront une voix.

180. Les assemblées auront lieu tous les deux ans.

Les époques auxquelles elles se réuniront seront fixées de manière à permettre aux membres qui font des versements à plusieurs directions particulières d'assister à chacune de ces assemblées. Ces époques, fixées par la direction générale, seront approuvées par le Gouvernement.

181. Les élections auront lieu d'après le mode décrit dans les articles 57, 58 et 59 des *statuts* sur la représentation nationale.

182. On ne pourra pas voter par procuration. Les tuteurs et les curateurs votent pour les propriétaires qu'ils ont sous leur tutelle. Le Gouvernement n'a pas de vote aux assemblées.

183. Trois membres de la direction particulière devront être nommés parmi les membres de la société établis dans la circonscription de cette direction. Les autres fonctionnaires de la direction particulière, ainsi que tous les fonctionnaires de la direction générale et du comité de la société, peuvent être nommés parmi les membres domiciliés dans d'autres circonscriptions, voire même parmi les propriétaires ne faisant pas partie de la société, si les membres qui les portent comme candidats déposent le consentement par écrit des susdits propriétaires à accepter les fonctions dont on les chargerait.

184. Un propriétaire ne peut être nommé à deux fonctions différentes. Les fonctionnaires sortant en vertu des articles 51, 100 et 149 peuvent être réélus. Le fonctionnaire dont les biens engagés à la société seront mis sous séquestre ou vendus pour les arriérés dûs à la société cessera ses fonctions, et sera remplacé par la société.

185. Avant de se séparer, l'assemblée nommera un président pour diriger les assemblées suivantes, et un suppléant, parmi les membres de la société domiciliés dans la circonscription. Dans le cas d'empêchement du président et de son suppléant, l'assemblée sera ouverte par le président de la commission palatinale (préfet), et on procédera à l'élection du président de l'assemblée.

186. Le membre de la société élu fonctionnaire dans sa circonscription ne pourra s'excuser de ces fonctions que dans les cas suivants :

a. S'il est chargé de deux tutelles, avec obligation réelle d'administrer les biens des mineurs;

b. S'il a rempli, à deux reprises, des fonctions dans la société;

c. S'il est constamment malade ou âgé de plus de soixante ans;

d. S'il est fonctionnaire public.

Ces motifs d'excuse seront communiqués à l'assemblée par un des membres assistants.

187. Les assemblées examineront les comptes de la direction particulière et les preuves constatant l'a-

mortissement des lettres de gage ressortissant à la direction. Les contraventions à la loi qu'on aura remarquées seront portées à la connaissance de la direction générale, et du comité de la société, par l'entremise des membres de cette direction, et de ce comité, élus par la circonscription respective. Ces membres soumettront à l'assemblée à sa prochaine réunion les résultats de cette information.

188. *Assemblées des propriétaires de lettres de gage.* — Les propriétaires de lettres de gage se réuniront tous les deux ans dans la capitale, le 15 septembre, pour l'élection des membres du comité des lettres de gage et pour entendre le compte rendu de ses opérations.

Sa première réunion sera convoquée lorsqu'il y aura pour 40,000,000 de florins de lettres de gage émises.

189. Tout propriétaire de 10,000 florins en lettres de gage, lorsqu'il est inscrit dans le livre des citoyens, peut faire partie de l'assemblée des propriétaires des lettres de gage. Le Gouvernement n'aura pas droit de vote à cette assemblée.

190. Le ministre des finances présidera l'assemblée des propriétaires des lettres de gage.

191. Tout porteur de 10,000 florins en lettres de gage aura droit à un vote; tout porteur de 50,000 florins, à deux votes; le porteur de 100,000 florins aura droit à trois votes; le porteur de 200,000 florins et au-dessus aura droit à huit votes.

192. L'assemblée prend ses décisions à la majorité
des votes. Les votes sont publics. En cas de partage,
le porteur de la plus forte somme décide. Si la plus
forte somme en lettres de gage était la même entre les
mains de plusieurs porteurs, le sort désignera celui
qui décidera la question.

193. Du 10 au 14 septembre, tout propriétaire de
lettres de gage fera inscrire à la direction générale le
nombre de lettres qu'il possède, avec indication de
leurs numéros, de leurs lettres alphabétiques, des montant de chacune, des nom, prénoms et domicile du propriétaire. En retour, il lui sera délivré une carte d'entrée à l'assemblée, avec indication du nombre de votes
auquel il a droit.

194. Cent votes sont nécessaires pour constituer
valablement l'assemblée.

195. La première assemblée nommera le président
et les quatre conseillers du comité des propriétaires
de lettres de gage. Les assemblées suivantes examineront les comptes rendus de ce comité, et nommeront
deux nouveaux conseillers du comité à la place des sortants. Tous les quatre ans, cette assemblée nommera
le nouveau président du comité.

196. Après chaque assemblée des propriétaires des
lettres de gage, le ministre président déposera au Gouvernement le procès-verbal de la séance, dont le contenu sera communiqué au Roi.

197. Si, à la première réunion de l'assemblée, le

nombre des votes exigé par l'article 194 ne pouvait être
réuni, la session serait remise à l'année suivante, et
ainsi de suite, d'année en année, jusqu'à la réunion du
nombre de votes voulu. Si, après la nomination du
comité des propriétaires des lettres de gage, l'assemblée réunie dans l'une des années suivantes ne repré-
sentait pas le nombre de votes exigé par l'article 194,
l'ancien comité resterait en fonctions jusqu'à la réunion
prochaine de l'assemblée. Si, à cette réunion prochaine,
le nombre de votes nécessaire faisait également défaut,
le comité serait dissous par le ministre des finances.
Si, par la suite, les propriétaires des lettres de gage,
réunis au nombre représentant cent votes, reconnaissent la nécessité de nommer un comité, ils demanderont à la direction générale de la société de certi-
fier qu'ils sont possesseurs du nombre nécessaire de
lettres de gage, et s'adresseront au Gouvernement pour
qu'il fasse convoquer une assemblée générale des propriétaires de lettres de gage. Lorsque le nombre des
lettres de gage de couleur blanche restant en circulation sera réduit à une valeur de 10,000,000 de florins,
le comité des propriétaires de lettres de gage sera définitivement dissous, et ses archives seront déposées au
ministère des finances.

TITRE VIII.

DISPOSITIONS GÉNÉRALES.

198. La société du crédit foncier commencera ses opérations le 12 juin 1826. Tous les versements de la part des associés et tous les payements aux propriétaires de lettre de gage seront faits à partir de cette date.

199. Il sera organisé une hypothèque pour les domaines nationaux. Le Roi rendra à ce sujet une ordonnance spécifiant quels sont les domaines compris dans l'hypothèque, et quelles sont les règles à observer dans l'organisation de cette hypothèque. Les livres et les extraits hypothécaires institués pour les domaines nationaux auront les mêmes divisions que ceux qui ont été prescrits pour les biens des particuliers par la loi hypothécaire de 1818.

200. Les propriétaires qui veulent être admis membres de la société après le terme de Noël 1826, seront, indépendamment des formalités prescrites par la présente loi, obligés à verser en entrant un pour cent en espèces pour chaque terme échu, avec l'intérêt composé d'après le mode spécifié dans le tableau décrit dans l'article 18, et applicable à l'amortissement de la dette de la société. Le dernier terme d'admission à la société est le 12 juin 1833; après ce terme, personne ne sera plus admis comme membre.

6.

201. Les lettres de gage occuperont la première place dans la division IV des livres hypothécaires.

202. Le remboursement en lettres de gage ne s'étend point aux dettes hypothéquées après la promulgation de la présente loi, à moins d'une stipulation expresse à ce sujet dans la convention entre les parties. L'exception faite en faveur du palatinat de Cracovie, dans l'article 11 de la présente loi, est la seule dérogation à la règle ci-dessus.

203. Les bureaux du notariat et d'enregistrement, les conservateurs des hypothèques recevront les actes d'accession à la société conformément à l'article 41, inscriront les avertissements dans les livres hypothécaires, et délivreront les extraits conformément à l'article 42. A la réquisition d'une direction particulière, ces mêmes autorités inscriront l'hypothèque des créances de la société dans les livres et l'annotation sur les lettres de gage prescrite par l'article 66. Elles tiendront un livre spécial pour y inscrire les sommes, les numéros et les lettres alphabétiques de lettres de gage annotées, et elles opéreront, en vertu de l'article 67, la radiation des dettes pour le remboursement desquelles des lettres de gage ont été déposées. En un mot, ces autorités sont obligées d'accomplir tous les actes prescrits par la présente loi, et sont responsables pour chaque délai venant de leur fait. La direction générale fournira à la conservation des hypothèques les livres cotés et parafés pour l'inscription des lettres de

gage. Les bureaux du notariat et de l'enregistrement, les conservations des hypothèques, les commissaires d'arrondissement (sous-préfets), les receveurs, sont obligés de remplir sans frais les formalités exigées par les propriétaires qui accéderont à la société jusqu'au 1er janvier 1827. Tous les extraits, les certificats et autres pièces déposés par les mêmes propriétaires jusqu'à la même époque sont affranchis du droit de timbre. Après le 1er janvier 1827, ils sont soumis aux frais et au timbre. Les notaires et les greffiers seront indemnisés par le Gouvernement au moyen d'une somme payée à forfait, pour tous les actes dressés gratuitement jusqu'au 1er janvier 1827.

204. Le possesseur par antichrèse des biens que le propriétaire veut engager à la société n'est obligé de recevoir les lettres de gage comme remboursement que lorsque toute sa créance hypothécaire est ainsi acquittée.

205. En remboursant les créances hypothéquées, les débiteurs seront obligés de payer en espèces toute créance qui n'atteint pas 200 florins.

206. Par l'accomplissement des formalités prescrites dans l'article 42, le propriétaire qui accède à la société acquiert pour tous ses biens engagés un *sursis légal* (*moratorium*) pour le payement de ses dettes, jusqu'à constitution définitive de la société; ce privilège ne leur sera acquis cependant qu'à la condition de payer régulièrement aux créanciers les intérêts qui leur sont

dus. Cependant, si le créancier avait commencé une
exécution par voie judiciaire avant la promulgation de
la présente loi, et qu'une adjudication provisoire eût
déjà eu lieu, le débiteur n'aurait droit au délai dont il
vient d'être parlé qu'en remboursant au poursuivant les
intérêts arriérés et les frais judiciaires. Si l'exécution
était déjà tellement avancée qu'il eût déjà été satisfait
aux dispositions de l'article 706 du Code de procédure
civile, le débiteur n'aurait plus droit au sursis légal, et
l'exécution suivrait son cours.

207. Les lettres de gage sont affranchies du droit
de timbre. Toutes les correspondances des autorités de
la société et des personnes qui sont intéressées dans
ses affaires avec ces mêmes autorités sont affranchies
du droit de timbre et de port.

208. Relativement aux envois d'argent d'une direction à l'autre, on observera les mêmes règles qui
sont prescrites pour les envois d'argent du trésor
public.

209. Pour les frais de premier établissement, le
Gouvernement prêtera à la société la somme nécessaire,
que la direction générale remboursera sans intérêts
avec le produit des premiers versements effectués en
vertu des articles 29 et 30.

210. L'article 67 de la loi sur les hypothèques, relatif aux fermages, sera applicable aux poursuites pour
les créances de la société. Si le fermier ne payait pas
les sommes dues par les biens engagés à la société,

les moyens d'exécution définis par les articles 85, 86 et 87 de la présente loi, seraient applicables au fermier de ces biens.

211. La société du crédit foncier et ses directions ne peuvent être appelées au concours des créanciers ni soumises aux classifications. Les exécutions des arrêts judiciaires ou des actes officiels, entreprises au profit des autres créanciers, et les mises en vente par enchère résultant des poursuites intentées par ces créanciers, n'interrompent point l'obligation des versements réguliers des sommes dues à la société. Les biens ainsi exposés à la vente ne peuvent être adjugés au nouvel acquéreur qu'après que celui-ci aura pris l'engagement de continuer les versements dus à la société, ou qu'il aura remboursé le restant de la dette en lettres de gage.

212. Ceux qui falsifieront, soit les lettres de gage, soit les coupons, seront livrés à la justice criminelle et subiront la peine instituée contre les faux-monnayeurs, conformément à l'article 104, chapitre XII, livre Ier, du Code pénal.

213. Les autorités et les fonctionnaires judiciaires, ainsi que les procureurs et toutes les autorités publiques, chacune en ce qui la concerne, sont obligées de se conformer aux prescriptions de la présente loi, et de prêter aide et assistance aux autorités de la société agissant dans les limites de la présente loi.

214. La société sera dissoute le 22 juin 1854. A

cette époque tout l'emprunt contracté à la société et toutes les lettres de gage seront amortis.

215. Lorsque le comité de la société aura informé le Gouvernement que toutes les lettres de gage ont été retirées de la circulation, celui-ci nommera une commission pour reviser définitivement tous les livres de la direction générale et du comité de la société. Cette commission, après avoir vérifié si toutes les lettres ont été amorties, fera un rapport au Gouvernement, et y joindra un relevé de toutes les lettres de gage et de tous les coupons pour l'amortissement desquels les fonds disponibles auront été consignés au dépôt. Le Gouvernement ordonnera alors la dissolution de la société, fera publier les numéros et le montant des lettres de gage pour lesquelles les fonds auront été déposés, et fera là-dessus un rapport au Roi. Le Roi ordonnera la radiation, dans les livres hypothécaires, de toutes les créances inscrites au profit de la société, et fera rendre compte de toute l'opération à la prochaine diète.

Après avoir examiné la présente loi et l'avoir revêtue de notre sanction royale, conformément à l'art. 150 du statut organique sur la représentation nationale, nous avons ordonné et ordonnons d'apposer à cette loi le sceau de l'État, de l'insérer dans le Bulletin des lois, de la transmettre au sénat, au conseil d'État, aux commissions du Gouvernement (ministères) et à toutes les autorités du pays. Nous ordonnons spécialement à la·

commission du département de justice de promulguer la présente loi comme ayant force obligatoire.

Fait à Varsovie, le 1/13 juin 1825.

Signé ALEXANDRE.

Par l'Empereur et Roi:

Le Ministre secrétaire d'État,

Signé Cte Etienne GRABOWSKI.

Conforme à l'original,

Le Conseiller d'État,
faisant fonctions de Ministre de la justice,

M. WOZNICKI.

Pour le Secrétaire général,

Le Chef de bureau,
K. HOFFMANN.

Le jour de la promulgation est le 22 juillet 1825.

Les statuts de la société du crédit foncier ont été ensuite complétés par une loi du 21 avril 1838, dont voici la teneur:

LOI

SUR LES PRÊTS EN NOUVELLES LETTRES DE GAGE

DE LA SOCIÉTÉ DU CRÉDIT FONCIER.

(Sanctionnée par l'empereur Nicolas, à Saint-Pétersbourg, le 9/21 avril 1838.)

CHAPITRE PREMIER.

BASES PRINCIPALES.

ART. 1er. La société du crédit foncier, fondée dans le royaume de Pologne par la loi du 13 juin 1825, est autorisée à faire des prêts en nouvelles lettres de gage.

2. Les prêts faits en nouvelles lettres de gage seront amortis dans vingt-huit ans, à partir du second semestre de 1838 inclusivement, jusqu'au premier semestre de 1866 aussi inclusivement.

3. Les prêts en nouvelles lettres de gage peuvent être faits sur les biens-fonds appartenant au Gouvernement, ou aux particuliers, et qui peuvent se classer dans les catégories suivantes:

1° Les biens qui jusqu'à présent ne sont pas engagés à la société du crédit foncier, et qui payent au moins cinquante florins (30 francs) de contribution directe, dite impôt de *l'offrande;*

2° Les biens qui sont engagés à la société du crédit foncier, mais pour un emprunt inférieur à celui qu'ils pourraient obtenir en vertu des articles 5 et 6 de la loi du 1/13 juin 1825;

3° Les biens engagés à la société du crédit foncier, et qui ont pleinement satisfait aux obligations imposées par la loi du 1er/13 juin 1825, jusqu'au premier semestre de 1838 inclusivement.

4. Le prêt sur les biens décrits sous le n° 1 de l'article précédent peut être fait jusqu'au montant de la somme définie par l'article 4 de la loi du 1er/13 juin 1825.

Un tel prêt sera nommé *prêt nouveau.*

Le prêt sur les biens désignés sous le n° 2 peut aller jusqu'au montant de la somme déterminée dans les articles 5 et 6 de la loi précitée.

Un tel prêt sera nommé *prêt supplémentaire.*

Enfin sur les biens dont il est question sous le n° 3 le prêt peut être alloué jusqu'à concurrence de la somme qui a été réellement amortie, sur l'emprunt antérieur, jusqu'au premier semestre 1838 inclusivement.

Un tel prêt sera nommé *prêt renouvelé.*

5. Le Gouvernement déterminera sur quels biens appartenant en toute propriété à l'État l'emprunt en nouvelles lettres de gage pourra être contracté.

6. Les emprunts contractés en nouvelles lettres de gage seront remboursés par des versements successifs,

conformément à l'article 7 de la loi du 1/13 juin
1825, c'est-à-dire en payant 4 p. o/o d'intérêt et
2 p. o/o d'amortissement.

7. Les nouvelles lettres de gage seront émises
d'après le modèle prescrit. Leurs couleurs et les sommes qu'elles représenteront seront conformes aux dispositions relatives aux anciennes lettres de gage.

8. A ces lettres de gage seront joints les coupons
d'intérêts semestriels, faits d'après le modèle prescrit. Avant le commencement du premier semestre de
1847, le Gouvernement déterminera le nombre de
nouveaux coupons qui devront être délivrés aux porteurs de nouvelles lettres de gage, ainsi que le mode
et les époques de cette livraison.

9. Les nouvelles lettres de gage de la société du
crédit foncier, serviront, de même que les anciennes,
à payer toutes les dettes contractées jusqu'au 1/13
juin 1825, et dans le gouvernement de Cracovie jusqu'au 20 décembre (1er janvier) 1825/26, et qui ont
été inscrites, avant ces deux époques respectivement,
dans les livres hypothécaires.

10. Les nouvelles lettres de gage de la société du
crédit foncier serviront au payement de toutes les
dettes inscrites dans les livres hypothécaires, après
les époques ci-dessus mentionnées, de la manière suivante :

1° Les lettres seront reçues pour leur valeur nominale :

a. Lorsque le créancier aura consenti à recevoir le payement en lettres de gage;

b. Lorsque le prêt aura été alloué par suite de l'engagement des biens à la société, à la requête du créancier hypothécaire, et lorsque ce prêt est employé au remboursement du susdit créancier.

2° Les lettres seront reçues avec un appoint en argent destiné à couvrir la différence entre la valeur nominale et la valeur de circulation desdites lettres :

a. Lorsque le propriétaire des biens, qui demande à contracter l'emprunt, s'engagera à payer cette différence au moment de la remise des lettres de gage au créancier, dans le bureau des hypothèques, et qu'il déposera, en même temps, à la caisse de la société 2 p. o/o de la somme du prêt;

b. Lorsque le prêt est alloué au propriétaire à la requête du créancier hypothécaire et qu'il est destiné, par suite de l'ordre des inscriptions, à rembourser un créancier qui prime le créancier requérant, ce dernier prendra de son côté l'engagement et déposera la garantie spécifiés sous le n° 2, lettre *a.*

Après l'accomplissement de cet engagement, la garantie sera restituée au propriétaire ou au créancier qui l'aura déposée. Dans le cas contraire, elle deviendra propriété de la société.

11. La valeur de circulation des lettres de gage sera déterminée par un certificat de la bourse de Varsovie, constatant le cours auquel les lettres de gage

étaient achetées le jour qui précédera immédiatement
la date de la décision par laquelle le prêt a été consenti.

CHAPITRE II.

RÈGLES À OBSERVER EN ALLOUANT UN PRÊT
EN NOUVELLES LETTRES DE GAGE DE LA SOCIÉTÉ.

12. Le dernier terme fixé pour accéder à la société,
afin de contracter emprunt en nouvelles lettres de gage,
est le 19/31 décembre 1840.

13. Les propriétaires des biens qui entrent dans la
société après le 19 septembre (1er octobre) 1838, sont
obligés de verser, pour chaque semestre échu à partir,
du second semestre 1838 inclusivement, 1 p. o/o avec
l'intérêt composé, selon le tableau décrit dans l'art. 18
de la loi du 1er/13 juin 1825.

Le versement par à-compte de la somme dont il
vient d'être parlé peut être autorisé par la direction
générale, mais seulement lorsque l'impétrant offre une
sécurité suffisante à la société.

Les propriétaires de biens qui désirent obtenir un
prêt renouvelé, et qui entrent dans la société après le
19 septembre (1er octobre) 1838 seront également
obligés de verser pour chaque semestre échu, à partir
du second semestre de 1838 inclusivement, 1 p. o/o
en espèces au profit du fonds d'amortissement, avec
l'intérêt composé, conformément au tableau décrit dans
l'article 18 de la loi du 1er/13 juin 1825; mais ils ob-

tiendront en retour, en nouvelles lettres de gage, le
prêt de la somme correspondante à la partie de la dette
déjà effectivement amortie, jusqu'au semestre dans lequel cet emprunt aura été accordé.

14. Le propriétaire de biens-fonds qui désire contracter un emprunt nouveau et l'amortir dans le temps
déterminé par l'art. 214 de la loi du 1er/13 juin 1825,
c'est-à-dire en 1854, sera obligé de verser en espèces,
pour chaque semestre échu à partir de l'époque de
l'établissement de la société, c'est-à-dire à partir de
1826, 1 p. o/o pour le fonds d'amortissement, avec
l'intérêt composé, conformément au tableau décrit dans
l'article 18 de la loi précitée.

15. Le propriétaire de biens-fonds qui désire con-
trater un emprunt *nouveau* déposera à cet effet une déclaration, par acte notarié, selon la forme prescrite.

Dans cette déclaration, il s'engagera à verser, chaque
semestre, du 1er au 12 juin et du 1er au 12 décembre,
2 p. o/o d'intérêt et 1 p. o/o d'amortissement pendant
28 ans, c'est-à-dire jusqu'à l'année 1866, en se soumettant à toute la responsabilité prescrite par la loi du
1er/13 juin 1825.

16. Le propriétaire de biens-fonds qui veut contracter
un emprunt *supplémentaire* déposera une déclaration
pareille, par laquelle il s'engagera à remplir tous les
engagements spécifiés ci-dessus, indépendamment des
obligations, résultant de l'emprunt antérieurement contracté auprès de la société.

17. Le propriétaire qui désire contracter un emprunt *renouvelé* déposera une déclaration pareille à celle décrite dans l'article 15, sauf cette différence, que les engagements déjà contractés envers la société y seront simplement prorogés jusqu'en 1866.

18. Le propriétaire qui demande à contracter un emprunt, en même temps *supplémentaire* et *renouvelé*, spécifiera dans sa déclaration les engagements résultant simultanément de ces deux modes d'emprunt.

19. Le propriétaire, qui désire contracter un emprunt *renouvelé* pour une somme moindre que la part déjà amortie de l'emprunt précédent, déposera une déclaration analogue à celle décrite dans l'article 17, avec cette différence, que l'engagement contracté ne s'y rapportera qu'à la somme correspondante à la partie de la dette non encore amortie, augmentée de la somme nouvellement empruntée.

20. Dans le cas où le propriétaire des biens-fonds aurait été obligé d'entrer dans la société à la requête des créanciers hypothécaires, ce sera le délégué de la direction particulière qui déposera la déclaration voulue, conformément au § 37 de l'instruction du 14 mars 1826.

21. Le prêt sur les biens-fonds ne payant que de 50 à 100 florins de contribution directe, dite l'*offrande,* ne pourra être consenti que dans les cas suivants :

1° Lorsque ces biens ont un livre hypothécaire ouvert dans le gouvernement (province ou département) et qu'ils occupent une étendue de six *vlokas* (180 arpents) de nouvelle mesure de superficie, et situés dans la même commune rurale.

2° Lorsque cette étendue, ainsi que le revenu du bien, seront reconnus suffisants pour garantir les versements dus à la société, et seront appuyés par un *état* des biens présenté par le propriétaire et certifié véritable par deux propriétaires voisins, membres de la société et désignés par la direction particulière. Dans le cas où cette formalité ne serait pas remplie, le prêt ne pourra être consenti sans une délégation spéciale de la direction particulière.

22. Si, en établissant le compte de la partie amortie de la dette dans le but de fixer le montant du prêt renouvelé, on arrive à des chiffres qui finissent par des fractions décimales, et qui ne correspondent pas exactement aux sommes exprimées par des lettres de gage, le propriétaire des biens fonds qui contracte l'emprunt est obligé de rembourser en espèces ces fins de comptes attachés au capital non amorti. Le propriétaire obtiendra une compensation en lettres de gage pour égaliser la somme de la dette primitive ou pour arrondir le chiffre de l'emprunt. La somme en espèce qui résultera de ces remboursements sera ajoutée par la direction générale aux fonds compris dans le premier tirage au sort, après la conclusion de l'emprunt.

23. Lorsqu'il s'agira d'accorder des prêts supplémentaires ou renouvelés, les autorités de la société

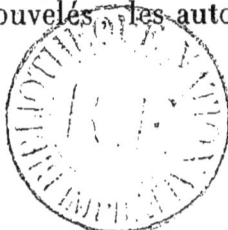

s'attacheront surtout à examiner l'état dans lequel se trouvent les biens engagés et la solvabilité dont leurs propriétaires ont donné jusqu'alors des preuves. Selon le résultat de cet examen, elles pourront accorder ou refuser en tout ou en partie l'emprunt sollicité.

24. Les biens sur lesquels a été alloué un prêt supplémentaire peuvent, si le propriétaire le désire, rester engagés pour l'ancien emprunt, dans l'amortissement finissant en 1854, et pour l'emprunt supplémentaire, être compris, avec les biens engagés pour des emprunts *nouveaux*, dans l'amortissement finissant en 1866, — ou bien le restant non amorti de l'ancien emprunt peut être additionné à l'emprunt supplémentaire, et les biens seront alors engagés pour le tout dans l'amortissement finissant en 1866. Les biens sur lesquels a été contracté l'emprunt *renouvelé*, que celui-ci soit ou non accompagné d'un emprunt *supplémentaire*, passeront dans la catégorie de biens engagés dans l'amortissement finissant en 1866, tant pour la partie non encore amortie de l'ancien emprunt que pour l'emprunt renouvelé.

25. Les biens antérieurement engagés, mais sur lesquels aucun emprunt en nouvelles lettres de gage n'a été contracté, ne sont point solidairement responsables avec les biens sur lesquels ont été contractés des emprunts de ce dernier genre. Ceux-ci sont, au contraire, solidairement responsables jusqu'en 1854 pour les emprunts déjà faits à la société.

26. Le propriétaire de biens qui désire contracter un emprunt *renouvelé* est obligé de verser, en une seule fois, deux pour cent de la somme primitivement empruntée et inscrite dans l'hypothèque au profit de la société. Dans le cas où les biens seraient engagés à la société à la requête d'un créancier hypothécaire, l'obligation de ce versement incombera au créancier requérant, qui aura un libre recours au propriétaire, et, en exerçant ce recours, il pourra invoquer l'assistance des autorités de la société, qui sont tenues de la lui prêter. Ce versement pourra être réparti en quatre termes semestriels, en ajoutant un intérêt de 4 pour o/o.

CHAPITRE III.

DES ANCIENNES ET DES NOUVELLES LETTRES DE GAGE DE LA SOCIÉTÉ DU CRÉDIT FONCIER.

27. Le payement des coupons, le tirage au sort des lettres de gage, et le payement de celles désignées par le sort pour être amorties, auront lieu, pour les anciennes comme pour les nouvelles lettres de gage, conformément aux dispositions de la loi du 1/13 juin 1825 et de la loi actuelle. Les tirages au sort des anciennes et des nouvelles lettres de gage auront lieu séparément. Le fonds d'amortissement doit correspondre à la quantité des unes et des autres qui se trouve réellement en circulation, et sera calculé conformément au tableau décrit dans l'art. 18 de la loi du 1/13 juin 1825.

7.

28. Tant que les anciennes lettres de gage ne seront pas retirées de la circulation, la banque de Pologne versera chaque semestre, à la caisse de la direction générale, la somme nécessaire pour qu'il soit satisfait aux prescriptions de l'article précédent. Le trésor public du royaume de Pologne est responsable de la sûreté et de la régularité de ces avances. C'est pourquoi, jusqu'à la retraite totale de la circulation des anciennes lettres de gage, la banque ne versera au trésor que la partie des bénéfices restée disponible après l'accomplissement de l'obligation ci-dessus.

29. Pour faciliter à la banque la tâche qui vient de lui être imposée, les moyens suivants seront employés:

1º La somme totale résultant des versements prescrits par l'article 26 de la présente loi sera remise à la banque.

2º La banque s'emploiera à retirer de la circulation les anciennes lettres de gage, en les échangeant contre de nouvelles. Dans ce but, la banque recevra, pour toutes les lettres anciennes déposées à la caisse de la direction générale, les lettres nouvelles, dans le délai de trois mois, au plus, à partir de la date du dépôt. La direction générale fera cet échange d'après le mode prescrit dans l'article 123 de la loi du 1/13 juin 1825, sans inscrire cependant le mot *duplicata* au dos de ces nouvelles lettres, et sans exiger aucune rétribution.

La direction générale effectuera un pareil échange

à la demande de tout possesseur d'une ancienne lettre de gage.

3° La banque pourra exiger l'échange des anciennes lettres de gage de couleur jaune contre de nouvelles lettres blanches.

4° La banque pourra également exiger l'échange de toutes les anciennes lettres de gage mises en dépôt en vertu de l'art. 67 de la loi du 1/13 juin 1825, et de toutes les lettres anciennes qui se trouvent dans les dépôts judiciaires et administratifs, contre de nouvelles lettres de gage, en y ajoutant la compensation pour la différence des cours, s'il y en avait une ; ces cours seront déterminés par une moyenne des cours à la bourse de Varsovie pendant les derniers quinze jours précédant la demande d'échange. L'échange ne pourra cependant pas avoir lieu si l'ayant droit à la somme déposée déclare, dans le délai de six mois à partir de la promulgation de la présente loi, qu'il s'y oppose.

5° La direction générale délivrera à la banque les nouvelles lettres de gage d'après leur valeur nominale, dans la proportion dans laquelle les avances faites en vertu de l'art. 28 de la présente loi seront employées à l'amortissement des anciennes lettres de gage.

6° Si le fonds indiqué sous le n° 1 du présent article, et destiné à faire retirer de la circulation les anciennes lettres de gage, excédait le besoin, cet excédant, après déduction de tous les frais occasionnés par l'opération de l'échange, serait restitué à la société.

Si, au contraire, il devenait insuffisant, la banque y suppléerait par les bénéfices qu'elle est obligée de verser annuellement au trésor.

Il sera tenu, à cet effet, un compte spécial des fonds dont il s'agit, et ce compte pourra être vérifié par la société.

CHAPITRE IV.

DISPOSITIONS GÉNÉRALES.

30. Pour les frais d'émission des lettres de gage et des coupons, les membres de la société qui contractent l'emprunt payeront en une seule fois :

a. Pour les lettres de 200 et de 500 florins, — 2 florins.

b. Pour les lettres d'une valeur supérieure,— 3 florins par chaque 1,000 florins.

31. L'allocation du prêt en nouvelles lettres de gage peut commencer le 19 avril (1er mai) 1838.

32. La direction générale sera affranchie de l'obligation d'annoncer dans les feuilles publiques les numéros des nouvelles lettres de gage proposées au tirage. Cependant le tableau spécifiant ces numéros restera à la direction, et tout intéressé aura le droit de le consulter.

33. Pour les sommes appartenant aux institutions publiques qu'il sera nécessaire de payer en nouvelles lettres de gage, on émettra des lettres de couleur

jaune qui ne seront admises au tirage au sort que
lorsqu'il ne se présentera plus de demandes de la part
des propriétaires des lettres de couleur blanche.

34. Aucune nouvelle émission de lettres de gage
pareille à la présente n'aura lieu dans le royaume de
Pologne, jusqu'à ce que toutes les anciennes lettres
soient retirées de la circulation.

35. Toutes les dispositions de la loi du 1/13 juin
1825, et des instructions données pour en assurer
l'application et le développement, en tant qu'elles n'ont
pas été modifiées par la présente loi et par l'ordonnance séparée portant la même date, et complétant les
dispositions dont il s'agit, sont applicables aux actes
de la société relatifs à l'allocation des prêts en nouvelles lettres de gage. Le comité de la société, après
avoir pris l'avis de la direction générale, ou sur la
proposition de ladite direction, pourra soumettre à
l'approbation du Gouvernement, en temps utile, toutes
autres instructions dont la nécessité serait démontrée,
soit au moment de la première mise à exécution de
la présente loi, soit pendant son application ultérieure.

Le Président du conseil de l'empire,

Signé Cᵗᵉ WASILCZYKOFF.

Le Ministre Secrétaire d'État,

Cᵗᵉ Étienne GRABOWSKI.

§ III.

ÉTABLISSEMENTS DE CRÉDIT FONCIER FONDÉS ET RÉGIS
EXCLUSIVEMENT PAR L'ÉTAT OU LES INSTITUTIONS DE
BIENFAISANCE [1].

Ces établissements ont été formés en Russie, depuis
la dernière moitié du siècle dernier, par l'impératrice
Catherine II. Ils sont très-nombreux, augmentent tous
les jours et dépassent déjà le chiffre de cent. Ils se
divisent en quatre catégories:

1° Les établissements dirigés par le ministère des
finances et au profit de l'État;

2° Les établissements dirigés par le conseil spécial
des maisons des enfants trouvés, sous les auspices de
S. M. l'impératrice;

3° Les établissements locaux, dans chaque *gouvernement* (province), dirigés par le ministère de l'intérieur;

4° Les établissements fondés par les communes ou
par des particuliers.

Ceux des trois dernières catégories emploient leurs
revenus à des actes de bienfaisance.

Dans la première catégorie se trouve la *banque d'emprunt;* dans la seconde, les deux grandes *caisses d'é-
pargne de Moscou et de Saint-Pétersbourg;* dans la troi-

---

[1] Le ministère du commerce n'a reçu sur ces établissements que
des documents dont l'insuffisance est manifeste. Nous les publions
comme renseignements qui ont besoin d'être complétés.

sième, soixante-deux *curatelles*, une dans chaque gouvernement. Quant aux établissements de la quatrième
catégorie, on n'en connaît pas exactement le nombre.

Chaque individu, noble, négociant ou colon, s'il
possède un immeuble, a droit au crédit foncier, moyennant hypothèque sur cet immeuble et intérêt qui varie de 5 à 7 p. o/o, y compris l'amortissement. Les
maisons seules engagées dans les établissements locaux payent l'intérêt de 6 p. o/o sans amortissement.

Les prêts sont de deux natures : ceux sur gage de
propriétés peuplées, et ceux sur gage de produits
agricoles.

Pour les premiers, les formalités à remplir par l'emprunteur sont les suivantes :

Celui qui désire engager une propriété peuplée,
par l'entremise du comptoir de la banque, soit à la
banque d'emprunt, soit au conseil des tuteurs, avec ou
sans avances, est tenu de présenter audit comptoir le
certificat de propriété voulu par la loi.

Si, après vérification faite de ce certificat, et conformément aux règlements de l'institution du crédit
foncier, le comptoir ne voit aucun empêchement à
l'emprunt, il transmet alors le certificat à la banque
ou au conseil des tuteurs, et avance provisoirement à
l'emprunteur les trois quarts de la somme qui peut
être délivrée.

En ce qui concerne les emprunts contractés auprès
du conseil des tuteurs, le certificat délivré par le tribu-

nal et le gouverneur civil de la province ne suffit point. Le comptoir de la banque ne fait le prêt supplémentaire, qui est de 10 roubles argent (40 francs) par âme mâle de serf, que sur décision du conseil lui-même.

Le tribunal civil, en délivrant un certificat pour une propriété qui doit être engagée à la banque d'emprunt par l'entremise du comptoir de la banque, doit envoyer une copie de ce certificat à l'une et à l'autre.

Après avoir reçu avis, de la banque d'emprunt ou du conseil des tuteurs, de l'admission à l'emprunt d'une propriété engagée et de la valeur de la somme à délivrer, le comptoir fait avec l'emprunteur un compte définitif, en retenant 1/4 p. o/o sur la somme délivrée par la banque, 1/2 p. o/o de commission sur la somme qui a été délivrée comme avance, avec 5 p. o/o d'intérêt. Le surplus est payé à l'emprunteur. En cas d'absence de celui-ci, le comptoir garde la somme restante et la fait valoir, si l'emprunteur ne lui a pas assigné une autre destination.

Quand, pour un motif quelconque, la banque d'emprunt ou le conseil des tuteurs refusent de recevoir en gage une propriété avec un certificat délivré par le comptoir, ou quand la somme qui revient à l'emprunteur est inférieure à celle que le comptoir lui a remise comme avance, ce dernier en informe alors l'emprunteur : dans le premier cas, il exige de lui le remboursement entier de la somme qui a été

délivrée; dans le second, celui de la somme qui lui
revient d'après le compte établi.

Si, un mois après qu'il a été averti, l'emprunteur n'a
pas remboursé l'argent qu'il doit, le comptoir procède
à la vente de sa propriété; il a, sur tous les autres créanciers, d'après les droits de la banque d'emprunt et du conseil des tuteurs, le privilége de rentrer dans ses fonds.

Le comptoir reçoit aussi en gage, à un terme de un
à trois mois, les propriétés peuplées des seigneurs des
gouvernements; il prend sur lui les payements à terme
qui reviennent à la banque et aux créanciers non hypothécaires. Pour cela, la personne qui désire établir de
semblables payements doit présenter le compte de ceux
qu'il fait annuellement suivant l'emprunt qu'il a contracté avec la banque, et de plus déposer la somme nécessaire à cet effet, en donnant au comptoir le pouvoir
d'en disposer, ce dernier ne répondant des payements
que quand le capital est déposé à temps. Pour cette opération, le comptoir prélève 1/4 p. o/o sur la somme à
payer.

Cette institution n'a jamais exercé et n'exercera
jamais une grande influence en faveur du progrès de
l'agriculture en Russie; car, il faut bien l'avouer, elle a
été établie bien moins dans l'intérêt des propriétaires
que dans celui du trésor, qui en retire des bénéfices
énormes. Ceux qui, en général, s'adressent au crédit
foncier, sont les propriétaires et les cultivateurs qui,
soit par négligence, soit par ignorance de l'art de la

culture, ne tirent pas de leurs propriétés tout le revenu qu'ils pourraient en attendre si elles étaient mieux administrées. Malgré les fonds que leur prête la banque d'emprunt, ils ne parviennent pas à améliorer leurs terres, ni, par conséquent, à en retirer les produits dont la vente leur donnerait le moyen de se libérer, et, le moment du remboursement arrivé, ils voient mettre leurs propriétés à l'encan, parce qu'ils n'ont pu les racheter. C'est ainsi que le gouvernement est possesseur d'une grande quantité de propriétés dont il fait ensuite des largesses aux dépens des propriétaires dépossédés.

Les grands propriétaires qui, malgré les soins qu'ils apportent dans la culture de leurs propriétés, se trouvent, par suite de malheureuses circonstances, dans la nécessité de recourir aux emprunts ne s'adressent jamais à la banque d'emprunt, que s'ils ne peuvent faire autrement. Ils préfèrent avoir recours aux particuliers : ils payent, il est vrai, un intérêt plus onéreux que celui que prend la banque ; mais aussi *ils obtiennent des facilités pour le remboursement de la somme qu'on leur a prêtée.* Si, à l'époque fixée pour ce remboursement, ils ne peuvent le faire, ils entrent en arrangement avec leurs créanciers, et ne craignent pas, comme avec la banque d'emprunt, de voir leurs propriétés vendues à l'encan.

CHAPITRE II.

PRUSSE.

La Prusse renferme huit provinces, six *en deçà* [1] du Weser : la Prusse orientale et occidentale, le grand-duché de Posen, la Poméranie, le Brandebourg, la Silésie, le duché de Saxe; deux *au delà* du Weser : la Westphalie et la province Rhénane.

Les premières sont régies par le *Landrecht* ou Code territorial, rédigé sous Frédéric-le-Grand. La base du régime hypothécaire est la publicité absolue.

Les provinces du Rhin sont régies par le Code Napoléon modifié. Les hypothèques occultes y sont admises.

La Prusse, avec une population de 16 millions d'habitants, compte 27,674,458 hectares de terre divisés comme suit :

---

[1] Par rapport à la France, il faudrait dire: *au delà*.

Bassins d'eau..............	980,700 hect.
Forêts...................	5,946,000
Champs cultivés...........	11,106,429
Jardins, vergers..........	236,432
Vignobles................	15,862
Prairies.................	3,561,607
Pâturages, pelouses........	4,230,678
Terrains incultes.........	897,750
ENSEMBLE.......	27,674,458 [1]

C'est une moyenne de 35 hectares par tête en Poméranie, Prusse, Brandebourg et Posnanie;

De 20 hectares en Saxe et en Silésie;

De 14 hectares en Westphalie et dans la province
du Rhin.

Les 27 millions d'hectares que possède la Prusse
se subdivisent en trois grandes catégories :

La première comprend 331,500 hectares de terres
cultivées qui constituent le domaine de la Couronne,
et donne un revenu annuel de 20,333,000 francs.

---

[1] En France, les 52 millions d'hectares se divisent ainsi :

Bassins d'eau.....................	669,226 hectares
Forêts..........................	8,620,294
Champs cultivés..................	26,511,085
Jardins, vergers	643,699
Vignobles	2,134,822
Prairies........................	4,834,621
Pâturages, pelouses..............	7,864,162
Terrains incultes................	1,484,702
TOTAL..............	52,768,611

La deuxième catégorie de propriétés est formée par les terres seigneuriales, *ritterguter*. On n'en connaît avec certitude ni le nombre ni l'étendue. Wéber, dans son Manuel d'économie politique, page 350, les porte à :

4,733 en Silésie,

3,236 en Prusse,

1,303 en Poméranie,

421 dans les provinces du Rhin;

on en estime la valeur à 1,720 millions. Autrefois propriété exclusive de la noblesse, elles peuvent aujourd'hui être possédées par tous les sujets de l'État indistinctement.

Dans la troisième catégorie, sont les terres des paysans, *bauerngüter*, possédées par la population des campagnes, qui forme le troisième état de la société, et se compose, d'après le recensement de 1837, de 10,457,679 âmes (7/10 de la population).

Les biens des paysans ont été affranchis dans ces derniers temps par des actes du Gouvernement, à charge d'indemnité envers les seigneurs qui avaient droit sur ces domaines. Il a été constitué des banques rentières ayant pour objet de procurer aux paysans les moyens de s'acquitter par annuités des redevances formant le prix de l'affranchissement.

La Prusse possède les institutions de crédit foncier les plus anciennes, les plus nombreuses et les mieux organisées.

C'est à l'année 1770, on le sait, que remonte l'association établie dans la province de Silésie.

Il y a aujourd'hui un établissement de crédit foncier, appelé Landschaft ou Landschafts-Casse, dans chacune des six provinces sises *en deçà* du Weser.

L'effet de ces établissements a été partout d'augmenter la valeur des propriétés et de les faire passer en partie dans les mains de ceux qui les cultivent.

Le rapport de M. Royer fait connaître l'origine et les bases fondamentales de ces associations ou systèmes provinciaux : il donne même la traduction abrégée des statuts qui alors étaient les plus nouveaux, ceux de l'association établie dans le grand-duché de Posen le 28 juin 1821.

Pour compléter les documents déjà publiés, nous croyons devoir y ajouter les nouveaux statuts de l'association de la Poméranie, qui portent la date du 16 mars 1846. Cette pièce, qui renferme les plus minutieux détails sur l'organisation de l'institution, nous paraît de nature à éclairer le point de vue pratique de la question, et à faire ressortir les conditions essentielles de succès pour ce genre d'établissement.

POMÉRANIE.

La Poméranie renferme environ 1,200,000 habitants. La caisse hypothécaire de cette province remonte au 13 mars 1781. Elle a son administration
à Stettin et plusieurs succursales ou directions de district.

Cette caisse fait des opérations très-importantes. Les
lettres de gage par elle émises se sont négociées, jusqu'en 1838, avec 6, 7 ou 8 p. o/o de prime. A cette
époque, la conversion de l'intérêt, qui était de 4 p. o/o,
en 3 $\frac{1}{2}$ p. o/o les fit tomber au-dessous du pair. Mais
leur cours netar da pas à remonter : en 1839, il était à
102; en 1844, il était à 103.

En 1844, les statuts de cette institution ont été revisés.

Voici, en résumé, son organisation :

Elle forme une association entre propriétaires, et Association de propriétaires.
elle a pour but

« D'offrir aux propriétaires de biens propres à être
engagés ou hypothéqués, jusqu'à une certaine quotité
de leur valeur, le moyen d'obtenir un crédit durable
et assuré. »

Les lettres de gage sont au porteur. Le remboursement n'en est pas exigible. Elles produisent un intérêt de 3 $\frac{1}{2}$ pour o/o sur les sommes de 100 thalers

. 8

(375 francs) et au-dessus, et de $3\frac{1}{2}$ sur celles inférieures à 100 thalers.

L'emprunteur paye à la caisse un intérêt de 4 p. 0/0, indépendamment d'un droit fixe de quittance ($\frac{1}{6}$ p. 0/0).

Indépendamment du bien engagé, les titres sont garantis par la responsabilité mutuelle des emprunteurs. Le recours s'exerce d'abord contre les propriétaires du cercle ou canton, et, en cas d'insuffisance, contre tous les propriétaires de la Poméranie citérieure et antérieure.

Les lettres de gage peuvent, dans certains cas et suivant certaines formalités, être retirées de la circulation.

Le siége de la direction générale et de la caisse principale, nous l'avons dit, est établi à Stettin; quatre succursales sont établies dans quatre autres villes de la province de Poméranie, dont elles forment quatre départements ou cercles.

Les statuts doivent être agréés et approuvés par le roi.

Surveillance. Le roi nomme pour surveiller et vérifier les opérations un commissaire-général, qui est le président de l'administration.

La haute surveillance de cette institution est placée dans les attributions du ministre de l'intérieur.

Les intéressés nomment entre eux, à la majorité des voix, les directeurs, caissiers (rendants) et principaux administrateurs (Landschafts-Raethe, conseillers de l'association), qui forment des collèges pour délibérer sur les affaires.

Outre les réunions périodiques ordinaires des administrateurs, une assemblée générale, à laquelle tous les associés et intéressés sont convoqués, a lieu à Stettin une fois chaque année. . . . .

Pour l'estimation des biens, un nouvel et rigoureux arpentage des terres à faire entrer dans l'association hypothécaire est exigé avant toutes choses.

Les terres sont rangées en plusieurs classes dans chaque département ou canton.

Les produits bruts ou nets, d'après les résultats de la récolte et des prix moyens pour chaque espèce de céréales ou de productions, servent de principales bases à la taxation (estimation) des biens.

On a établi à cet effet des tableaux de réduction ou de revient à l'infini, pour servir de guide ou de mesure dans les opérations de ce genre.

Pour donner une idée exacte et une preuve patente de la sécurité qu'offrent les lettres de gage, nous croyons devoir reproduire ici le cours auquel elles ont été cotées à la bourse de Berlin et à celle de Stettin dans ces dernières années:

30 septembre 1848, à $3\frac{1}{2}$. . . . . $90\frac{0}{7}$
30 janvier 1849. 91
1er mars. . . . . $92\frac{1}{2}$
1er octobre. 95

Voici les cours de 1850, tant pour la Poméranie

8.

que pour les autres caisses de crédit foncier en Prusse.
11 avril 1850.

Lettres de gage.	Taux d'intérêt par an.	Cours.
Poméranie.................	$3\frac{1}{2}$ p.-%	$95\frac{3}{4}$ %
Marches de Brandebourg......	"	$95\frac{1}{2}$
Prusse orientale...........	"	$93\frac{1}{2}$
Prusse occidentale..........	"	$90\frac{1}{8}$
Silésie...................	"	$95\frac{1}{4}$
Grand-duché de Posen........	$3\frac{1}{2}$ %	$90\frac{5}{8}$
Idem	4 %	$100\frac{1}{2}$

Nous ajouterons, pour servir de comparaison, les cours ci-après :

Actions de la banque royale de Prusse.................	$3\frac{1}{2}$	$94\frac{5}{8}$
Dette publique.............	$3\frac{1}{2}$	$86\frac{1}{2}$
Emprunt volontaire.........	5 %	106 à $105\frac{3}{4}$.

Ainsi, dans les provinces où les cours des lettres sont les plus bas, dans la Prusse occidentale et dans le duché de Posen, ils dépassent 90, tandis que la dette publique, rapportant le même taux d'intérêt de $3\frac{1}{2}$ o/o l'an, n'atteint pas 87. Dans d'autres provinces, ils valent de 93 à 95 et plus; ceux de la Poméranie sont en tête, demandés à 95 $\frac{3}{4}$; avant la révolution de mars, ces derniers valaient quelquefois jusqu'à 110 et plus encore.

RÈGLEMENT

(REVISÉ EN 1846)

DE LA SOCIÉTÉ DE CRÉDIT FONCIER

DE LA POMÉRANIE (PRUSSE).

La société de crédit foncier de la Poméranie jouissant, conformément au privilége royal du 13 mars 1781, des droits de corporation, et formant une association de crédit de tous les propriétaires de la Poméranie (vieille, citérieure et antérieure), qui peuvent et veulent y engager leurs terres, en totalité ou en partie, a pour but :

D'offrir aux propriétaires de biens propres à être engagés ou hypothéqués, jusqu'à une certaine somme de leur valeur, en les faisant entrer dans cette association, le moyen d'obtenir un crédit durable et assuré.

CHAPITRE PREMIER.

DES LETTRES DE GAGE EN GÉNÉRAL.

1. Les *lettres de gage (pfandbriefe)* de la Poméranie, jouissant de priviléges particuliers, sont créées au *porteur;* le porteur toutefois, en vertu d'une ordonnance du 10 décembre 1837, ne peut en dénoncer le payement; ces lettres représentent les titres d'un capital hypothécaire portant intérêt. Elles sont créées par

l'administration de la Landschaft (société du crédit foncier) de la Poméranie, et la sûreté du capital et du payement des intérêts, garantis au porteur, repose sur les biens propres à être engagés à l'établissement.

2. Ces lettres sont stipulées en monnaie courante de Prusse sur le pied de la loi de 1764. Elles produisent au porteur un intérêt annuel de $3\frac{1}{2}$ p. o/o sur une somme de 100 thalers (375 francs) et au-dessus, et de $3\frac{1}{3}$ p. o/o sur celles au-dessous de 100 thalers, payable tous les six mois par l'établissement.

Le propriétaire de terres engagées paye, par contre, en échange des lettres de gage qu'il en reçoit, un intérêt annuel de 4 p. o/o, indépendamment du denier de quittance, fixé à $\frac{1}{2}$ p. o/o.

3. Les *lettres de gage* ont, sur les autres titres hypothécaires, les avantages suivants :

1º Le porteur de la *lettre* a, indépendamment de la garantie du capital total de l'association :

a. Celle du bien spécialement engagé par hypothèque;

b. Celle des propriétaires faisant partie de l'association du département (cercle) où le bien est situé;

c. Celle de tous les propriétaires engagés dans l'ensemble de la province de Poméranie citérieure et antérieure.

2º Ces lettres ne seront délivrées par l'administration de la Landschaft qu'après avoir fait estimer les biens offerts en hypothèque. La proportion de la somme re-

présentée par les lettres de gage à la valeur estimée
des biens variera, selon que celle-ci dépassera ou restera au-dessous de 3,000 thalers.

3° Le porteur des lettres en reçoit dans tous les cas
exactement l'intérêt fixé, directement de la Landschaft,
de manière à n'avoir pas à se mêler d'affaires de
procès, de faillite ou d'adjudication forcée.

4° Elles jouissent toutes également des mêmes droits
et prérogatives, si bien que les lettres de gage repo-
sant sur un bien, quels que soient la date de création
ou d'inscription et leur ordre ou rang, ont toutes une
priorité absolument égale.

5° Elles peuvent, à l'instar de tous les papiers *au
porteur*, passer d'une main dans l'autre sans endossement ni cession, sans pouvoir être revendiquée du
porteur de bonne foi qui en a fourni la valeur.

4. Si, contre toute attente, des biens engagés contre
des lettres de crédit offraient des déficits, ceux-ci seraient répartis entre les propriétaires associés du département; en cas d'insuffisance dans ce département,
entre tous les propriétaires ensemble de la Poméranie
(vieille, citérieure et antérieure).

5. La faculté de circuler comme lettre au porteur
peut être enlevée par chaque propriétaire du titre, en
y inscrivant les mots :

« Cette lettre de gage est retirée de la circulation, »

et en y ajoutant la date, le nom et le domicile de celui

qui retire de la circulation; la circulation peut être interdite aussi par un avertissement d'une autorité publique, et notamment par l'administration de la Landschaft. L'annotation de retrait de circulation faite par des particuliers a son effet à l'égard d'autres détenteurs, mais elle n'engage pas vis-à-vis l'administration de la société pour ce qui concerne l'amortissement conforme au règlement.

Le retrait de la circulation n'est point considéré comme valable quand l'annotation n'est pas accompagnée de la date, du domicile, de la signature de celui qui l'opère.

Ce retrait de la circulation peut être levé par une remise ou rentrée en circulation de la lettre de gage,

1° Par tout tribunal du pays, sans égard à la personne qui l'avait retirée de la circulation;

2° Par toute autorité administrative qui aura elle-même retiré de la circulation, et par l'autorité qui lui aura été substituée ou préposée;

3° Par la direction générale de la Landschaft et les directions départementales, à l'exception, toutefois, des autorités ou administrations auprès desquelles le retrait de la circulation aura été effectué; à moins cependant que leur auteur ou ayant droit n'ait lui-même, en personne ou par des actes authentiques, réclamé la levée de l'interdiction de mise en circulation.

Cette réintégration doit être formellement marquée

sur la lettre, par la date, la signature et le sceau de l'autorité compétente, par les mots : « Remis en circulation. »

D'après ce qui précède, toutes les lettres qui avaient été dûment mises hors de circulation, sans y être rentrées conformément aux instructions fixées à cet égard, ne peuvent être reçues par l'administration de la société, ni pour la circulation, ni pour le payement, ni pour l'amortissement.

6. La Landschaft et les propriétaires des biens engagés ont le droit, chacun en ce qui le concerne, de dénoncer au porteur les lettres de gage, sous des conditions qui seront ultérieurement spécifiées. (Voir les paragraphes 287 et suivants.)

CHAPITRE II.

DES PERSONNES ET DES BIENS QUI PEUVENT OBTENIR DES LETTRES DE GAGE.

7. Les *lettres de gage* ne peuvent être émises que sur des biens situés en Poméranie, qui ont une page ouverte dans le livre hypothécaire des tribunaux supérieurs. Lorsqu'il s'agit des biens possédés en bail perpétuel ou contre redevance perpétuelle, il sera exigé que le bail perpétuel et le *canon* (redevance), ainsi que les droits réservés du bailleur et du propriétaire suzerain, soient rachetés.

8. Ne peuvent prendre des lettres de gage sur leurs biens que les propriétaires qui peuvent légalement contracter emprunt. Sont exclus de cette faculté tous les possesseurs des biens dont la mise en gage est prohibée par la loi. A l'égard des fidéicommis, majorats et propriétés inféodées, on observera les règles déterminées par l'institution de ces titres ou par la loi féodale.

Les biens possédés par antichrèse peuvent être, après estimation, engagés jusqu'à la concurrence des trois quarts de la valeur vénale du gage, sur la demande du propriétaire de celui-ci. L'engagement contre lettres de gage des biens tenus par antichrèse ne peut se faire qu'avec le consentement du propriétaire ou de ses héritiers, lorsque l'estimation de ces biens ne remplit pas les conditions spécifiées dans le paragraphe 3.

Les biens appartenant aux personnes morales (*corporations*) ne peuvent être engagés contre lettres de gage, sans le consentement des autorités ou des individus qui sont légalement autorisés à surveiller la gestion de ces biens.

9. Aucun capital hypothéqué ne peut primer les *lettres de gage* dans le livre hypothécaire. Il en est de même des inscriptions des droits viagers, cautionnements, oppositions et autres obligations qui restreignent la faculté de libre disposition des biens ou de leurs revenus. (Voir, pour une exception, le paragraphe 191.)

10. Quiconque veut recevoir des *lettres de gage* doit,

par conséquent, produire le rachat des créances anté
rieures ou le consentement des créanciers à la conversion des hypothèques afférentes à leurs créances en
lettres de gages, ou obtenir la transposition de toutes
ces inscriptions antérieures après les lettres de gage
(*post-lokation*). Tout cela doit être fait avant l'émission
des lettres demandées.

11. Tous les biens qui entrent dans le système de
crédit doivent être assurés contre l'incendie à la société
générale poméranienne.

CHAPITRE III.

DU COMMISSAIRE ROYAL PRÉSIDANT LA DIRECTION GÉNÉRALE DE LA SOCIÉTÉ
ET DES AUTORITÉS DE LA LANDSCHAFT.

12. Le système de crédit de la Landschaft, le maintien et l'observation de son règlement, sont placés
sous le contrôle supérieur du ministre de l'intérieur et
sous la surveillance spéciale du commissaire du roi,
président de la Landschaft. La nomination de ce commissaire est réservée à Sa Majesté, les propriétaires
associés ayant la confiance que ce choix tombera sur
une personne domiciliée dans la province et possédant
un bien qui peut être engagé dans l'association.

Sous la surveillance de ce commissaire, les affaires
de l'association sont gérées par les autorités suivantes:

1° Quatre directions départementales et quatre colléges départementaux;

2° Direction générale de l'association, ayant son siége à Stettin;

3° Un comité spécial, qui se réunit à Stettin une fois par an;

4° Assemblée générale des sociétaires, qui se réunit dans la même ville, mais seulement dans les circonstances extraordinaires.

Toutes ces autorités forment des corporations publiques ayant tous les droits qui leur sont attribués par la législation générale du pays. (Code prussien, *landrecht*, § 114 et suiv., parte II, titre x.)

13. Le commissaire royal est préposé à toutes les autorités spécifiées du n° 1 à 4. Il doit veiller à l'exécution du règlement et à l'observation des principes du système de crédit par chacune d'elles.

14. Il a le droit de présider toutes les réunions et les colléges de la Landschaft; il assiste surtout à la réunion générale convoquée avec son assentiment, et au comité spécial réuni chaque année, mais sans droit de vote dans les questions matérielles.

15. Il a le droit d'ordonner les révisions des caisses et des comptes, et d'y assister.

CHAPITRE IV.

DES DIRECTIONS DÉPARTEMENTALES ET DES COLLÉGES DÉPARTEMENTAUX.

16. La province de Poméranie est divisée, sous le rapport de l'administration de la société, en quatre

départements, composés des arrondissements comme il suit :

a. Département d'Anklam ou de Poméranie citérieure, composé d'arrondissements ou cercles de Randow, Demmin, Anklam et Usedom-Wollin.

b. Département de Stargard, cercles de Greifenbagen, Pyritz, Saatzig-Wedell réunis, Naugard-Dewitz réunis et Borcke.

c. Département de Treptow, cercles d'Osten, Greifenberg, Flemming, principauté Belgard et Neustettin.

d. Département de Stolpe, cercles de Stolp, Rummelsburg, Schlawe et Lauenburg-Butow.

L'ordre dans lequel sont placés ces départements ne constitue aucune préférence pour aucun d'eux. Leurs droits et obligations sont les mêmes, et la présidence dans le comité spécial alterne d'après un tour fixé d'abord par le sort.

17. Les députés élus par chacun des cercles constitués en un département représentent ce département, et forment, avec la direction départementale, le collége départemental.

18. La direction départementale se compose d'un directeur et de deux conseillers de la Landschaft. Il lui est adjoint un *syndic* ou conseil judiciaire et un personnel de bureau.

A. Du choix et des fonctions du directeur de département.

19. Le directeur du collége départemental est élu à la majorité des voix des propriétaires des biens engagés situés dans un des cercles qui composent le département. Il est proposé à l'approbation du roi.

20. Le membre élu à la majorité des voix est obligé d'accepter la charge, à moins d'excuses valables.

21. Ces excuses valables sont les mêmes que celles définies par la loi relativement à la tutelle des mineurs. Celui qui a rempli pendant trois ans des fonctions dans la société est également excusable:

22. Lorsque la place d'un directeur devient vacante, la direction invite les députés de cercle à préparer une nouvelle élection. Les députés envoient alors des circulaires à tous les sociétaires électeurs, en les requérant de transmettre leurs votes cachetés dans le délai de quatre semaines, à partir du jour de la communication, sous peine d'être compté pour absent, et de se conformer au résultat des autres votes. Tous les votes transmis par une autre voie que celle préindiquée ne sont pas pris en considération.

Les circulaires seront remises sur le bien de l'associé, qu'il y demeure ou non, par un messager autorisé par la direction, lequel certifie cette remise.

23. S'il y a plusieurs copropriétaires, le vote de l'un d'eux, domicilié sur le bien, suffit et engage les

autres. On ne peut voter par remplaçants autres que
membres de la société et munis de pouvoirs en règle.
Mais il est permis de s'associer d'avance au vote d'un
des membres que l'on aura désigné.

24. Les votes sont ouverts dans la réunion départementale, et on reconnaît d'abord quel est le membre
élu à la majorité des votes dans chaque cercle. Celui
qui est élu par la majorité des cercles est l'élu du département. Dans le département de Stolpe, le vote du
cercle de Butow-Lauenbourg compte pour deux.

25. Si la majorité n'est pas obtenue de cette manière, on compte alors les votes de tous les votants
sans distinction de cercles, et le candidat qui aura
réuni la majorité absolue de votants est élu. Si ce
moyen restait sans résultat, le comité spécial décide la
question.

26. Tout membre électeur est éligible pour les emplois de directeur départemental, de conseiller de la
Landschaft et de député.

27. On ne peut cumuler deux emplois dans l'association; en acceptant un second emploi, on est obligé
de résigner le premier.

28. Le directeur doit séjourner dans la ville départementale autant de fois que cela est nécessaire
S'il veut s'éloigner hors des limites de son département, il doit en prévenir la direction générale, et,
dans ce cas, le plus ancien conseiller de la Landschaft
le remplace *par intérim*.

Il en est de même en cas de maladie ou d'autre
empêchement légal du directeur. Un député du cercle
sera élu pour remplacer le conseiller de la Landschaft,
qui remplira les fonctions de directeur.

29. La durée des fonctions du directeur est de trois
ans, à partir du jour de son installation et de sa pres-
tation de serment. Le directeur sortant peut être toujours réélu.

30. Le directeur préside la direction départementale et le collége départemental, dirige les délibérations et la marche des affaires, et assiste aux réunions
annuelles du comité spécial.

31. Il est tenu de mettre à exécution toutes les décision de la direction générale de la Landschaft, et il
a le droit de décider provisoirement sur toutes les
questions qui ne souffrent point de délai. Si l'affaire
est d'une haute importance, il est tenu de consulter les
deux conseillers de la Landschaft, et en tout cas porter à la connaissance du collége départemental, à sa
première réunion, tous les faits accomplis.

32. Il ouvre toutes les lettres arrivées; il a le droit
d'ordonner les estimations et de distribuer les travaux.

33. Les caisses de son département sont placées
sous sa surveillance spéciale. Il est tenu non-seulement
de visiter les caisses aux époques fixes, d'après les
dispositions du paragraphe 74, mais aussi de les visiter par extraordinaire deux fois par an, pour s'assurer
de leur bonne administration.

34. En entrant en fonctions, il prête serment, d'après la formule prescrite, entre les mains du président de la Landschaft ou d'un commissaire nommé par celui-ci.

35. Il reçoit pour la gestion des affaires de la Landschaft un traitement fixe, et, s'il est obligé par les affaires de la société de s'éloigner de la ville départementale et de son domicile, il lui est alloué un traitement de table et des frais de route.

36. Si le directeur tombe en déconfiture, de façon qu'il est procédé à une exécution pour les intérêts arriérés sur ses biens, il est obligé de se démettre de ses fonctions et une autre élection a lieu.

B. Des conseillers de la Landschaft.

37. Les deux conseillers de la Landschaft représentent le département auprès de la direction départementale, et constituent ensemble, avec le directeur, cette direction. Ils sont obligés de remplir chaque commission dont ils sont chargés par le directeur dans l'intérêt du département. Les pouvoirs des conseillers sont signés par les députés des cercles.

38. Les conseillers sont élus d'après le mode prescrit ci-dessus pour l'élection des directeurs, mais leur nomination n'a pas besoin d'approbation royale.

39. Les paragraphes 29, 35 et 36 sont applicables aussi aux conseillers.

40. Les devoirs des conseillers de la Landschaft sont :

a. Comme membres de la direction départementale et du collège départemental, d'assister à certaines réunions;

b. Comme députés permanents, de faire des estimations, introduire des séquestres et les poursuivre;

c. Comme curateurs des caisses, de les contrôler.

Toutes ces attributions seront développées en détail lorsqu'il sera traité de ces matières.

41. La préséance entre les conseillers de la direction sera réglée à l'ancienneté. En répartissant le travail entre les deux conseillers, le directeur doit éviter toute faveur ou aggravation de la besogne, et, en les chargeant des commissions, tenir compte de leurs relations de parenté avec les intéressés.

42. Les conseillers de la Landschaft, à leur entrée en fonctions, prêtent serment entre les mains du directeur, selon la formule prescrite.

43. Pour les affaires traitées hors de la ville départementale, les conseillers reçoivent, outre leur traitement fixe, un traitement de table et des frais de route, si on ne leur fournit pas un moyen de déplacement gratuit.

C. Des fonctions de la direction départementale.

44. La direction départementale est tenue d'inviter, deux fois par an, les députés des cercles à réunir les

assemblées. Elle-même se réunit périodiquement deux fois par an, huit jours avant la Saint-Jean et avant la Noël, pour recevoir et émettre les lettres de gage, et elle se sépare huit jours après ces termes. Indépendamment de ces réunions périodiques, la direction se réunit plus souvent, et au moins une fois par mois, pour vérifier l'état des caisses, apprécier les demandes d'admission à l'association, approuver les comptes, ordonner les estimations et les transmettre à la direction générale, exécuter les arriérés, introduire des séquestres, signer les lettres de gage qui doivent être inscrites dans les livres hypothécaires, préparer les lettres de gage consenties par le collège départemental, et traiter toutes autres affaires y afférentes.

45. La direction départementale prend ses *conclusions* à la majorité des voix.

46. Cette direction doit surveiller l'observation des principes du système de crédit et encourager la propagation de ce crédit.

La direction départementale doit examiner, avec l'assistance du syndic, la garantie qu'offrent les biens engagés, et diriger soigneusement toutes les affaires concernant les engagements. Elle remet aux intéressés les lettres de gage consenties et inscrites dans le livre des hypothèques.

48. La direction représente l'institution de la Landschaft vis-à-vis des tiers, pour toutes les affaires qui ne sont pas expressément déclarées par les statuts de

l'association comme étant hors de sa compétence. Elle
administre tout l'avoir de la corporation, consistant en
droits et redevances, capitaux, etc. Elle met à exécution ses propres décisions ainsi que les décisions du
collége départemental, sous la surveillance de la direction générale, puis celles du comité spécial et de l'assemblée générale. Dans l'exécution de toutes ces décisions, elle n'a pas à légitimer ses pouvoirs vis-à-vis des
tiers, pour prouver qu'elle a obtenu, pour tel fait ou
autre relatif à l'administration intérieure de l'établissement, l'assentiment soit du collége départemental ou
de la direction générale, soit du comité spécial ou de
l'assemblée générale.

La direction soutient les procès au nom de l'association, soit comme plaignante, soit comme poursuivie.
Elle est néanmoins obligée d'en informer le collége
départemental et d'obtenir son assentiment pour l'action à intenter ou pour la transaction à passer, sans
qu'elle ait besoin du concours de tout le collége pour
les pleins pouvoirs qu'elle délivre ou les transactions
qu'elle conclut.

Tous les documents qui émanent de la direction, et
qui sont relatifs aux affaires comprises dans son ressort, ont le caractère et la valeur des actes officiels.

Pour toutes les décisions et toutes les mesures de
quelque importance, et qui ne sont pas réglées par les
lois et par les statuts de la société, la direction doit
prendre l'avis et obtenir l'assentiment de tout le collége

départemental. Dans les cas urgents, elle peut procéder elle-même à l'exécution de ces mesures, sauf à rendre compte et obtenir l'approbation du collége. Si la direction négligeait de le faire, elle se rendrait responsable de tout dommage qui en résulterait vis-à-vis de la société.

Cependant, la signature de la direction départementale ne suffira point, et on exigera la signature de tout le collége départemental et l'approbation expresse de la direction générale pour la validité des documents tels que : les consentements à dégrèvement, à libération, à permutation, les certificats d'innocuité, de non-opposition, consentements à la radiation, fixations de l'estimation, assentiments au prêt des lettres de gage, et tous les certificats et attestations y afférents.

49. La direction départementale doit surveiller l'exploitation des biens par les propriétaires réunis, et si elle découvre des désordres qui menacent la sécurité de l'association, elle est obligée d'intervenir.

Le possesseur du bien engagé doit donner avis à la direction, s'il veut changer son système d'exploitation ou d'aménagement des terres.

50. La valeur des bestiaux, instruments agricoles et autres meubles nécessaires pour l'exploitation d'une propriété, bien que, d'après la loi civile, elle soit considérée comme complément de la valeur du bien principal, sera déduite du prix de l'estimation du bien engagé. La garantie hypothécaire s'étendra néanmoins

à ces objets si la valeur du bien principal engagé d'a-
bord ne suffisait plus à la sécurité de l'association,
avec cette réserve toutefois, que la direction devra rétablir cette sécurité compromise par des moyens dont
elle dispose légalement, mais sans recourir à la voie
judiciaire.

51. Chaque associé, mais principalement le député
du cercle respectif, est obligé d'avertir la direction
lorsqu'il s'aperçoit d'une diminution considérable de
la valeur d'un bien engagé dans l'association par la
mauvaise administration de ce bien. Ne seront point
pris en considération les avis anonymes et conçus en
termes vagues.

52. L'exploitation des forêts engagées à l'association
sera l'objet d'une surveillance particulière.

53. Lorsqu'une forêt est exceptée de l'estimation,
en ce qui concerne son produit en bois, cette forêt
est affranchie de la surveillance spéciale et des restrictions relatives à son exploitation, imposées par l'association. Mais, tant que la forêt n'est pas expressément
exclue de l'engagement hypothécaire, elle est soumise
aux autres conditions que subissent les biens engagés
contre lettres de gage.

54. Si la forêt est comprise dans l'estimation, la
direction doit veiller à ce que cette forêt soit exploitée
d'après les règles fixées par l'association.

55. Cette direction a le droit et le devoir de faire
inspecter les bois toutes les fois qu'elle le juge néces-

saire, d'entendre les dépositions, sous serment, des gardes-chasse et des gardes forestiers, pour se convaincre si l'exploitation est conduite d'après les règles prescrites

56. Lorsqu'une forêt est dévastée par des chenilles, par l'orage ou par l'incendie, le bois endommagé sera mis sous saisie-arrêt par la direction, et vendu avec l'assentiment du propriétaire. Le produit de la vente sera employé au rachat des lettres de gage qui grèvent la forêt. La direction pourra aussi déterminer, en proportion du dommage encouru, un certain nombre d'années pendant lesquelles une certaine partie du bois ne devra pas être coupée, afin de rétablir la proportion productive dérangée par le dommage.

Dans les deux cas, cependant, le propriétaire peut, s'il le préfère, racheter, dès l'instant même, les lettres de gage qui grèvent la forêt.

57. Un propriétaire de forêt qui trouve l'occasion de réaliser un bénéfice considérable par la vente du bois dans une quantité supérieure à celle permise par le règlement peut s'adresser à la direction, qui, après une enquête préalable, déterminera le nombre de lettres de gage qu'il devra racheter.

58. Il y a dévastation de forêts lorsque le propriétaire vend plus de bois qu'il n'est permis par le règlement, lorsqu'il déboise dans un ordre autre que celui prescrit ou lorsqu'il ne met pas en culture les espaces déboisés. Chaque dévastation de forêt est un motif

suffisant pour mettre le bien sous séquestre et pour
placer la forêt sous une surveillance spéciale.

59. Sur l'avis d'une dévastation de la forêt ou de
la mauvaise administration d'un bien, le directeur doit
ou exiger une réponse catégorique du propriétaire,
ou prendre des renseignements plus circonstanciés sur
l'exactitude de l'avis reçu.

60. Si le directeur acquiert la conviction que l'avis
est exact, il a le droit et l'obligation de composer
une commission des membres du collége, qui aura à
examiner sur les lieúx les désordres commis, et qui indiquera au propriétaire de quelle manière et dans combien de temps celui-ci doit remédier au mal constaté.

Lorsque le propriétaire n'aura pas été trouvé en
faute, les frais de route et de traitement seront supportés par le département; dans le cas contraire, ils
tombent à la charge du propriétaire.

61. Les membres de la direction sont responsables
des déficits résultant de la mauvaise gestion des associés, s'ils ont négligé d'empêcher leur admission par
l'inobservation des règles prescrites.

62. Si le propriétaire ne se conforme pas aux indications de la commission dans les délais fixés, il sera,
immédiatement après l'expiration de ces délais, procédé au séquestre des biens, et à leur administration
au profit de la société. Ce séquestre durera aussi longtemps qu'il sera nécessaire pour remettre la propriété
en état, et jusqu'à ce que le propriétaire donne une

sécurité suffisante pour une meilleure administration
de son bien à l'avenir.

63. L'accusé pourra avoir recours, contre les décisions de la direction départementale, à la direction
générale. Celle-ci approuve le rapport fait par la direction départementale, ou, selon les circonstances,
ordonne une nouvelle commission aux frais et risques
du réclamant.

La décision de la direction générale sera mise à exécution nonobstant l'appel que le réclamant pourra in-
terjeter devant le comité spécial.

D. Des députés de la Landschaft.

64. Chaque cercle élit parmi les associés y domiciliés un député et son suppléant.

Tout associé est obligé d'accepter cette place, à
moins d'une excuse qui, pour être valable, doit être
la même que celle qui affranchit de la tutelle d'un
mineur. Si, dans un cercle, il ne se trouve personne qui
puisse remplir ces fonctions, on choisit le député dans
un cercle voisin. Le mode d'élection est le même que
celui adopté pour l'élection des conseillers de la Landschaft, avec cette différence que les associés seuls du
cercle respectif y prennent part. Faute de votants, l'é-
lection se fait par le collège départemental.

65. Les fonctions des députés sont de deux espèces.
Ils agissent :

a. Comme membres du collége départemental, dans certaines assemblées et dans les affaires qui y sont traitées ;

b. Comme délégués pour faire les estimations, introduire les séquestres, remplacer les conseillers de la Landschaft, et en général pour remplir toutes les missions qui leur sont confiées par la direction départementale.

66. Les députés réunis d'un département nomment chaque année, dans leur sein, un député qui représente le département auprès du comité spécial. S'il y a partage des votes, le collége départemental décide. Les députés d'un département nomment par élection les membres de la direction générale.

67. Le cercle de Lauenbourg-Butow nomme deux députés pour le collége du département de Stolpe. Chacun de ces députés a une voix, et reçoit un traitement.

68. Les fonctions d'un député et de son suppléant sont triennales. Ils sont rééligibles.

69. La préséance est réglée d'après l'ancienneté. La répartition des travaux est réglée de la même manière que pour les conseillers de la Landschaft.

70. A l'entrée en fonctions, les députés de la Landschaft prêtent un serment selon la formule, entre les mains du directeur.

71. Ils reçoivent une certaine indemnité pour leur présence aux deux assemblées départementales an-

nuelles. Pour les autres affaires qui leur sont confiées,
ils reçoivent un traitement par jour et les frais de route.
Les suppléants peuvent assister aux réunions des colléges départementaux, même en présence des députés
respectifs : ils reçoivent par conséquent avis du jour
de la réunion, mais ils n'ont pas droit de vote, et ne
reçoivent dans ce cas aucune indemnité ni frais de
route.

E. Des attributions (fonctions) des colléges départementaux.

72. Toutes les affaires qui sortent de la sphère des
affaires courantes, et qui exigent la représentation des
intérêts des associés, incombent aux réunions des colléges départementaux. Les députés réunis à la direction départementale se constituent en autorité administrative pour la gestion des affaires de ce genre.

73. Les réunions des colléges départementaux ont
lieu, en règle générale, deux fois par an, après l'é-
chéance des termes de payement et de versement des
intérêts. Les membres de ces colléges reçoivent des
invitations spéciales pour assister à ces réunions.

La direction est en droit, et elle est même obligée
de convoquer une réunion extraordinaire dans un cas
urgent.

74. Les affaires suivantes sont principalement du
ressort de ces colléges : révision et fixation des estimations, consentement aux prêts des lettres de gage,

révision deux fois par an de la caisse départementale, avec droit de donner décharge, acquittement et annulation des lettres de gage, consentement aux radiations partielles ou totales, révision de toutes les affaires concernant le sequestre, révision et audition des comptes éventuels pour en donner décharge, convocation des élections et approbation de la nomination des membres du collége départemental et des membres de la direction générale, le choix et l'installation du syndic départemental et autres employés départementaux, présentation des projets de décision départementaux au comité spécial, et enfin toutes les affaires déférées par la direction départementale, en tant qu'elle ne se considère pas en droit de les résoudre seule.

Le collége départemental ne peut prendre de décision définitive dans les cas suivants :

Lorsqu'il s'agit d'un acte portant modification dans l'organisation du collége départemental ou de la direction, tel que : création d'une nouvelle place d'employé, engagement avec rétribution pour plus d'un an d'un remplaçant ou d'un adjoint à un employé empêché, constitution d'une pension en faveur d'un employé, ce à quoi, en règle générale, aucun employé n'a droit, et ce qui, par conséquent, ne peut avoir lieu que dans les cas exceptionnels; augmentation d'un traitement, gratifications et dépenses qui dépassent les prévisions; achat et échange des terrains appartenant à l'association; inscription de nouvelles hypothèques, de servitudes ou d'autres charges foncières. Dans tous ces cas, la décision de la direction ne peut être mise à exécution avant que l'affaire ne soit communiquée aux associés dans une réunion de cercle, et qu'elle n'obtienne l'assentiment du comité spécial et du ministre de l'intérieur.

Lorsqu'il s'agit d'un changement ou d'un complément essentiel aux statuts de la Landschaft, en tant que ces changements peuvent être introduits sans porter atteinte aux droits des particuliers, et qu'ils soient compatibles avec le but principal du système du crédit, ou lorsqu'il s'agit d'imposer de nouvelles obligations aux membres de l'association, il faudra avoir recours à la décision de l'assemblée générale et à la sanction royale.

F. Du syndic départemental.

75. Le syndic départemental est nommé, à la majorité des voix, par le collége départemental.

76. Il devra avoir subi l'examen pour le grade d'*assesseur* (avocat) à la cour d'appel.

77. La direction générale, après avoir pris des renseignements sur ses titres, approuve la nomination.

78. Le devoir du syndic est surtout d'examiner sous le point de vue légal tout ce qui concerne la sécurité des lettres de gage, et principalement les certificats hypothécaires et la capacité des propriétaires de disposer de leurs biens.

Il devra être satisfait aux observations qu'il aura faites
à ce sujet. Il est aussi de son devoir de donner avis si
les inscriptions des créances et leurs radiations ne laissent rien à désirer, et veiller à ce qu'il soit fait droit
aux réclamations faites à ce sujet.

79. Le syndic dresse le procès-verbal des réunions
de l'association, et fait la correspondance du directeur
et du collége.

80. Il doit être présent aux expertises d'estimation
des biens, et remplir d'autres missions qui lui seront
confiées par la direction ou par le collége départemental.

81. Outre son traitement fixe, il reçoit un traitement de table et des frais de route, si les affaires de
l'association l'éloignent de la ville départementale.

Il prête, à l'entrée en fonctions, serment d'après la
formule, entre les mains du directeur.

En ce qui concerne sa nomination à vie et sa démission, les règles fixées ci-dessous § 92, relativement
au syndic de la direction générale, lui sont applicables.

G. Du caissier et autres employés.

82. Le caissier est tenu de recevoir, de payer, d'inscrire et de déposer tout l'argent, d'après les instructions de la direction.

Il perçoit et paye les intérêts, reçoit les lettres de
gage rachetées et autres effets, par ordre de la direc-

tion, et en agit avec ces pièces de même qu'avec les espèces,

Il doit avoir un journal des recettes et des dépenses, tenir ses livres en ordre, et diriger toute la comptabilité.

Il est obligé de fournir un cautionnement en espèces ou en lettres de gage, dont le montant sera fixé par le collége départemental.

83. A la tête du secrétariat, du bureau et des archives est placé un secrétaire auquel sont subordonnés un certain nombre d'employés de bureau.

84. Un garçon de bureau, qui sera en même temps concierge de l'hôtel de l'association, soignera la propreté des appartements, le chauffage, et fera le service pendant les séances, portera les lettres, les paquets et l'argent à la poste, et les rapportera de la poste.

85. Chacun de ces employés remplit sa spécialité, mais il doit aussi se charger d'autres commissions qui lui seront confiées dans l'intérêt de l'association.

86. Tous les employés susmentionnés seront nommés à vie, sur la proposition de la direction, par le collége départemental, à la majorité des voix. Ils prêteront serment d'après la formule prescrite. Ils ne peuvent être congédiés que s'ils donnent leur démission où sont éloignés du service en vertu des règles observées à l'égard des employés du gouvernement, d'une catégorie analogue.

H. Des archives.

87. Les archives se composent :

1° Des actes généraux, qui comprennent tout ce qui intéresse le système de crédit et le département;

2° Des actes annuels relatifs au comité spécial ou à l'assemblée générale;

3° Des actes spéciaux relatifs à chaque bien, à son estimation, aux lettres de gage qui le grèvent et au consentement de dégrèvement partiel;

4° Des actes spéciaux relatifs aux séquestres.

CHAPITRE V.

DE LA DIRECTION GÉNÉRALE DE LA LANDSCHAFT.

88. A la tête de l'administration est placée la direction générale de la Landschaft, composée d'un directeur général et des deux conseillers généraux, qui sont en même temps représentants de l'association. Il lui est adjoint un syndic de la direction générale, comme conseiller légal, et un personnel de bureau qui ne peut être augmenté sans l'assentiment du comité spécial.

89. Le directeur et les conseillers sont élus, sous réserve d'approbation royale, par les députés de chaque département, à la majorité des voix. S'il y a égalité de votes dans un département, le collége départemental décide le cas. S'il y a égalité de votes entre ces dépar-

tements, les candidats sont proposés au commissaire royal, qui est le président de la Landschaft, et celui-ci décide la question.

Des deux conseillers de la direction générale, l'un doit être choisi parmi les propriétaires des biens nobles de la Poméranie citérieure, l'autre parmi ceux de la Poméranie antérieure.

90. Les propriétaires de biens nobles situés en Poméranie et engagés contre lettre de gage peuvent seuls être élus pour ces fonctions.

Tout ce qui a été dit sous le § 36, relativement au directeur départemental, s'applique également aux membres de la direction générale. La durée de leurs fonctions est de trois ans, après lesquelles ils sont rééligibles.

En cas d'empêchement d'un membre, la direction générale peut nommer pour son remplaçant un des députés, en donnant un avis préalable au directeur du département respectif.

91. La direction générale a son siége permanent à Stettin, et règle le temps et la durée de ses sessions d'après le nombre des travaux pendants.

92. Le syndic est nommé par la direction générale, après explications données par les quatre colléges départementaux sur la personne proposée à cet emploi; celle-ci doit être un jurisconsulte ayant subi les examens exigés pour le grade d'assesseur auprès du tribunal d'appel. Le syndic est nommé à vie, et ne peut

être congédié que de la même manière que les employés du gouvernement de la même catégorie.

93. La nomination du caissier et des autres employés est réservée à la direction générale, qui répond de leur capacité.

Le caissier doit fournir un cautionnement. Tous les employés précités sont nommés à vie et ne peuvent être congédiés que d'après le mode décrit relativement au syndic.

94. La direction générale est obligée de maintenir les règles du système de crédit; elle doit travailler à sa propagation, et détourner tout ce qui peut lui porter préjudice.

95. Les directions départementales doivent suivre les ordres de la direction générale, appuyés sur les statuts, sous peine d'y être contraintes par des mesures coercitives.

96. La direction générale prononce sur toutes les plaintes et dénonciations faites contre les directions départementales ou contre leurs membres, en tant que cela concerne le système de crédit. Le plaignant qui ne serait pas satisfait de la décision de la direction générale peut s'adresser au comité spécial. (Voir § 127.)

97. Il n'y a point d'appel par voie judiciaire contre les décisions rendues en vertu des statuts par la direction générale, par les colléges départementaux et par les directions départementales. Le collége départemen-

tal ou un de ses membres, inculpés, seront tenus de faire un rapport, et, si les circonstances l'exigent, une commission sera nommée, qui fera une enquête aux frais du coupable, et, sur le rapport de cette commission, la question sera décidée sans autres formes de procès. (Voir le § 127.)

98. Toutes les propositions et observations faites dans le but d'améliorer le système de crédit doivent être adressées à la direction générale.

99. Tous les cas douteux, pour lesquels les dispositions de ces statuts seraient insuffisantes, seront déférés par les directions départementales à la direction générale, qui en décide. Cette décision n'est que provisoire, lorsqu'il s'agit des questions qui touchent à l'ensemble du système de crédit; elle ne devient définitive qu'après l'approbation du comité spécial et de l'assemblée générale.

100. La direction générale a la surveillance supérieure de toutes les caisses appartenant au système de crédit. Elle doit réviser tous les comptes envoyés par les directions départementales, les approuver, former les comptes généraux, et les présenter au comité spécial pour en obtenir la décharge. (Voir § 126.)

Dans les cas urgents, la direction générale est autorisée à opérer avec les fonds spéciaux ou au moyen du crédit de l'association, sans responsabilité, mais avec l'assistance de quatre directeurs départementaux, ou de suppléants nommés par ces derniers.

101. Elle reçoit les versements des intérêts courants non perçus par les directions départementales, ainsi que des intérêts des lettres de gage dénoncées et non présentées, pour le montant en être appliqué au payement des créanciers qui se présenteront.

102. Elle a le droit d'ordonner, autant de fois qu'elle le trouve utile, les visites des caisses, les présentations des comptes; elle les examine, et nomme, à cet effet, des délégués pris dans le sein des directions départementales.

103. La direction générale doit faire la révision finale des estimations en vue d'emprunt et les fixer en délivrant un certificat de sur-révision. Elle donne son consentement aux autorisations des radiations partielles et totales.

Elle est en droit de faire reviser les actes relatifs aux séquestres et les séquestres eux-mêmes *in loco*, aux frais du fonds départemental. Si la nomination d'un commissaire nommé à ce sujet provoque des réclamations, elle doit examiner leur validité, et, selon les circonstances, maintenir ou changer ledit commissaire.

104. Elle entretient la correspondance avec toutes les autorités royales, au sujet de tout ce qui concerne l'ensemble du système de crédit et l'intérêt général des propriétaires associés.

La correspondance du commissaire royal avec la direction générale et avec les directions départementales, et de ces directions entre elles et avec les autorités publiques, lorsqu'elle est relative aux affaires générales du système de crédit public, est transmise par la poste, franche de port, sous la rubrique :

« *Affaires de la direction générale de la Landschaft.* »

Les impressions sur feuilles de parchemin destinées aux lettres de gage, envoyées de Berlin ou de Stettin par la poste, ne payeront la taxe postale que comme des imprimés.

105. Enfin, la direction générale a le droit, si elle le juge nécessaire, de convoquer, avec l'assentiment du président de la Landschaft, une assemblée générale.

106. Le directeur, les conseillers, le syndic de la direction générale s'engageront vis-à-vis de la société d'après les formules prescrites et d'après les instructions spéciales du président de la Landschaft.

CHAPITRE VI.

DES ASSEMBLÉES DE CERCLE.

§ 107. Chaque député de cercle convoque deux fois par an, sur l'invitation de la direction départementale, tous les propriétaires sociétaires du cercle. La réunion doit avoir lieu dans une ville du cercle, peu de temps avant la réunion semestrielle du département.

Ce député déposera devant la réunion les comptes semestriels de caisse, les décisions du comité spécial, et l'instruira sur tout ce qui s'est fait d'important dans l'institution depuis la dernière réunion du cercle. Il communiquera à la réunion les estimations faites, les emprunts consentis et les rachats opérés; il provoquera les observations des membres, tiendra note de leurs propositions et de leurs décisions, prises à la majorité, sur toutes les questions qui exigent l'assentiment des associés, pour transmettre ces décisions au collège départemental. (Voir § 74.)

La direction est obligée de communiquer toutes les questions de ce genre aux députés, assez à temps avant les réunions de cercle, pour que ceux-ci puissent interroger les membres et prendre leurs avis à ce sujet.

108. Pour écarter toute incertitude sur le droit de paraître et de voter dans les réunions de cercle, chaque direction départementale est obligée de fournir au député du cercle respectif une liste des biens engagés dans ce cercle, et l'informer avant la réunion, quels sont les biens dégagés par le rachat des lettres de gage, et quels sont les biens nouvellement admis dans l'association.

109. Tous les propriétaires sociétaires peuvent assister à ces réunions, soit en personne, soit par des fondés de pouvoirs qui doivent être sociétaires eux-mêmes. Un associé peut être autorisé à voter pour les mineurs ou les personnes morales.

110. Ceux qui n'auront comparu, ni par eux-mêmes, ni par un fondé de pouvoirs en règle, seront considérés comme accédant aux votes de la majorité. Si personne ne comparaît à la réunion, le vote du député est considéré comme celui de la réunion du cercle.

111. Dans les invitations aux réunions de cercle, on spécifiera les principaux objets devant être mis en délibération, et chaque propriétaire doit légitimer son entrée dans la réunion. Les circulaires doivent être distribuées huit jours avant le terme fixé pour la réunion.

112. Le député, ou, en son absence, son suppléant, préside les réunions du cercle.

113. Dans les élections, les votes sont comptés d'après le nombre de propriétaires de biens engagés, votans. Chaque associé n'a qu'un vote, qu'il possède un ou plusieurs biens dans le même cercle.

Mais celui qui possède des biens séparés dans plusieurs cercles a un vote dans chaque cercle.

Dans le cercle de Lauenbourg-Butow, les différents propriétaires des portions de biens situées dans un même village ou dans un domaine autrefois non divisé, n'ont ensemble qu'un vote.

114. Dans toutes les autres votations, les différents propriétaires de plusieurs portions de biens engagés sur lettre de gage, et situées dans le même village ou dans le même domaine autrefois non divisé, n'ont

qu'une seule voix collective, quand même ces différentes portions auraient chacune leur feuille séparée
dans le livre hypothécaire.

Cependant le propriétaire de quatre à sept biens engagés, autres que ces portions dont il vient d'être
parlé, a droit à deux voix, dans les réunions de cercle, et le propriétaire de huit et au-dessus, à trois
voix.

115. Le sens du vote collectif des propriétaires de
portions de biens est déterminé par celui de la majorité
de ces copropriétaires, et dans le cas de parité entre
eux, par la voie du sort.

Les personnes qui possèdent un bien par indivis
ne peuvent émettre qu'un vote collectif déterminé
par la majorité des ayants droit. Un seul des propriétaires qui comparaît à la réunion peut émettre le vote
pour tous les copropriétaires, même sans être leur
fondé de pouvoirs.

116. Le procès-verbal de la réunion du cercle est
transmis en original à la direction départementale,
qui, après avoir réuni tous les procès-verbaux des
cercles fait un rapport à la direction générale.

117. Indépendamment de ces réunions de cercle
qui ont lieu deux fois par an, la direction départementale peut en faire convoquer une extraordinaire.

118. La perte du droit de vote, pour cause d'im-
moralité, est déterminée par les mêmes règles que la

perte du droit de *patronat*, de *juridiction* et autres droits honorifiques.

119. Pour éviter la réunion annuelle de l'assemblée générale, qui exige des frais considérables, on réunit tous les ans un comité spécial. La présidence de ce comité appartient alternativement à chaque département, en suivant l'ordre indiqué dans le § 16.

Chaque département y envoie un député élu dans son sein, auquel est adjoint un suppléant et son directeur départemental. Le département auquel est échue la présidence y envoie aussi son syndic.

120. Le département d'Anklam qui formait autrefois la province séparée dite Poméranie citérieure, a le droit d'envoyer deux députés au comité, mais qui n'ont ensemble dans les questions ordinaires qu'un seul vote.

Lorsque l'on traite des affaires qui concernent l'intérêt particulier d'un département, celui-ci a le droit de voter séparément.

Lorsqu'il n'est pas possible d'amener un accord, le président de la Landschaft, après avoir pris connaissance des motifs allégués par les deux parties et consignés dans le procès-verbal, décide si, dans le cas soumis à son appréciation, il y a lieu de procéder au vote séparé.

121. Bien que les députés soient obligés de tenir compte des instructions qu'ils ont reçues, cependant ils ne sont point astreints à les suivre et ils ne sont point responsables s'ils s'en éloignent. Ils sont au contraire indépendants dans leurs votes, et ne doivent se diriger que par leurs convictions et leur conscience. En général le comité spécial ne prend de décisions définitives que sur les questions sur lesquelles les associés ont été préalablement entendus dans les réunions des cercles. Mais dans les cas urgents cette règle n'est point observée, surtout lorsqu'il s'agit de l'application du règlement aux affaires pendantes.

Les directeurs des départements n'ont pas droit de voter dans le comité spécial. (Voir § 3o.)

122. Le comité spécial se réunit à Stettin chaque année, vers la fin de l'automne, au jour qui sera fixé par la direction générale après s'être concertée préalablement avec le président de la Landschaft.

123. Son but est d'assurer la solidité des lettres de gage et le payement régulier des intérêts. Ce comité est l'autorité qui exerce le contrôle sur la direction générale et sur toutes les directions départementales; il donne décharge de tous les comptes et décide en dernière instance toutes les plaintes qui lui sont adressées; mais il ne peut ni décider ni autoriser les modifications à faire aux statuts, ni imposer de

nouvelles obligations aux associés, ces actes étant dans les attributions de l'assemblée générale. (Voir le § 144.)

124. Le commissaire royal ouvre les séances du comité, dirige les délibérations et les décisions, et clôt la session lorsque toutes les affaires sont terminées. En cas d'égalité de votes entre les quatre députés, il décide la majorité.

125. La direction générale est tenue de fournir au comité spécial des renseignements et des documents sur tout ce qu'il désire connaître.

126. Tous les comptes déposés devant le comité spécial doivent avoir été fermés tous les six mois par les directions départementales, déposés devant la direction générale, et revisés par celle-ci. Il doit, autant que possible, avoir été satisfait aux observations qui les accompagnent.

Dans ce but, les comptes de chaque département doivent être envoyés à la direction générale quatorze jours avant la réunion du comité spécial, pour qu'elle puisse les comparer avec les états de chaque département, et soumettre ses observations au comité spécial.

En outre, l'état des dépenses de la direction générale et de chaque département doit être soumis à l'approbation du comité spécial. Les comptes de la direction générale doivent être clos avec le dernier jour du mois d'août, ouverts de nouveau le 1er septembre, et continués jusqu'au jour de la réunion à laquelle ces comptes seront présentés. Les jours de clôture des comptes sont les derniers jours des mois d'avril et d'août.

127. Si un intéressé n'est pas satisfait de la décision de la direction générale relative aux cas spécifiés dans les paragraphes 96 et 97, ou s'il surgit un doute sur l'interprétation des statuts, le recours est ouvert au comité spécial. Ce comité examine encore une fois la question, de concert avec la direction générale et rend une décision définitive, avec cette réserve cependant, que, nonobstant le recours intenté, la décision de la direction générale reste provisoirement exécutoire.

128. La direction générale n'a dans le comité spécial qu'un *vote consultatif*.

129. Le comité spécial et la direction générale ont, chacun séparément, ou tous les deux collectivement, le droit de déterminer les propositions à soumettre à l'assemblée générale, et de convoquer cette assemblée avec l'assentiment du président de la Landschaft.

130. Aucun associé ne peut isolément faire des propositions au comité spécial; elles doivent être d'abord soumises aux réunions de cercle, après quoi le député du cercle les communique au collége du département qui, seul, décide si la proposition doit être portée devant le comité spécial. Si un associé se croit lésé par la décision du collége départemental, il

est libre d'en référer à la direction générale, qui fait son rapport motivé au commissaire royal. Dans le cas où la proposition d'une réunion de cercle serait repoussée par le collége départemental, le député de ce cercle est tenu d'en informer aussitôt ses commettants, pour que la plainte puisse encore être portée et la question résolue par la direction générale, avant la réunion du comité spécial.

131. Avant la réunion du comité spécial, les députés se réunissent dans une assemblée préparatoire, pour prendre une connaissance exacte des propositions pendantes.

132. Le syndic de la direction générale dresse les procès-verbaux du comité spécial. Ces procès-verbaux et l'arrêté ministériel rendu à ce sujet doivent être communiqués par la direction générale aux directions départementales, avec injonction d'en transmettre des copies aux députés de cercle, pour que ceux-ci puissent les porter à la connaissance des associés dans les réunions de cercle. Le comité spécial détermine quelle est la partie du procès-verbal qui peut être livrée à la publicité.

133. Toutes les décisions du comité spécial doivent être mises à exécution par les départements et par les associés, jusqu'à ce qu'elles soient légalement abrogées.

134. Les députés au comité spécial et les directeurs reçoivent le traitement et les frais de route, à

partir du siège départemental; sur les fonds du département respectif.

CHAPITRE VIII.

DE L'ASSEMBLÉE GÉNÉRALE.

135. Comme le comité spécial se réunit tous les ans pour expédier les affaires de l'assemblée générale, cette dernière n'est convoquée que sur la demande ou de la direction générale ou du comité spécial. Le département qui a eu la présidence annuelle du comité spécial préside aussi l'assemblée générale, qui se réunit en place de celui-ci.

136. Tous les directeurs départementaux avec les députés et les syndics assistent à l'assemblée générale.

Lorsqu'un député et son suppléant sont empêchés de paraître à l'assemblée générale, et si cet empêchement arrive si tard que le cercle ne puisse plus procéder à une autre élection, le collége départemental a le droit de nommer un substitut.

137. Le président de la Landschaft préside aussi l'assemblée générale, et, en cas d'empêchement, il est remplacé par le directeur du département auquel échoit la présidence annuelle dans le comité spécial. Dans le cas où l'empêchement du président de la Landschaft devrait se prolonger, celui-ci désigne lui-même son substitut.

138. Le syndic général de la Landschaft tient le

protocole des délibérations générales de l'assemblée;
un syndic départemental, nommé à cet effet, est chargé
des conférences relatives à l'apurement des comptes.

139. La communication de ces procès-verbaux aux
départements et aux associés se fait de la manière décrite à propos du comité spécial. (Voir § 132.)

140. La direction générale de la Landschaft présente
à l'assemblée générale un rapport circonstancié sur tout
ce qui touche à l'ensemble du système de crédit et à
l'intérêt commun des propriétaires associés.

141. Tous les comptes relatifs aux fonds administrés, revisés par le comité spécial, sont déposés devant
l'assemblée générale, qui, si elle le trouve nécessaire,
peut en ordonner encore une révision.

142. Les fonctions de la direction générale restent
en suspens pendant la réunion de l'assemblée générale.
Dans tous les cas où il s'agit d'examiner la gestion de
la direction générale et celle du comité spécial, il sera
nommé une commission particulière de l'assemblée générale, qui s'adjoindra un jurisconsulte autre que le
syndic général de la Landschaft.

143. Toutes les propositions qui ont été jugées par
la direction générale et le comité spécial dignes d'un
examen plus approfondi, et qui concernent l'amélioration
du système et la propagation du crédit, sont soumises
aux délibérations de l'assemblée générale. Toutes les
décisions de l'assemblée portant modification aux statuts ou les complétant, et qui, toutefois, ne peuvent

léser les droits déjà acquis des particuliers, ni s'écarter
du but principal de l'association, doivent être soumises
par le commissaire royal au ministre de l'intérieur, qui
les proposera à la sanction royale. La demande du
commissaire royal sera accompagnée d'une copie du
protocole de l'assemblée générale.

144. Si, pour remplir le but principal de l'association, et surtout si, pour s'acquitter d'une dette légale
vis à vis des tiers, il était nécessaire de recourir à un
emprunt, et si, pour payer les intérêts et l'amortissement de cet emprunt, il était indispensable d'imposer une cotisation plus élevée aux associés, on ne
pourra le faire que par suite d'une décision de l'assemblée générale.

145. Les propositions soumises à l'assemblée générale peuvent venir non-seulement du comité spécial et
de la direction générale, mais aussi des colléges départementaux et des cercles. Un cercle qui aurait à faire
une proposition à l'assemblée générale doit d'abord la
soumettre au collége départemental respectif, qui en
fait l'objet d'une communication à la direction générale.
Celle-ci examine la proposition, et, à moins qu'elle ne
la trouve tout à fait déplacée, la renvoie aux autres colléges départementaux, pour la soumettre à une discussion préparatoire dans les réunions des cercles. Après
quoi les colléges départementaux transmettent la proposition, par l'intermédiaire de la direction générale,
au comité spécial, qui décide, à la majorité des voix, si

la proposition doit ou non être portée devant l'assemblée générale.

Toutes les propositions venant des collèges départementaux, de la direction générale et du comité spécial, doivent passer par la même filière avant d'arriver à l'assemblée générale.

146. Toutes ces propositions envoyées à la direction générale et jugées, par elle ainsi que par le comité spécial, dignes d'être portées devant l'assemblée générale, doivent être communiquées, six semaines avant la réunion de celle-ci, au commissaire royal. Si ce fonctionnaire acquiesce à la réunion de l'assemblée générale, il est aussitôt procédé à sa convocation.

147. L'assemblée générale est le contrôle suprême de tout le système de crédit. Elle décide en dernière instance toutes les questions qui ne peuvent être résolues par le comité spécial. Elle décide aussi si les projets et les plans conçus pour l'accroissement de l'institution et la propagation du crédit, ou tendant au changement de son organisation intérieure, doivent être acceptés ou rejetés.

148. L'assemblée générale prend ses décisions à la majorité des départements, qui préalablement doivent émettre leurs votes. S'il y a égalité de voix, le président de la Landschaft décide ; et si cette égalité a lieu dans un département, le vote du directeur départemental respectif est prépondérant.

CHAPITRE IX.

149. Tout membre de l'association est obligé de se soumettre aux décisions des collèges départementaux, concernant le maintien et le développement du système de crédit.

150. Les directions de l'association ont le droit, si on leur désobéit, de mettre leurs décisions à exécution par des amendes qu'elles fixent d'avance et par d'autres mesures, et, en cas de besoin, en procédant au séquestre. Elles ont aussi le droit et l'obligation d'exécuter les payements arriérés des intérêts, des deniers de quittance et des frais, sans recourir à d'autres formes de procès.

Tous les tribunaux et cours de justice sont obligés de prêter à l'association, et sur sa demande, leur aide et secours prompt, dans tous les cas précités.

151. Si toutes ces mesures ne suffisent pas pour ramener les récalcitrants à leur devoir, l'association a le droit d'exiger le rachat des lettres de gage, et si on ne le fait pas, de mettre à l'enchère les biens engagés.

152. Le département qui se voit obligé d'adopter une pareille mesure doit faire là-dessus un rapport motivé à la direction générale, qui, d'après la situation des choses, fait faire une enquête, entend l'inculpé dans ses moyens de défense, et enfin décide si, et dans

quelle proportion, le rachat des lettres de gage exigé par le département doit avoir lieu.

153. Lorsque l'inculpé croit ne pas pouvoir acquiescer à cette décision, il peut demander ou une nouvelle enquête par une autre commission, ou en appeler à la décision du comité spécial à sa prochaine réunion, ou même à celle de l'assemblée générale, si la convocation de celle-ci était décidée. Ces autorités font reviser l'affaire, et rendent une décision définitive.

154. Tous les membres et les employés des colléges départementaux sont obligés de mettre à exécution les ordres de l'autorité qui leur est préposée. Les récalcitrants peuvent être punis par des amendes.

155. Tous les propriétaires réunis dans une assemblée de cercle sont également obligés de se conformer en tout point aux dispositions des statuts et aux décisions et injonctions émises, en conformité avec ces statuts, par les autorités de l'association qui leur sont préposées.

CHAPITRE X.

DES ESTIMATIONS (TAXATIONS).

156. Chaque bien que l'on veut engager contre lettres de gage doit être soumis à une nouvelle estimation. L'estimation des biens fonds et des forêts doit être faite d'après les principes indiqués dans le règlement relatif à ce sujet. Quant à l'estimation pour vente à

l'enchère, les règles en sont tracées dans les paragraphes 172 et suivants.

157. Chaque propriétaire qui demande une nouvelle
estimation de son bien ou la révision d'une estimation
antérieure doit déposer à la direction départementale,
en même temps que sa demande, l'extrait hypothécaire
le plus récent, une carte topographique, un relevé cadastral, l'arrêté de délimitation ou de séparation, s'il
y a lieu, et l'estimation faite par l'assurance contre l'incendie.

158. Si le directeur de la Landschaft ou la direction
qui serait réunie au moment de l'arrivée de la demande,
n'a rien à y objecter, il est procédé à l'estimation de la
manière suivante. L'impétrant dépose une somme
comme avance pour garantir les frais présumés d'estimation, et le directeur désigne un conseiller de la direction qui, avec le député du cercle respectif, est
chargé de l'estimation. Ces commissaires conviennent
du jour où ils se rendront sur les lieux, en informent
le propriétaire pour qu'il se tienne tout prêt et lui indiquent l'endroit où il devra envoyer une voiture pour
les prendre. Si le propriétaire négligeait de le faire, il
supporterait les frais de route d'après le tarif de la
poste.

Les commissaires peuvent exiger du propriétaire le
local nécessaire. Lors même que l'acte de l'estimation
ne serait pas rédigé sur les lieux, les commissaires recevront leur indemnité habituelle.

159. En nommant les commissaires, on aura soin d'examiner s'ils ne se trouvent, ni entre eux ni avec le propriétaire des biens soumis à l'estimation, dans des relations de parenté ou autres qui seraient de nature à affaiblir leur déposition comme témoins.

160. Dans chaque cercle on nommera, sur l'invitation de la direction départementale, deux experts (*boniteurs*) de l'association. Cette nomination sera faite par l'élection, à laquelle prendront part tous les associés du cercle, par bulletins écrits de la même manière que cela a lieu pour l'élection du député. Pourront être élus à cet emploi des agriculteurs pratiques qui ne seraient même pas associés. L'approbation des choix faits est réservée au collége départemental.

161. Les commissaires experts doivent toujours agir avec l'assistance d'un employé de l'ordre judiciaire. Lorsque le syndic, retenu par d'autres travaux, ne peut être présent à l'estimation, un autre employé de la justice doit le remplacer.

162. Il est permis au propriétaire du bien estimé de demander l'exclusion de l'estimation de certaines dépendances de la propriété : mais pour que ces dépendances soient aussi exemptes de la garantie à fournir pour les lettres de gage, il faut faire une proposition spéciale et obtenir une mention expresse dans le consentement au prêt des lettres de gage.

Les opérations entreprises pour connaître les diverses

catégories d'économie rurale et tous les rapports du bien doivent être communiquées au propriétaire, avant la rédaction de l'acte d'estimation, pour qu'il y fasse ses observations. Ceci ne s'applique point aux appréciations techniques et aux relevés d'expertises (*bonitirungs-register*).

163. Bien que les commissaires doivent chercher à faire l'estimation avec toute la précision et l'exactitude possibles, néanmoins ils doivent s'appliquer à conduire cette affaire avec beaucoup de promptitude.

164. Les commissaires envoient l'estimation par eux faite et signée au directeur respectif et y joignent leurs observations particulières, s'il y a lieu.

165. Aussitôt que ce document est reçu par le directeur, celui-ci nomme deux membres du collége, qui n'ont pas participé à l'estimation, pour examiner, chacun à part dans son domicile, l'opération accomplie.

Cette révision ne peut, en règle générale, durer plus de quatorze jours.

166. En faisant choix des réviseurs, on aura soin de les prendre parmi les propriétaires qui sont établis dans le voisinage du bien estimé, et qui ne sont ni parents ni liés d'une manière particulière avec le propriétaire de ce bien.

Ces réviseurs doivent examiner tous les détails de l'opération, en se référant aux principes d'estimation fixés par le règlement et à leurs connaissances locales. Après quoi ils feront un rapport verbal au collége départemental, qui décide alors en allant aux voix à quelle somme l'estimation doit être arrêtée.

167. Les commissaires sont responsables devant la société, s'il résulte pour celle-ci un dommage d'une estimation trop élevée, des faits inexacts sur lesquels l'estimation est basée ou d'une mauvaise application des principes d'estimation. Les réviseurs sont responsables subsidiairement, s'ils ne prouvent pas avoir été induits en erreur par des données inexactes fournies par les estimateurs. S'il y avait dol ou grosse négligence de leur part, ils seraient obligés d'indemniser intégralement les pertes qui en résulteraient, d'après les règles générales de la législation.

168. D'après les principes ci-dessus, la compensation des pertes résultant d'une estimation trop élevée tombe aussi à la charge du collége départemental ou à la charge de ceux parmi ses membres qui ont voté pour cette estimation.

Pour obvier aux réclamations qui pourraient s'élever à ce sujet, chaque membre votant dans le collége a le droit de faire inscrire son vote motivé dans le procès-verbal.

169. L'estimation acceptée par le collége départemental est envoyée, pour une révision ultérieure, à la direction générale, qui communique ses observations ensuite à la direction départementale respective. Celle-ci y fait immédiatement droit, si elle le croit convenable, ou, dans le cas contraire, les soumet à la réunion du collége départemental pour faire une ré-

ponse à la direction générale. Après l'approbation de
cette dernière, la valeur d'estimation est définitivement
fixée par un certificat de sur-révision délivré par la
direction générale.

170. Le propriétaire qui se croit lésé par l'estimation
peut exercer un recours devant le comité spécial, et
lui exposer ses objections motivées, soit contre les
procédés des commissaires experts, soit contre les
faits pris pour base de l'estimation, soit enfin contre
l'application des règles de l'estimation.

Le comité spécial, après avoir pesé toutes les circonstances, fait droit aux griefs légitimes.

La plainte doit être envoyée à la direction générale
avant la réunion du comité spécial, assez à temps pour
que cette direction puisse la transmettre aux deux
autres départements pour y être examinée, et le résultat consigné dans un rapport.

Pour ce qui concerne les points de droit, la plainte
doit être accompagnée d'un avis du syndic départemental.

171. Le prêt par lettres de gage ne peut être accordé que sur une estimation qui n'a pas cinq ans de
date, accompagnée d'une attestation du député, que
l'administration du bien n'a subi aucun changement.
Cependant, même dans ce cas, le collége départemental peut, s'il le juge utile, faire reviser l'estimation.

172. Indépendamment de l'estimation faite en vue
d'un prêt, les colléges départementaux ont, d'après la

loi de 1834, le devoir de faire les estimations en vue
de la vente par enchère de tous les biens engagés
contrel etres de gage.

La commission d'estimation nommée pour ce dernier cas doit, par l'intermédiaire de la direction départementale, informer le tribunal supérieur du jour où
elle procédera à ses opérations, afin que le tribunal
puisse le communiquer aux intéressés, et les avertir
d'avoir à surveiller leurs intérêts.

173. Les estimations faites en vue de la vente par
enchère sont soumises, comme les autres, à la révision
par la direction générale.

174. Une déclaration spéciale, soit du collège départemental respectif, soit de la direction départementale (lorsque c'est cette dernière qui est chargée
de résoudre un des cas dont il sera parlé ci-dessous,
et lorsqu'elle certifie que la déclaration repose sur une
décision légale du collège départemental), puis l'approbation de la direction générale comme ayant le pouvoir de révision, sont nécessaires dans les cas suivants :

Lorsque le propriétaire d'un bien engagé sollicite
de la direction une autorisation de radiation partielle
ou totale de l'hypothèque des lettres de gage grévant
une *dépendance* quelconque du bien engagé ;

Lorsqu'il demande un certificat d'*innocuité* (de non
opposition) au sujet d'un affermage en bail perpétuel ;

Lorsqu'il sollicite une autorisation de *permutation*
d'après la loi du 13 avril 1841.

Avant de prendre une décision sur une des demandes énumérées, la direction départementale fera faire par un membre du collége une *recherche locale* (enquête) sur tout ce qui concerne la *dépendance* du bien, objet du dégrèvement sollicité, et sur le bien lui-même.

175. Le propriétaire qui demande à contracter un premier emprunt par lettres de gage, sur un bien au sujet duquel la commission générale (instituée par le gouvernement pour régler les rapports entre les propriétaires et leurs anciens tenanciers, et pour régler le rachat des servitudes) n'aurait pas encore inscrit, sans aucune réserve, le résultat de ce règlement dans le livre hypothécaire, devra renoncer formellement au droit d'aliéner ou d'engager par priorité les indemnités et les rentes foncières destinées à couvrir les frais du *rétablissement* (remise du bien en état). Avis de cette renonciation doit être donné à la commission générale.

CHAPITRE XI.

DE L'EXPÉDITION (ÉMISSION) DES LETTRES DE GAGE ET DE LEURS COUPONS.

176. Après que la fixation définitive de l'estimation a été communiquée au propriétaire intéressé, celui-ci doit présenter une demande par écrit à la direction départementale, à l'effet d'obtenir un emprunt en lettres de gage. Il doit déposer en même temps un consentement, s'il y a lieu, du propriétaire suzerain, et décla-

rer de quelle manière il entend assurer à ces lettres de gage une première inscription hypothécaire.

177. Si le directeur ne trouve point le prêt admissible d'après les règles existantes, il en informe immédiatement l'impétrant. Dans le cas contraire, la demande d'emprunt est soumise à la prochaine réunion du collége départemental, et on en donne connaissance au propriétaire.

Le collége départemental, après avis conforme rédigé par écrit du syndic départemental, fixe l'emprunt à la majorité des voix, sous réserve de l'approbation de la direction générale.

178. La direction, prenant pour base le procès-verbal de la séance où le prêt a été consenti, procède à l'expédition des lettres de gage.

Aucun propriétaire, sollicitant un nouveau crédit, ne pourra demander rien de plus que la livraison de nouvelles lettres de gage, quelle que soit leur valeur au cours du jour. Il doit faire le remboursement successif de tout le montant de *l'emprunt par lettres de gage*, en argent comptant, sauf le cas où il rentrerait en possession légale des lettres de gage émises sur son bien, et cela autrement que par suite d'une dénonciation de ces lettres par les porteurs, et les renverrait à la Landschaft à la place du payement, pour être amorties.

La même disposition s'applique au remboursement des lettres de gage déjà précédemment prêtées et inscrites.

179. Les lettres de gage seront émises pour des sommes de 200 à 1,000 thalers, en chiffres ronds divisibles par 100 thalers. Pour un dixième du montant de l'emprunt total, elles pourront être émises pour les sommes de 100 thalers, 75 thalers, 50 thalers et 25 thalers.

180. Les lettres de gage seront imprimées sur parchemin avec une planche gravée sur métal. On ajoutera aux lettres les coupons d'intérêt semestriels, pour cinq ans. Sur ces coupons se trouveront indiqués le nom du bien engagé et le numéro de la lettre de gage à laquelle ils appartiennent, puis le montant de l'intérêt semestriel calculé à 3 1/2, et respectivement 3 1/3 du cent par an.

181. Au payement du dixième coupon, il sera délivré au porteur une nouvelle série de coupons et en même temps le talon de la série courante. Ce talon contiendra la désignation du terme *du payement de l'intérêt* auquel sera émise la nouvelle série, la désignation du bien engagé, le numéro de la lettre de gage, le montant du capital et la promesse que la nouvelle série de coupons sera délivrée au porteur de la lettre de gage y spécifiée, au terme indiqué, à moins que le porteur de la lettre de gage lui-même n'y mette avant opposition.

182. Lorsque le porteur de la lettre de gage met, avant la livraison de nouveaux coupons, opposition devant la Landschaft à ce qu'ils soient délivrés à la per-

sonne qui présenterait le talon, et que celle-ci cependant les exige, la Landschaft doit renvoyer les parties contendantes devant le tribunal dans le ressort duquel est situé le bien engagé, et faire déposer la nouvelle série de coupons soit à la Landschaft, soit au greffe du tribunal. La présomption légale est en faveur du porteur de la lettre, et c'est le porteur du talon qui doit fournir la preuve qu'il a le droit de demander livraison des nouveaux coupons.

Si le porteur du talon a déposé cette pièce en recevant les intérêts, sans demander les nouveaux coupons, la Landschaft est autorisée à délivrer sans autre formalité les coupons au porteur de la lettre de gage. Lorsque le talon n'est présenté à la Landschaft, ni au terme du payement de l'intérêt auquel les coupons sont délivrés, ni au terme suivant, les coupons de la nouvelle série doivent être mis à la disposition du porteur de la lettre de gage à l'entrée du second terme.

183. Les plaques pour l'impression des lettres de gage et le sceau sont conservés par la direction générale, et le tirage se fait sous la surveillance spéciale de celle-ci à Stettin. Le nombre suffisant d'exemplaires est envoyé aux directions départementales, le restant est conservé comme dépôt sous la clef de la direction.

184. La direction fait inscrire dans la lettre de gage le numéro, la somme, le nom du bien et la date de l'émission.

La lettre est ensuite signée par le directeur et les

deux conseillers de la Landschaft, et le sceau de la Landschaft est alors apposé.

185. Pour ce qui concerne les biens qui sont inscrits dans les livres hypothécaires du tribunal supérieur de Stettin, les lettres de gage expédiées par la direction départementale seront envoyées à la direction générale, qui les fera inscrire dans le livre hypothécaire. Les lettres seront signées et les cachets apposés par les commissaires délégués de la direction générale et du tribunal supérieur, et inscrits dans le livre en présence de ces commissaires. Une double expédition sera faite du procès-verbal dont une pour le tribunal, l'autre pour la Landschaft.

186. Les lettres de gage ainsi inscrites seront reçues par les délégués de la Landschaft et envoyées au directeur du département respectif, qui les délivre aux intéressés.

187. En ce qui concerne les biens situés dans le ressort du tribunal supérieur de Coeslin, la demande d'emprunt, le procès-verbal d'allocation du prêt et le certificat hypothécaire sont envoyés à la direction générale, et, en attendant sa décision, il est permis à la direction départementale d'émettre et d'inscrire l'hypothèque des lettres de gage, mais non de les remettre au propriétaire avant l'arrivée du consentement de la direction générale. Si cette dernière fait quelques objections, il doit y être fait droit par le propriétaire. Si cela ne se pouvait, le propriétaire ou la direction dé-

partementale sont en droit de soumettre le cas à la décision du comité spécial dans sa prochaine réunion.

Tous les obstacles qui s'opposeraient à l'inscription dans le livre hypothécaire doivent être discutés et écartés par correspondance entre le commissaire des hypothèques du tribunal supérieur de Coeslin et la direction départementale. Après quoi, cette direction délègue un de ses membres ou le syndic pour opérer l'inscription d'après le mode prescrit dans le § 185.

188. Le commissaire des hypothèques (conservateur) du tribunal supérieur à Stettin reçoit une gratification annuelle de 150 thalers, et celui de Coeslin de 100 thalers.

189. Les lettres de gage doivent être remises en mains propres au propriétaire intéressé, ou à un tiers muni d'une procuration spéciale et légale.

190. Lorsque les capitaux déjà hypothéqués doivent être convertis en lettres de gage, la forme observée dans cette transcription sera la même que pour l'émission de nouvelles lettres, et la transcription doit être mentionnée dans le livre hypothécaire.

Du reste, les lettres de gage ne pourront, en règle générale, être inscrites sur un bien, avant que les documents relatifs à la conversion du prêt hypothécaire privé en un prêt par lettres de gage ne soient déposés. Cependant, si le titre hypothécaire privé ne pouvait être immédiatement retrouvé, l'inscription des lettres de gage peut avoir lieu sous réserve que le titre sera

produit. Les lettres de gage elles-mêmes ne seront délivrées à la direction générale et à la direction départementale respectivement, qu'avec la restriction que
ces lettres ne seront remises à l'impétrant qu'après
production du titre hypothécaire, converti et destiné
à être annulé, et que ces lettres resteront jusque-là
comme dépôt à la Landschaft.

Chaque direction départementale, qui reçoit les titres
hypothécaires destinés à être annulés ou transcrits en
seconde hypothèque, est obligée, dans chaque cas particulier, d'examiner l'authenticité des documents de la
manière la plus prompte. Elle peut exiger, dans ce but,
que l'impétrant ou son créancier produise un certificat
de l'autorité hypothécaire portant qu'il n'y a rien à
objecter contre l'authenticité des obligations conver-
tibles en lettres de gage ou devant être transcrites en
seconde hypothèque.

191. En règle générale, aucune hypothèque ne doit
primer celle des lettres de gage. (Voir § 9.) Une seule
exception à cette règle peut avoir lieu, lorsque le propriétaire impétrant dépose en lettres de gage le double
du montant du capital qui reste en première hypothèque. Ce propriétaire doit, en outre, prouver, à
la satisfaction de l'autorité de la Landschaft, qu'il est
empêché, sans qu'il y ait de sa faute, de fournir les
titres nécessaires. Dans le cas où il ne le ferait pas, et
n'écarterait pas les hypothèques qui priment les lettres
de gage, ces lettres devront lui être dénoncées.

Tant que durera cet état de choses, le déposant peut néanmoins toucher les intérêts des lettres de gage déposées.

CHAPITRE XII.

DU VERSEMENT DES INTÉRÊTS DES LETTRES DE GAGE.

A. Du versement lui-même.

192. Les intérêts des lettres de gage, y compris le denier de quittance de 1/6 p. o/o, seront versés par les débiteurs en termes semestriels, du 16 au 24 juin et du 16 au 24 décembre. Le versement sera effectué en espèces sur le pied monétaire de 1764, entre les mains des directions départementales. Les coupons échus seront acceptés comme argent comptant. Le versement sera aussi reçu, exceptionnellement, par la direction générale, mais sous la condition expresse que la quittance sera envoyée à la direction départementale respective comme pièce de comptabilité, et que le payant supportera les frais d'envoi d'argent, si la direction départementale se voyait dans la nécessité d'en demander à la direction générale pour faire face aux payements.

193. Le directeur et les deux conseillers se réunissent pour les termes indiqués dans la ville départementale et fixent les heures auxquelles les versements sont reçus.

194. Avant le commencement des versements des

intérêts, la direction transmet au caissier la liste alphabétique de tous les biens engagés du département.

Cette liste, sur laquelle se trouve indiqué le montant
de l'intérêt semestriel et des deniers de quittance, sert
au caissier de bordereau de recette pour le terme
échéant.

196. Chaque versement effectué est inscrit par le
curateur de la caisse (qui est un des conseillers), dans
un journal tenu à cet effet, en y ajoutant le numéro
courant et le nom du payant. Il est en même temps
inscrit par le caissier dans le compte des intérêts.
Chaque débiteur reçoit pour le versement effectué
une quittance, qui, pour être légalement valable,
devra être signée par le curateur de la caisse et le
caissier. La quittance porte aussi le numéro courant
du journal.

197. Après la clôture de chaque séance, le journal
sera collationné avec le compte des intérêts, et lorsque
les deux, ainsi que la caisse, se trouvent en règle, ils
sont signés par le curateur et le caissier, et enfermés
en même temps que l'argent dans leur coffre de sûreté.

198. Le directeur est responsable pour la régularité des opérations dans le versement des intérêts.

199. A l'échéance des termes susindiqués, tous
les intérêts doivent être versés dans la caisse. Avec les
arriérés il sera procédé d'après les dispositions du § 200
et suivants.

B. Du recouvrement des arriérés par l'exécution, le séquestre
et la vente à l'enchère.

200. Comme les intérêts échus doivent, en toute
circonstance, être régulièrement payés aux porteurs de
coupons, il est nécessaire de tenir avec rigueur au versement des intérêts par les débiteurs aux termes
fixés.

201. Après la clôture des versements des intérêts
aux termes de la Saint-Jean et de Noël, le caissier fait
immédiatement un tableau des arriérés dans lequel
sont spécifiés le bien sur lequel les intérêts arriérés
sont garantis, le montant de cet arriéré et le nom du
propriétaire, et transmet ce tableau à la direction.
Celle-ci, après avoir communiqué le tableau au *commissaire d'exécution* du tribunal supérieur, le charge de
faire la saisie du mobilier du débiteur ou de faire la
vente des produits agricoles, ou requiert le conseiller
de justice du cercle pour faire l'exécution. La vente à
l'encan des effets saisis est faite à la réquisition du
conseiller de justice du cercle. Quant aux articles qui
constituent l'inventaire du bien, on n'en vend à l'encan que ce qui est considéré comme superflu. Dans
ce but la direction commet un conseiller de direction
ou un député du cercle pour faire sur les lieux une
enquête (conformément aux dispositions des paragraphes 97 et suivants du règlement général de procédure, I, 24) tendant à constater quels sont les articles

que l'on pourrait séparer de l'inventaire du bien sans nuire à l'exploitation.

202. S'il ressort du rapport du commissaire exécuteur que l'exécution mobilière ne peut produire de résultat satisfaisant, eu égard au montant de l'arriéré et aux autres circonstances, la direction de la Landschaft peut immédiatement renoncer à cette voie d'exécution, et ne pas continuer à la poursuivre. Dans ce cas, ainsi que dans celui où le rachat des effets engagés ne suffirait pas pour couvrir l'arriéré et les frais de poursuite, la direction procède à l'exécution réelle sur le bien. Les dispositions du Code du pays ($$ 46 et 47 du Landrecht, I, 20), d'après lesquelles le débiteur peut exiger que le créancier gagiste s'en tienne d'abord à la terre, ne sont point applicables aux poursuites faites par la Landschaft.

203. L'exécution réelle consiste dans le séquestre ou la vente à l'enchère (*subhastatio*).

204. Le séquestre opéré par la direction de la Landschaft vient, ou de son propre chef, quand elle y a recours pour faire rentrer les arriérés des intérêts de lettres de gage, pour faire rembourser les lettres dénoncées, ou pour mettre en sûreté les intérêts de la société, ou ce séquestre est ordonné par le tribunal supérieur, et exécuté par la direction de la Landschaft; car les séquestres judiciaires et les saisies de revenus des biens engagés pour lettres de gage doivent toujours être opérés par la direction de la Landschaft.

205. Lorsque la Landschaft est obligée de procéder au séquestre du bien engagé, à cause de l'arriéré des intérêts ou de la dénonciation des lettres de gage, elle charge un conseiller de la Landschaft ou un député du cercle, assisté du syndic, ou, en cas d'empêchement de celui-ci, d'une autre personne judiciaire, d'introduire ce séquestre. Elle nomme en même temps l'autre conseiller de la Landschaft, ou un député, ou même un simple asssocié, curateur du bien ou commissaire du séquestre. C'est à lui que la commission du séquestre doit livrer le bien saisi.

206. Si le bien qui doit être placé sous séquestre se trouve administré par le propriétaire lui-même, la commission du séquestre doit en confier immédiatement la gestion à un gardien ou administrateur nommé par la direction, soit spontanément, soit sur la proposition de la commission précitée.

Les devoirs de ce gardien ou administrateur et ses attributions sont décrits dans une instruction spéciale.

207. Cette même instruction prescrit le mode de procéder dans l'opération des séquestres.

208. La direction départementale donne ensuite ses instructions sur la continuation des opérations du séquestre, accorde son assentiment, dans les cas réservés, aux mesures prises par la commission de séquestre, et alloue, avec le consentement du collége départemental, *l'argent de rétablissement,* dont on aurait besoin pour remettre la propriété en état.

Cette direction doit néanmoins ne jamais perdre de vue que les avances en argent ne peuvent être faites par la société que dans des cas urgents, et lorsqu'il y a certitude qu'elles pourront être remboursées par les revenus et par le prix de vente de la propriété. Ces avances, pour la conservation du bien engagé et pour la sécurité des intérêts de la société, peuvent être prises sur les fonds du département ou même sur la totalité des fonds de la société, mais elles ne doivent jamais être employées à des améliorations et à de nouveaux établissements ne devant rapporter des bénéfices que dans un avenir tant soit peu éloigné.

En règle générale, toute allocation d'argent pour *rétablissement*, prise sur le fonds de la Landschaft, doit être annoncée à la direction générale, et si l'allocation dépasse 1,000 thalers, elle ne peut être faite sans l'assentiment de cette direction, lequel doit être basé sur un rapport qui expose en détail toutes les circonstances rendant cette allocation nécessaire et utile.

Les directions départementales qui ont obtenu de la direction générale des avances de fonds pour couvrir les intérêts arriérés ou pour le *rétablissement des biens* séquestrés, sont obligés de fournir tous les ans à la direction générale un relevé de ces avances en quatre exemplaires, dont un doit être communiqué à chacune des autres directions départementales. Dans ces relevés, on distinguera les *avances pour rétablissement*, des arriérés des intérêts, et on indiquera les motifs

pour lesquels l'avance a été accordée et son remboursement n'a pû encore être obtenu.

209. Le commissaire du séquestre dirige, en sa
qualité de préposé du gardien du séquestre, toute l'administration intérieure et extérieure du bien. Il entre,
à cet égard, complétement dans les droits du propriétaire, de façon qu'il exerce même les droits de juridiction, s'il y en a d'attachés à la propriété, tels que
le droit de police communale, les droits de maître sur
les gens à gage et sur les régisseurs et autres employés
à l'administration de la propriété.

210. Le commissaire du séquestre doit, par conséquent, contrôler principalement la gestion du gardien
ou administrateur du séquestre, et intervenir dans sa
gestion à chaque cas spécifié dans l'instruction. Il
doit surtout donner des indications à l'administrateur
sur le lieu, l'occasion et le prix de la vente des produits du bien, ou ordonner qu'il fasse un usage déterminé de ces produits. Il doit conclure lui-même des
marchés s'il s'agit de quantités considérables, il doit
surveiller l'administrateur dans sa comptabilité, exiger
de lui des bulletins de la semaine, et exiger le versement
fidèle des espèces dans la caisse de la Landschaft, ou
entre les mains de celui qui a obtenu, à cet égard,
une délégation en règle de la direction de la Landschaft.
Le commissaire doit vérifier, au moins une fois tous
les six mois, l'administration du bien sur les lieux
mêmes.

211. Les parties de l'économie rurale qui sont difficiles à administrer et à contrôler, telles que les revenus des brasseries et des distilleries, de la pêche, de la chasse, des bestiaux à laitage, etc., doivent être, autant que possible, mises en fermage par le commissaire du séquestre en présence du propriétaire et pas pour plus d'une année. Les baux et contrats passés à ce sujet doivent être soumis à l'approbation de la direction de la Landschaft.

212. Lorsqu'il s'agit de compléter l'inventaire (bestiaux, instruments aratoires, etc.) ou de faire d'autres dépenses pour remettre la propriété en état, le commissaire doit obtenir l'autorisation de la direction et surveiller l'achat des articles nécessaires et la dépense de l'argent alloué.

213. Lorsqu'il y a à faire des réparations aux bâtiments ou à quelque construction nouvelle, le commissaire doit en démontrer la nécessité et produire un certificat d'expert. Si les frais de ce genre doivent dépasser 5o thalers, il doit joindre à son rapport à la direction un devis des travaux à entreprendre.

Lorsque la direction approuve une construction de quelque importance, le commissaire doit passer contrat avec un des entrepreneurs de bâtiments qui offrent les meilleures conditions de sécurité et de solidité pour son ouvrage et le soumettre à l'approbation de la direction.

214. Le commissaire du séquestre doit accueillir

les plaintes que le propriétaire aurait à faire contre la gestion de l'administrateur du séquestre, ainsi que les autres communications des propriétaires; il doit les examiner, donner des instructions en conséquence, et, au besoin, en référer à la direction. Dans le cas où le propriétaire serait coupable d'une immixtion préjudiciable à l'administration du bien et se permettrait de disposer d'une manière non autorisée des revenus ou des dépendances de la propriété, le commissaire devrait demander l'évincement du propriétaire et l'application d'une pénalité aux contraventions que celui-ci aura commises.

215. Aussi longtemps que le propriétaire n'est point formellement évincé de son bien et continue à y résider lui-même ou se fait remplacer par un fondé de pouvoirs, il continue à jouir des droits honorifiques et politiques attachés à la possession du bien, excepté du droit de police sur ses terres. Tous les contrats et arrangements qui concernent la substance du bien séquestré doivent être exécutés par lui ou son fondé de pouvoirs.

Pour éviter cependant que les intérêts de la société de crédit ne soient lésés à cette occasion, le commissaire du séquestre doit, sur autorisation de la direction, concourir à l'exécution de tous ces contrats et arrangements. Tous les obligés envers la propriété qui ont à verser diverses redevances, etc., sont avertis par voie de procès-verbal qu'ils ont à faire ces versements à la caisse du séquestre, sous peine de payer deux fois.

216. Mais si le propriétaire est évincé ou absent sans avoir laissé un fondé de pouvoirs en règle, le commissaire du séquestre exerce, avec l'assentiment de la direction, les droits honorifiques, et fait les déclarations relatives au droit de préemption, de consentement à l'aliénation, etc.

217. Il est ensuite du devoir du commissaire de réviser tous les ans la caisse de la justice patrimoniale, s'il y en a une, jusqu'à ce qu'un curateur spécial soit nommé par le tribunal supérieur. Il doit réviser également la caisse de l'église patronée et donner ses soins à ce que les déficits en soient comblés. Il doit veiller à ce que les revenus judicaires soient régulièrement versés par le justiciaire (*justitiarius*) dans la caisse du séquestre.

218. Aussitôt que les comptes du séquestre sont remis au commissaire du séquestre, celui-ci doit vérifier si le total du livre-brouillard est d'accord avec celui du livre-journal, si les pièces à l'appui nécessaires sont jointes aux comptes. Il doit s'assurer par une enquête si les dépenses qui ne peuvent être justifiées par les quittances, telles que dépenses de ménage, provende pour les bestiaux, bétail mort, etc., sont également estimées et portées. Quant aux contributions, aux gages des garçons de fermes, des journaliers, etc. il s'en assurera par le livre des quittances.

Après avoir fait rectifier les inexactitudes et combler les lacunes, il approuvera les comptes en certifiant qu'il a comparé ce compte avec le journal et les livres de quittances, qu'il l'a trouvé exact, et qu'il n'a aucun motif non plus de douter de l'exactitude des articles non appuyés de pièces écrites, portés dans le compte par l'administration du séquestre.

Le compte ainsi approuvé sera transmis par le commissaire avec son rapport à la direction pour y être revisé. En ce qui concerne les autres formalités relatives à la reddition des comptes, à l'exécution des déficits éventuels et le versement de l'argent comptant par l'administrateur, les dispositions de l'instruction spéciale dont il a été question doivent être suivies à ce sujet.

219. Vers la fin de chaque année économique, le commissaire du séquestre doit remettre à la direction de la Landschaft un rapport complet, qui comprendra l'état de l'administration du bien, l'emploi de l'argent alloué pour le *rétablissement* du bien, le résultat de cet emploi et la réponse aux questions suivantes : Peut-on espérer un meilleur résultat de l'affermage du bien que de son administration? Pour quand peut-on espérer l'acquittement complet de la créance de la société? N'est-il pas utile de faire durer le séquestre encore quelque temps après l'acquittement de la somme, comme mesure de sûreté?

Si la direction, par suite de ce rapport, se décide à

faire affermer le bien, le commissaire, avec l'assistance du propriétaire, doit rédiger les conditions et le projet du bail et le soumettre à l'approbation de la direction, puis, publier dans le journal des annonces judiciaires la mise à bail par enchère, pour un certain jour fixé, et faire un rapport sur le résultat de cette opération.

S'il est autorisé à conclure le contrat de bail, le commissaire fait rédiger immédiatement ce contrat et met le fermier en possession du bien.

Une des conditions essentielles du bail devra être que le fermier renonce à toute indemnité en cas de désastre, qu'il accepte l'inventaire comme immuable d'après l'estimation, et qu'après la levée du séquestre il accepte la dénonciation du contrat six mois avant la fin de chaque année économique, sans aucune indemnité.

Dans quelques cas particuliers, il peut cependant être convenu que le fermier obtiendra une certaine réduction pour chaque année de fermage non encore écoulée.

220. Si le bien placé sous séquestre est affermé par l'administration de ce séquestre, et qu'il n'y ait pas de séquestre introduit par voie d'exécution contre le fermier lui-même aux frais et risques de celui-ci, cas dans lequel les dispositions ci-dessus trouvent leur application, le commissaire du séquestre est obligé d'exercer une surveillance active sur l'exploitation du

bien, par le fermier, et sur le versement régulier de la rente du bail. Si le fermier est en retard de plus de huit jours de faire son versement, le commissaire doit, en vertu d'un compte arrêté avec lui, proposer à la direction l'exécution de l'arriéré, s'il le faut, par le séquestre du fermage ou par un sous-fermage fait au risque du retardataire. La direction peut introduire ces mesures d'exécution et sans autre forme de procès. Le commissaire doit seulement donner avis de la poursuite et de la somme en retard au tribunal compétent.

Dans toutes les contestations entre le fermier et le commissaire au sujet de l'administration du bien, le fermier n'a d'autre recours légal qu'un appel à la direction générale de la Landschaft.

Lorsque le fermier se refuse de déménager après l'expiration du bail, la direction, après l'avoir entendu sommairement, peut ordonner son éviction sans que le fermier ait la faculté de faire valoir aucun droit de rétention pour des prétentions reconvention-nelles.

Cette condition doit être expressément mentionnée dans le contrat du bail.

221. Lorsque certains articles d'économie rurale ou certaines parcelles de terre, trop insignifiants pour être placés sous la garde d'un administrateur séparé, ont été distraits du fermage, et qu'on n'a point eu occasion de les affermer lors de l'introduction du sé-

questre, le commissaire du séquestre doit les faire affermer ou les faire administrer, soit par le fermier du bien, soit par un surveillant de l'exploitation avec lequel il se sera entendu à ce sujet.

222. Dans le cas où le bien est affermé, les recettes et les dépenses de la caisse du séquestre seront consignées dans un rapport que le commissaire est obligé de déposer à la direction, à la fin de chaque année économique, le 1er juillet. Les dispositions relatives aux comptes que doit fournir l'administrateur au commissaire du séquestre sont applicables au compte à fournir par ce dernier à la direction.

223. La direction de la Landschaft est l'autorité qui dirige le séquestre introduit par elle. C'est elle, par conséquent, qui rend les décisions réclamées par les rapports du commissaire, par les propositions et les plaintes de l'administrateur et du propriétaire, en suivant les dispositions légales et en veillant aux intérêts de la société. Cette direction approuve les arrangements à intervenir, accorde les autorisations exigées par les règlements, correspond à ce sujet avec les autorités publiques, reçoit les comptes, exerce une surveillance sur les actes de l'administrateur et du commissaire du séquestre, les maintient dans leur devoir, s'il le faut par des peines disciplinaires, et aussitôt que le but pour lequel le séquestre avait été établi, c'est-à-dire l'accomplissement des engagements pris envers la Landschaft, a été atteint, elle lève le séquestre et

fait remettre le bien au propriétaire, par une commission nommée à cet effet de la même façon que celle qui a introduit le séquestre.

224. En règle générale, on permet au propriétaire du bien séquestré de conserver son domicile. Il n'en est évincé que s'il intervient d'une manière nuisible dans l'administration du bien, ou cherche à distraire de la masse les dépendances ou les fruits appartenant au bien. Le propriétaire n'a droit à aucun autre avantage, à moins que les lois ne lui en accordent dans quelques cas spéciaux.

225. Une copie des rapports annuels des commissaires des séquestres prescrits par l'article 219, jointe au relevé des biens qui se trouvent sous le séquestre, sera transmise à la direction générale, tous les ans, avant la réunion du comité spécial.

226. Les dispositions qui précèdent sont également applicables au séquestre que la landschaft introduit pour garantir ses intérêts lorsqu'elle s'aperçoit que la valeur du gage est diminuée par une mauvaise administration ou par d'autres causes venant du fait du propriétaire.

227. En ce qui concerne les séquestres que la landschaft introduit, non pas dans son seul intérêt, mais par ordre du tribunal supérieur, pour garantir aussi bien sa créance à elle que celles des autres créanciers, les dispositions ci-dessus sont applicables, avec les modifications suivantes.

228. La direction du séquestre appartient toujours à la direction de la Landschaft et à son commissaire du séquestre; mais, comme ils agissent en ce cas dans l'intérêt de la masse des créanciers, ils admettront le concours du tribunal supérieur, des curateurs de la masse et des créanciers.

229. La commission de séquestre doit donner avis de l'époque de son introduction aux créanciers qui concourent au séquestre, au curateur de la masse, etc. pour qu'ils aient à veiller sur leurs intérêts. Ces créanciers et curateur ont le droit d'exposer à la commission et au commissaire du séquestre leurs propositions et objections. Le tribunal supérieur recevra des communications à ce sujet.

Mais la direction de la Landschaft décide seule de toutes les questions relatives à l'administration économique du bien, et le recours contre ses décisions n'est ouvert que devant la direction générale.

230. Lorsque le séquestre doit durer plus que le temps ordinaire des séquestres introduits par la Landschaft pour garantir ses propres intérêts, on préfère, en règle générale, l'affermage du bien à son administration. C'est pourquoi, si, à l'introduction même du séquestre, on ne trouve point l'occasion d'affermer immédiatement le bien saisi, on n'introduit qu'un séquestre intérimaire devant durer jusqu'à ce qu'on trouve cette occasion.

231. Après l'introduction du séquestre, le tribunal

supérieur respectif ayant examiné le certificat hypothécaire et entendu le débiteur et les créanciers, doit
informer la direction de la Landschaft dans quel ordre
et par quels à-compte l'administrateur du séquestre
devra payer aux créanciers hypothécaires les intérêts
de leurs créances, courant depuis le 1er juillet qui précède l'introduction du séquestre. Ces payements se
feront sur l'excédant du revenu qui restera après l'acquittement des intérêts des *lettres de gage*. Le commissaire du séquestre recevra à ce sujet une instruction
spéciale de la direction.

Les intérêts des créances hypothécaires contestées,
et les intérêts dus aux créanciers hypothécaires dont
le domicile est inconnu, seront versés dans la caisse
des dépôts du tribunal supérieur.

232. Lorsqu'il y aura lieu à des modifications notables dans l'administration du bien, par exemple, lorsque l'affermage devra être changé en administration
directe, de même lorsqu'il sera question d'ériger de
nouvelles constructions, d'allouer des avances pour le
rétablissement du bien, de commencer des procès autres
que ceux ayant pour but la rentrée des revenus, la
direction de la Landschaft devra en informer le tribunal supérieur, afin que celui-ci puisse entendre les
intéressés et ensuite décider selon les circonstances,
en réservant toujours à la direction seule la décision
dans les questions purement économiques.

233. Le commissaire du séquestre et la direction

de la Landschaft sont responsables devant les personnes intéressées pour tout dommage résultant des mesures indiquées, si elles sont prises sans leur consentement, ainsi que pour tout abus de pouvoir et pour toutes les transgressions des employés de la Landschaft, qui rendraient possible et légale une demande en répétition.

234. Il ne sera surtout rien alloué au propriétaire sur les revenus du bien séquestré, sans le consentement du tribunal supérieur et des ayants droit.

L'exercice des droits honorifiques, lorsque le propriétaire est évincé, appartiendra en commun au commissaire du séquestre et au curateur de la masse.

235. L'apurement des comptes du séquestre est toujours fait par la direction de la Landschaft; mais ces comptes, avec les observations de la direction qui les accompagnent, seront communiqués au tribunal supérieur, pour que celui-ci entende à ce sujet les déclarations des autres intéressés. Ce n'est que lorsqu'il aura été fait droit aux objections de ces derniers, approuvées par le tribunal, que la direction pourra donner décharge aux comptables.

236. Lorsque le séquestre approche de la fin, s'il s'agit d'une vente aux enchères, quatre semaines avant le terme de la vente, le commissaire du séquestre remettra à la direction un bilan complet de la caisse et un inventaire du bien, et donnera son avis sur les conditions particulières de la vente qu'il serait, d'après son opinion, nécessaire d'introduire, dans l'intérêt de

la Landschaft et des autres créanciers. La direction en informera le tribunal supérieur.

237. La levée du séquestre sera suivie immédiatement de la restitution complète du bien à l'ancien propriétaire ou au nouvel acquéreur. Elle est opérée par une commission nommée concurremment par le tribunal supérieur et par la direction de la Landschaft.

238. Après que la direction aura acquis la conviction que les autres mesures réglementaires sont insuffisantes pour faire rembourser à la société les intérêts et les avances qui lui sont dus, la direction aura le droit de procéder, avec le consentement du collège départemental, en vertu de l'ordre de cabinet du 14 février 1829, à la vente aux enchères du bien engagé. Les tribunaux respectifs sont obligés d'ordonner cette vente sur la réquisition de la direction, et de rembourser la Landschaft avec le produit de la vente, sans que la direction soit obligée de justifier ses droits autrement que par un relevé officiel de ses réclamations en capital, intérêts et avances. Le payement de la créance de la Landschaft ne peut pas être arrêté non plus par l'opposition des autres intéressés dans la vente. Ceux-ci peuvent seulement intenter un procès à la direction, s'ils pensent qu'elle a outrepassé ses droits.

239. Il ne sera rien changé dans l'administration du bien séquestré, ni par l'ouverture d'un concours des créanciers, ni par le procès pendant, ni même par la vente aux enchères. Jusqu'à ce que le bien

13.

vendu soit remis à l'adjudicataire, les revenus doivent être appliqués au payement des intérêts arriérés des lettres de gage et au remboursement des avances faites par la société. Les excédants seulement seront employés au payement des intérêts courants dus aux autres créanciers hypothécaires, et ce qui restera après leur acquittement sera mis en dépôt au tribunal compétent.

240. S'il arrivait que le bien mis sous séquestre d'un débiteur tombé en déconfiture fût tellement ruiné que les intérêts des lettres de gage ne pussent pas être remboursés par les revenus, toute la fortune du débiteur répondrait de la sécurité de la créance de la société; de telle façon que la masse mise au concours serait obligée d'avancer non-seulement les intérêts arriérés, mais aussi ce qui serait nécessaire pour rétablir le bien en état.

Si cependant cette mesure elle-même n'atteignait pas son but, la Landschaft doit faire une avance, soit sur son fonds particulier, comme lorsque c'est elle-même qui a introduit le séquestre prescrit par l'article 208, soit en contractant un emprunt sur le bien engagé. Cette avance devra être immédiatement remboursée, avec les intérêts, sur le produit de la vente.

241. Le prix consenti par le plus offrant doit au moins couvrir les lettres de gage et les avances de la société, sans quoi celle-ci est en droit de refuser l'adjudication.

242. Après l'adjudication du bien séquestré, la livraison de ce bien à l'adjudicataire doit être faite concurremment par le tribunal supérieur compétent et par la Landschaft.

Si cependant le tribunal supérieur ne trouvait pas, dans quelque cas particulier, à nommer un commissaire spécial pour cette livraison, la direction de la Landschaft l'opérera seule, et en fera le sujet d'une communication au tribunal.

243. A la vente à l'enchère d'un bien mis au concours, la Landschaft peut poser comme condition de vente le rachat d'une partie des *lettres de gage* qui grèvent la propriété.

244. La Landschaft n'est pas obligée d'ailleurs de comparaître au concours des créanciers, ni de participer aux frais communs; elle a, au contraire, le droit de se faire rembourser les frais du séquestre sur les revenus du bien, et d'exiger le payement immédiat de ces frais sur le produit de la vente.

245. La mise en possession des biens exposés au concours, et que la Landschaft est obligée de prendre pour son compte, afin de rentrer dans ses déboursés, est affranchie des droits de timbre et d'enregistrement pendant un an. Si la possession se prolonge au delà d'un an, il sera payé par la Landschaft un douzième du droit ordinaire de timbre. Enfin, après la troisième année de possession, le droit complet devra être acquitté.

C. Du délai accordé pour le payement des intérêts des lettres de gage.

246. Une indulgence convenable doit être montrée aux débiteurs qui sont mis dans l'impossibilité de payer les intérêts au terme prescrit, non à cause de la mauvaise gestion de leur bien, mais par quelque circonstance malheureuse.

247. Un délai peut être accordé, mais seulement après une enquête rigoureuse, qui établirait qu'il n'y a point de la faute du propriétaire dans le malheur qui lui est arrivé, et que ce malheur est assez considérable pour rendre le revenu du bien insuffisant pour payer les intérêts dus à la Landschaft.

248. Le débiteur doit informer le directeur départemental du sinistre huit jours après l'événement, s'il veut demander un délai.

249. Sur cette information, le directeur charge un conseiller de la Landschaft et le syndic de faire une enquête. Après quoi le conseiller fait un rapport spécifiant le revenu ordinaire du bien, la somme pour laquelle celui-ci a été assuré, les termes de payement et le déficit occasionné par le malheur arrivé.

250. Ce rapport est mis en discussion à la prochaine session du collége départemental, lequel fixe le délai et le montant de la somme pour laquelle ce délai est accordé au débiteur.

251. Après l'expiration du délai accordé, le débiteur est obligé de verser tout l'arriéré avec les intérêts

dans la caisse départementale, sans quoi il serait exécuté avec toute la rigueur nécessaire.

D. Du remboursement des intérêts arriérés.

252. Le fonds spécial de la Landschaft est destiné particulièrement au payement provisoire des intérêts arriérés. Le débiteur en retard est obligé de rembourser l'avance de la Landschaft avec 5 p. o/o d'intérêt; si le remboursement est effectué dans le premier trimestre, les intérêts de l'avance faite ne seront comptés que pour trois mois. Cette même règle sera observée à propos de toutes les avances faites par la Landschaft.

253. Si le fonds spécial est insuffisant, le collége départemental doit pourvoir de bonne heure aux moyens de se procurer l'argent nécessaire pour le payement des intérêts. Ceci s'applique principalement aux intérêts pour le payement desquels un délai a été accordé.

254. La direction peut ou emprunter elle-même de l'argent aux frais du débiteur, ou délivrer au débiteur, qui se trouve seulement dans une gêne momentanée, une reconnaissance pour emprunter de l'argent, afin de payer les intérêts courants.

255. Le capitaliste, qui fait une avance à la direction pour un retardataire, reçoit d'elle une reconnaissance qui constate le payement de la somme et sa des-

tination; cette quittance contient en même temps la promesse qu'en cas de retard du remboursement, une exécution par la Landschaft sera dirigée contre le débiteur
principal. En introduisant cette exécution, la Landschaft
peut en même temps se faire rembourser les intérêts
arriérés qui lui sont dus. Si la direction est obligée
d'emprunter elle-même de l'argent pour un débiteur
retardataire, celui-ci devra lui payer non-seulement le
5 p. o/o stipulé dans le paragraphe 252, mais aussi
rembourser les intérêts plus élevés que la direction aurait été obligée de payer dans ce cas, ainsi que tous
les frais de l'opération.

256. Pour éviter cependant les abus qui pourraient
en naître, et ne pas laisser s'accumuler beaucoup d'arriérés de ce genre, la reconnaissance dont il a été
parlé et la promesse de l'exécution de la Landschaft qui
y est stipulée ne seront valables que pour un terme
semestriel du payement des intérêts. Par conséquent,
si le créancier dont il s'agit ne veut pas perdre ses droits
de priorité, il doit, après l'expiration du terme de six
mois, exiger l'exécution stipulée.

257. Si, à l'échéance du terme suivant, un cas analogue au premier se présentait, le créancier qui avait
avancé l'argent, et qui dans l'intervalle en a été remboursé, pourrait faire une seconde avance, mais alors la
reconnaissance devrait être renouvelée, et le nouvel
emprunt ne compterait que du terme courant, de façon
qu'il n'y ait jamais plus de six mois d'arriérés.

258. Si toutes ces mesures ne suffisent pas pour couvrir les arriérés, la direction départementale compétente doit avoir recours à la direction générale, et lui demander la somme nécessaire pour le payement des intérêts. Celle-ci est obligée alors de se procurer cette somme, soit en la prenant sur le fonds principal de la Landschaft, soit d'une autre manière. Il est bien entendu que la direction générale n'a à pourvoir qu'aux déficit qui ne peuvent être couverts promptement par le séquestre, lequel doit être introduit immédiatement sur les biens du débiteur.

259. Dans ce but, les directions départementales devront faire savoir à temps à la direction générale combien d'argent elles pourront mettre à sa disposition pour l'acquittement des intérêts, afin que la vente des lettres de gage du fonds spécial se fasse de la manière la plus avantageuse, l'avance contre les *obligations* des colléges départementaux devant toujours être faite en argent comptant et non en lettres de gage.

260. A cette fin, il sera tenu dans chaque direction départementale, indépendamment du compte des intérêts, un compte des arriérés.

261. Le caissier fera dans ce but un extrait du compte des intérêts, spécifiant quels sont les biens et combien d'arriérés pèsent sur chacun d'eux, depuis quand et pour quelle cause ces arriérés existent, et de quelle manière les avances faites ont été remboursées.

262. Ces comptes d'arriérés devront être présentés avec les autres comptes aux réunions départementales pour être revisés et obtenir décharge.

263. Les pièces qu'on joindra à l'appui de ces comptes sont les comptes d'intérêts, les comptes spéciaux des.séquestres et les quittances de ceux qui avaient avancé l'argent nécessaire pour couvrir les arriérés, et auxquels cet argent a été remboursé (art. 255).

264. La direction générale tient un compte pareil pour les avances faites par elle, avec cette différence cependant que ces comptes ne spécifient pas tel ou tel bien particulier, mais les montants des sommes avancées à chaque collége départemental, de six mois en six mois.

CHAPITRE XIII.

DU PAYEMENT DES INTÉRÊTS AUX PORTEURS DE LETTRES DE GAGE.

265. Après la clôture des versements des intérêts par les débiteurs, commence le payement des intérêts aux porteurs de lettres de gage. Ce payement dure huit jours complets, dans les villes départementales à partir du 24 juin et du 2 janvier, dans la direction générale à Stettin à partir du 20 juillet et du 20 janvier, et dans l'agence de Berlin, aussi longtemps que le comité spécial y consent, à partir du 2 août et du 2 février. Le porteur du coupon peut le réaliser à une de ces caisses à son choix.

266. A cet effet, chaque direction départementale envoie à chacune des trois autres, au commencement de juin et de décembre, un carnet de payement des intérêts, dans lequel chaque département inscrit les payements faits pour le compte d'un autre département. Ces carnets sont envoyés ensuite à la direction générale, qui en compose un pour ses archives.

267. Les intérêts sont payés sur présentation des coupons, sans aucun délai, et ces coupons tiennent lieu de quittances.

268. Quant aux formalités à observer dans le payement des intérêts des lettres de gage, les collèges départementaux les régleront, avec l'assentiment de la direction générale, de la manière qui leur paraîtra la plus commode pour le public, tout en garantissant le contrôle et la sûreté nécessaires. Après la clôture des payements, on fermera les comptes et les carnets, pour les envoyer à la direction générale, afin que celle-ci puisse continuer le payement des intérêts aux termes fixés.

269. Les porteurs de coupons sont libres de toucher leurs intérêts tous les six mois ou à des termes plus éloignés, pourvu qu'ils ne dépassent pas le délai légal de prescription, qui est de quatre ans. Mais ils ne peuvent exiger aucune compensation pour les intérêts non touchés, ni les intérêts des intérêts.

270. Les comptes des payements seront examinés et certifiés par le directeur, mais la révision formelle et

la décharge complète sera réservée à la prochaine réunion départementale (§ 74).

271. Les intérêts non touchés par les porteurs des lettres de gage seront envoyés à la direction générale aux frais du département, par la poste, si la somme n'est pas considérable; dans le cas contraire, par une voiture placée sous la garde spéciale d'un employé de la caisse ou au moyen de traites très-sûres. La direction générale à Stettin délivre une quittance des sommes reçues aux collèges départementaux.

Un double extrait de compte spécial accompagnera l'envoi, qui doit être fait immédiatement après la clôture du payement des intérêts.

272. La direction générale fait ses payements d'après les mêmes règles que celles prescrites pour les départements (art. 268). Après la clôture de ses payements la direction générale retourne aux directions départementales les doubles des carnets remplis et certifiés en bon ordre, par les collèges départementaux.

273. Aussi longtemps que la société le trouvera utile, les coupons présentés à Berlin seront payés sans frais par un agent spécial. L'arrangement avec cet agent sera fait par la direction générale, aux conditions agréées par le comité spécial. Ce comité a le droit de supprimer cet arrangement, s'il le juge utile.

274. La législation civile ordinaire sera appliquée aux cas relatifs à la sécurité de possession, à la revendication de la propriété d'une lettre de gage, à l'in-

demnité due au propriétaire d'une lettre détournée qui ne peut être revendiquée et au remplacement des lettres de gage endommagées.

275. A cet effet, le § 5 a indiqué de quelle façon le possesseur d'une lettre de gage pouvait s'en assurer la possession, en mettant cette lettre de gage hors de circulation.

276. Dans le cas du détournement ou de la perte d'une lettre de gage ou d'un coupon y appartenant, avis doit en être donné à la Landschaft. Les employés de celle-ci doivent signaler le porteur du coupon qui se présenterait, au propriétaire, pour qu'il fasse valoir ses droits.

277. Si de cette manière on ne peut découvrir le premier détenteur illégal, et que par conséquent il y ait doute sur la question de savoir lequel, du présentateur ou de celui qui a donné avis à la Landschaft sur la perte de la lettre ou du coupon, en est le vrai propriétaire, les intérêts échus sont versés comme *dépôt* jusqu'à complète justification du droit de l'un ou de l'autre.

278. Les frais éventuels d'une enquête qu'aurait faite la société seront, dans ce cas, supportés par le possesseur illégal, ou, si celui-ci avait disparu ou n'était pas solvable, par le propriétaire du titre. Les frais seront déduits, dans ce dernier cas, du montant des intérêts déposés.

279. Celui qui néglige les précautions prescrites

par le § 279 et ne fait pas connaître sa perte immédiatement au public et aux directions, ne peut s'en prendre
à la société ni invoquer son assistance dans le cas où
les intérêts auraient déjà été payés à un détenteur
illégal.

280. Si quelqu'un s'est annoncé aux autorités de la
Landschaft comme possesseur légal d'une lettre de
gage dont le coupon n'a pas été présenté, la direction
générale de la Landschaft fera publier dans les journaux et dans les feuilles d'annonces, et par des affiches
apposées dans la ville départementale où demeure le
prétendu propriétaire, et au tribunal supérieur dans le
ressort duquel est situé le bien engagé, que la lettre
de gage dont on donnera la description a été perdue
par le propriétaire, et n'a pas été présentée au dernier
payement des intérêts. Le possesseur sera invité à se
présenter avec cette lettre dans le courant de six mois,
c'est-à-dire au prochain payement des intérêts, pour
arranger l'affaire avec le propriétaire.

Cette invitation publique sera répétée aux deux
termes de payement, et, avec cet avertissement, joint
au dernier appel, que, si le possesseur ne se présente
pas au troisième payement, la lettre sera considérée
comme amortie; quand même elle serait représentée
ensuite, la Landschaft n'en payerait ni le capital ni les
intérêts, mais elle la remplacerait par une nouvelle
lettre de gage.

281. Lorsqu'au troisième terme personne ne se

présente, l'impétrant devra prouver légalement qu'il avait possédé la lettre dans le temps indiqué, déclarer par quelle circonstance il l'avait perdue, et prêter serment sur cette déclaration. Après quoi, la résolution concernant l'amortissement est rédigée, et une nouvelle lettre préparée pour le propriétaire ainsi légitimé.

282. La nouvelle lettre de gage portera un nouveau numéro, celle amortie sera rayée du livre hypothécaire par le tribunal supérieur compétent, et la nouvelle inscrite à sa place. L'amortissement de la lettre sera annoncée dans les feuilles décrites au § 280.

283. Les démarches au sujet de l'amortissement d'une pareille lettre de gage seront faites auprès du collége départemental compétent. Mais lorsque, après la clôture des actes, il devra être procédé à l'amortissement même, les actes seront envoyés à la direction générale, qui examinera si tout s'est passé en règle et prescrira l'amortissement.

284. Les frais faits à cette occasion seront supportés par l'impétrant ; le propriétaire du bien engagé n'aura à subir aucune charge.

285. Dans le cas où la lettre de gage et les coupons ne sont pas présentés, ou personne n'élève de réclamations et ne prouve sa propriété, les intérêts restent intacts jusqu'à l'expiration du délai nécessaire pour la prescription.

Après ce délai, une publication formelle est faite, pareille à celle prescrite pour les documents hypothécaires; puis, la prescription étant devenue légale, la lettre sera amortie, comme dans le cas précédent, et une nouvelle lettre sera remise à sa place. Cette lettre, avec tous les intérêts échus, après déduction des frais, deviendra la propriété du département de la Landschaft où est situé le bien engagé pour la lettre amortie.

286. Si une lettre de gage est tellement endommagée par un accident ou par la vétusté, qu'elle ne puisse plus circuler, et que cependant elle soit assez bien conservée pour qu'il soit possible de distinguer que cette lettre est la même qui a été émise et inscrite sous tel numéro, elle est d'abord déposée, puis présentée au tribunal supérieur compétent et annulée. Le porteur reçoit alors en échange une autre lettre avec le même numéro. Profitant de la place vacante où étaient apposés les timbres pour le payement des intérêts, on notera sur cette nouvelle lettre jusqu'à quelle époque les intérêts ont été payés, et on y mettra le timbre. La lettre sera signée par la direction existante, enregistrée et délivrée.

CHAPITRE XIV.

DE LA DÉNONCIATION DES LETTRES DE GAGE ET DE LEUR RACHAT PAR LA LANDSCHAFT ET LES PROPRIÉTAIRES DES BIENS.

287. La Landschaft et les propriétaires des biens

respectifs ont le droit, déjà mentionné dans le paragraphe 6, de dénoncer aux porteurs les lettres de gage contre payement en espèces de la valeur nominale, d'après les règles suivantes.

288. Lorsqu'un propriétaire veut faire usage de son droit de faire dénoncer tout ou partie des lettres de gage inscrites sur son bien, par la Landschaft, et les racheter par un payement en espèces de la valeur nominale, il est obligé :

a. De remettre à la direction générale sa demande de dénonciation, au plus tard huit mois avant le terme de payement, c'est-à-dire le 24 octobre, lorsque le payement doit être fait à la Saint-Jean, et le 24 avril, s'il doit se faire à Noël;

b. De déposer avec la demande une somme en espèces représentant un intérêt de 5 p. o/o de la somme dénoncée, pour garantie de l'exécution susdite de l'engement contracté. Sans cette garantie, la demande de dénonciation reste sans effet.

Ces dispositions s'appliquent aussi au cas où le propriétaire du bien ne dénonce pas volontairement sa dette, et notamment lorsque le rachat partiel ou intégral des lettres est commandé par le défaut de sécurité légale de la créance. La direction de la Landschaft est alors obligée de dénoncer officiellement sa créance, et de forcer le propriétaire à payer la somme garantie, en ayant, au besoin, recours aux mesures coërcitives qui sont mises à sa disposition.

14

Dans le cas où le propriétaire dénoncerait, non pas toutes les lettres inscrites sur son bien, mais seulement une partie, les lettres seront désignées au rachat par le sort, à moins qu'il n'y ait des motifs, autres que le libre arbitre du propriétaire, pour faire racheter certaines lettres spéciales. Dans ce dernier cas, ces lettres seront dénoncées sans recourir au tirage au sort.

289. Les 5 p. o/o de la somme dénoncée seront versés dans la caisse de la direction générale pour la garantie des frais et pertes qu'elle éprouverait si le propriétaire ne versait le restant de la somme totale au moins 14 jours avant le terme du payement, c'est à-dire respectivement avant le 15 juin ou le 15 décembre, la direction étant en tout état de cause obligée de rembourser la lettre de gage au terme dénoncé. Dans le cas où le propriétaire s'acquitterait de l'obligation de payement prescrite par le § 288, lettre b, l'argent payé d'avance lui sera compté avec $3\frac{1}{2}$ d'intérêt par an; l'intervalle entre le 24 octobre et le 1er juillet, et celui entre le 24 avril et le 1er janvier, ne seront comptés que pour six mois. La somme payée d'avance ne pourra en tout cas être considérée comme pénalité conventionnelle. C'est pourquoi si les frais et pertes résultant pour la société du non payement par le propriétaire, n'épuisent pas la garantie de 5 p. o/o, l'excédant sera remboursé au propriétaire; dans le cas où ces frais dépasseraient la somme de garantie,

c'est lui qui serait tenu d'indemniser la société de l'excédant en capital et intérêts.

290. Lorsque la demande de dénonciation est faite par le propriétaire, conformément aux règles prescrites, la Landschaft procède à cette dénonciation de la manière indiquée dans les §§ 294 et suivants.

291. Le propriétaire qui est rentré en possession des lettres de gage inscrites sur son bien, soit par la dénonciation et le payement, soit de toute autre manière légale, peut exiger à son choix:

a. Ou de laisser complétement annuler ces lettres de gage,

b. Ou de faire rayer seulement sa dette et de conserver la place qu'elle occupait pour en faire un autre usage.

Ceci, néanmoins, ne peut avoir lieu qu'à l'exclusion de toute obligation de lui fournir un nouveau prêt, et si le rachat n'a été que partiel, en conservant expressément la priorité des lettres non encore rachetées.

Dans l'un ou l'autre cas, les frais résultant de ces demandes seront supportés par le propriétaire lui-même.

292. Les lettres de gage que la Landschaft aurait à dénoncer dans son propre intérêt seront indiquées par la voie du sort.

Le règlement de ce tirage au sort est laissé aux décisions des réunions légales de la Landschaft.

293. Les porteurs des lettres de gage sont obligés de consentir à un échange de ces lettres,

14.

1° Lorsque par suite de l'amortissement qui va en augmentant, il ne se trouve pas assez de lettres de gage en nature pour satisfaire aux demandes de rachat.

Dans ce cas, le porteur des lettres rachetables doit consentir à l'échange de ces lettres contre d'autres d'égale valeur, acquises au fonds d'amortissement par le tirage au sort, la dénonciation et le remboursement en espèces.

2° Lorsque les lettres de gage avaient été inscrites dans l'origine sur un bien composé de diverses parties, ou devant être divisé, ou sur un ensemble de biens avec garantie solidaire, et lorsque, cette solidarité cessant, il est nécessaire de faire rentrer les lettres émises pour les annuler, et d'émettre à leur place de nouvelles lettres qui seraient inscrites sur chaque partie des biens séparément.

Dans tous ces cas, le porteur des lettres est obligé de les échanger contre de nouvelles lettres d'égale valeur. La circonstance que les anciennes n'ont pas été rachetées par un payement en espèces, ne change en rien les obligations contractées envers la société.

A l'exception de ces deux cas, aucun porteur n'est obligé de consentir à l'échange de ses lettres; il doit les livrer seulement après une dénonciation légale contre payement en espèces, au terme indiqué. Cet échange de lettres anciennes contre de nouvelles a lieu toujours sans frais pour le porteur, à moins qu'il ne se soit rendu coupable de quelque retard ou de quelque négligence.

294. La direction générale a seule le droit de dé-noncer, dans l'intérêt de la société (§ 292), les lettres de gage à leurs porteurs. Cette dénonciation doit être faite en observant les règles suivantes.

1° Les lettres ne peuvent être dénoncées à leurs por-teurs que tous les six mois, c'est-à-dire que les lettres devant être payées à la Saint-Jean doivent être dénon-cées à Noël et *vice versa*.

Cette dénonciation sera toujours faite aux frais de la landschaft, sans distinguer si elle a lieu dans l'in-térêt d'un propriétaire de bien engagé ou dans l'in-térêt de la société, et si elle est faite dans le but du rachat des lettres en espèces ou d'un échange contre de nouvelles lettres dans les cas exceptionnels men-tionnés au § 293. Elle sera notifiée publiquement 14 jours avant le 1er janvier ou le 25 juin, selon que le terme du payement est à la Saint-Jean ou à Noël; injonction est faite de livrer la lettre au terme sui-vant avec ses coupons non échus, et de la mettre en dépôt à la caisse de la Landschaft, contre un reçu. A la présentation de ce reçu, au terme indiqué, le porteur recevra le capital avec les intérêts encore dus, ou, s'il s'agit d'un échange, il recevra une nouvelle lettre avec les coupons y appartenant. La notification sera faite par une triple insertion dans la feuille d'annonce de la province, et par une affiche apposée à Stettin et à

Berlin. Les autorités de la Landschaft décideront s'il ne convient pas de faire quelques annonces dans certaines autres feuilles publiques.

2° Indépendamment de cet avis public, il sera délivré au porteur du coupon, qui se sera présenté au payement au terme le plus prochain, une dénonciation par écrit de la lettre de gage. Cette dénonciation contiendra en même temps l'avis de toutes les formalités prescrites ci-dessus sous le n° 1ᵉʳ.

3° Si cette dénonciation au porteur du coupon n'est pas faite au moins six semaines avant le terme du payement des intérêts, qui précède immédiatement le terme du remboursement de la lettre de gage, et que la lettre n'ait pas été livrée, la dénonciation ne sortira plus effet pour le terme indiqué, mais devra être renouvelée pour le terme suivant.

Pour établir la preuve que la dénonciation de la lettre de gage a été faite au présentateur du coupon, un certificat d'une autorité de la Landschaft, basé sur les livres et les actes de la société, suffit.

4° Si le remboursement de la lettre de gage doit être fait en espèces, il faut le mentionner expressément dans l'avis public et particulier de la dénonciation, et y joindre l'avertissement suivant :

a. Que si la lettre de gage n'est pas déposée à la Landschaft au moins six semaines avant le terme fixé pour le remboursement, c'est-à-dire avant le 15 mai pour le terme de la Saint-Jean, et avant le 15 no-

vembre pour le terme de Noël, le créancier ne touchera aucun intérêt pour les trois mois qui suivront
le terme de remboursement, et ensuite il les touchera sur le pied de 3 1/2 ou 3 1/3 p. o/o respectivement. La Landschaft pourra aussi convertir la
somme capitale due au retardataire en lettres de gage
à 3 1/2 ou 3 1/3 p. o/o, d'après le cours du jour et
les prendre en dépôt avec l'excédant en espèces, s'il
y en a un.

5°. Si la rentrée de la lettre de gage doit être opérée
d'après la manière prescrite pour les cas prévus dans
l'art. 293, c'est-à-dire si les lettres doivent être échan-
gées contre des lettres nouvelles d'égale valeur, l'avis
public et particulier de la dénonciation doit contenir
l'avertissement que la lettre de gage dénoncée, mais
non rentrée, sera déclarée annulée dans le livre hypothécaire, et la lettre destinée à la remplacer par
l'échange sera mise en dépôt à la Landschaft.

6° Lorsque la lettre de gage n'est pas rentrée par
suite de l'avis public décrit sous le n° 1, et que l'avis
particulier ne peut être donné, conformément à ce qui
est dit sous le n° 2, par la raison que le coupon d'intérêt n'aurait pas été présenté au payement, au terme
qui précède immédiatement celui du remboursement de la lettre, et que le porteur en est inconnu;
l'avis public doit, dans ce cas, être renouvelé dans
les quatre semaines au plus tard après l'échéance du
terme de payement de l'intérêt, pour que le rem-

boursement ait lieu au terme suivant. Cet avis renouvelé contiendra alors l'avertissement que le porteur
qui ne livrerait pas sa lettre de gage dans l'espace de
six semaines après le commencement du prochain
payement des intérêts, c'est-à-dire après le 25 juin et
le 2 janvier, perdra ses droits à l'hypothèque spéciale ; alors la lettre sera considérée comme annulée. Cette circonstance sera mentionnée dans le livre
hypothécaire, et le créancier ne pourra faire valoir ses
droits au remboursement ou à l'échange de la lettre de
gage que devant la Landschaft.

Le renouvellement de la dénonciation publique
d'une lettre de gage qui, malgré la dénonciation faite au
terme prévu, n'a pas été déposée, n'aura pas lieu dans
le cas ou l'avis de dénonciation, décrit sous le n° 2, avait
dû être délivré dans l'espace de six semaines à partir du
terme du payement des intérêts et avait été délivré en
effet. Si la remise de cet avis, donné par écrit, ne
pouvait avoir lieu que plus tard, il serait délivré
un second avis de dénonciation au terme suivant du
payement des intérêts, à moins, toutefois, que la lettre
de gage ne fût rentrée pendant cet intervalle.

7° Les avertissements prescrits sous les n°ˢ 4, 5 et
6 seront mis, le cas échéant, à exécution par la direction générale, c'est-à-dire que si la lettre dénoncée
n'est pas livrée jusqu'au terme péremptoire prescrit
sous le n° 6, la direction générale ordonnera sa radiation dans le livre hypothécaire.

Si, après la dénonciation effectuée, le rachat de la lettre doit s'opérer par le payement en espèces, conformément au plan d'opération qui règle l'amortissement successif des lettres de gage, alors, à la place de la lettre annulée, une nouvelle lettre sera émise et inscrite dans le livre hypothécaire.

Le porteur de la lettre qui a été annulée supporte dans ce cas, non-seulement les frais des offres renouvelées, mais aussi les frais de transcription de la lettre annulée.

Si les coupons encore à échoir ne sont pas livrés en même temps que la lettre de gage dénoncée, la Landschaft déduit le montant de ces coupons de la somme capitale pour les payer sur présentation.

295. Le remboursement en espèce des lettres de gage se fait, au choix du créancier, à la caisse de la direction générale à Stettin ou à la caisse départementale. Mais la désignation du lieu de payement doit être communiquée à la direction générale six semaines avant l'échéance, sans quoi le créancier sera considéré comme ayant opté pour la direction générale. En recevant le payement, le créancier devra retourner le reçu qui lui avait été délivré, constatant le dépôt de sa lettre de gage.

Si le rachat est remplacé par l'échange des lettres de gage contre d'autres d'égale valeur, le porteur a également le droit d'opter entre la direction générale et la direction départementale, comme lieu où doit s'opérer cet échange, mais en observant les mêmes règles que ci-dessus.

CHAPITRE XV.

DU FONDS SPÉCIAL (FONDS DE RÉSERVE) DE LA LANDSCHAFT ET DE L'ADMINISTRATION DE CE FONDS.

296. La Landschaft à besoin d'un fonds spécial :

1° Pour pourvoir au frais nécessaires à l'entretien du système;

2° Pour faire des avances afin de remplacer les intérêts arriérés;

3° Pour rétablir en état les biens engagés qui seraient tombés dans le délabrement et qui sont mis sous le séquestre;

4° Pour parer aux événements imprévus.

297. Les frais qui tombent à la charge de la Landschaft sont, d'abord les traitements des membres du collége général de la Landschaft, des colléges départementaux et de leurs employés, les traitements de table des employés en mission pour affaires de la Landschaft, le loyer du local pour la caisse, les archives et les salles des séances des colléges, l'achat des matières nécessaires pour la confection des lettres de gage, les dépenses de bureau, le chauffage, l'éclairage; les frais d'envoi d'argent, et en général toutes les dépenses qui concernent l'ensemble de l'institution et non les affaires des particuliers qui y sont intéressés.

298. Les membres de la direction générale et ceux de tous les colléges départementaux, ainsi que tous les employés de la Landschaft reçoivent un traitement fixé par un tarif, et lorsqu'ils sont occupés hors du lieu de leur domicile ou de la ville départementale, ils reçoivent le traitement de table et les frais de route fixés par le même tarif. Ces traitements et indemnités fixés par le tarif ne peuvent être changés que par une décision du comité spécial.

Les héritiers des membres de collége et d'autres employés qui reçoivent un traitement fixe obtiendront le payement du traitement pour le semestre courant dans lequel le décès de l'employé a eu lieu.

Si l'on trouve convenable d'accorder des gratifications aux employés de la direction générale, ces gratifications seront portées dans l'état annuel des dépenses sous la rubrique des dépenses extraordinaires, pour être soumises à l'acceptation du comité spécial.

299. Pour faire face aux dépenses spécifiées dans le paragraphe 296, la Landschaft dispose :

1° Des intérêts du fonds de 200,000 thalers donné par le roi Frédéric II, à l'époque de la création du système;

2° Du fonds provenant des deniers de quittance, et destiné principalement à défrayer les traitements et les frais de route. Ce fonds est de $\frac{1}{6}$ p. o/o de l'emprunt.

300. Le fonds désigné sous le n° 1 appartient à

toute l'institution, de telle sorte que la part que chaque département peut demander dans certains cas n'est nullement limitée à une somme fixe. Le fonds provenant des deniers de quittance, qui est aussi destiné à payer le port des correspondances concernant les affaires générales, telles que celles relatives aux comptes, aux circulaires, etc., est administré par chaque direction départementale séparément.

301. Les débiteurs · par lettres de gage doivent verser le denier de quittance (§ 299, n° 2) dans la caisse départementale, en même temps que les intérêts.

302. Les frais de confection des lettres de gage sont payés par les débiteurs en recevant ces lettres, non d'après un taux de tant pour cent, comme autrefois, mais d'après le montant réel des frais de leur confection.

303. L'excédant qui reste sur le fonds des deniers de quittance, après le payement des traitements et des frais de route des délégués de la Landschaft, sera mis en dépôt et inscrit dans l'actif du fonds départemental.

304. Les comptes du fonds départemental seront tenus par le caissier; ils seront présentés tous les six mois au collége départemental et acceptés par lui. Un extrait sommaire de ces comptes sera communiqué aux associés.

305. Les comptes de ce fonds départemental se-

ront envoyés tous les six mois à la direction générale, revisés par elle; et, avec les observations qu'elle aura faites, renvoyés aux départements pour qu'ils s'y conforment. Ceux-ci les présenteront au comité spécial pour qu'il examine la situation de chaque département. Ces comptes seront envoyés en double exemplaire, dont un restera à la direction générale. Les pièces justificatives n'ont pas besoin d'être annexées, la signature du député qui les aura examinées et trouvées en règle suffit pour en garantir l'exactitude.

306. Les excédants restés en caisse doivent être placés en lettres de gage de la Poméranie, mises hors de la circulation (d'après le paragraphe 5), avec exclusion expresse d'hypothèque privée. La direction générale et les directions départementales achèteront ces lettres au fur et à mesure des fonds disponibles, et d'après leur cours légal.

Une exception est faite en faveur du département de Stuttgard, qui, pour éviter les pertes occasionnées par les ventes et les achats renouvelés de lettres de gage, est autorisé à placer l'excédant de son fonds, jusqu'à concurrence de 10,000 thalers, à la banque particulière de la noblesse à $4\frac{1}{2}$ p. o/o; mais de façon à pouvoir en disposer à chaque moment, et avec cette restriction que le capital placé ne provienne pas de la vente des lettres de gage.

307. Les fonds provenant de l'accumulation des deniers de quittance sont la propriété de chaque dé-

parlement. Cependant ceux-ci sont obligés de se couvrir mutuellement, en cas de besoin, par des avances qui porteront intérêt.

308. Le fonds décrit dans le paragraphe 299, n° 1, reste sous l'administration spéciale de la direction générale, qui rend ses comptes annuels à ce sujet au comité spécial.

Les intérêts de ce fonds sont destinés principalement à couvrir les frais de la direction générale. Il sera disposé de l'excédant de ces revenus d'après le mode prescrit dans le paragraphe 306. Quant au fonds même, on ne pourra en disposer qu'avec l'assentiment de tous les cercles associés.

309. Les déficit réels des départements seront, dans les circonstances *extraordinaires,* comblés de la manière suivante :

1° Il sera avant tout admis en principe que le fonds donné à l'institution par Sa Majesté le roi (§ 299, n° 1) ne doit pas être employé définitivement à combler les déficit, bien qu'il puisse fournir des avances dans ce but. Le capital de ce fonds doit rester intégralement conservé.

2° Si ce fonds, non compris l'hôtel de la Landschaft, dépasse 200,000 thalers, l'excédant peut être employé à couvrir définitivement les déficit réels.

3° Les déficit couverts par des avances d'après le n° 1, seront comblés par les départements de la manière qui suit : le montant total des déficit sera réparti entre les départements en proportion des lettres de gage inscrites dans chacun, et puis chaque departement enverra à la direction générale par à-compte, tous les six mois et sans intérêts, la somme résultant de la répartition qu'il prélèvera sur les excédants annuels du fonds départemental. Cet envoi des excédants continuera jusqu'à ce que le déficit réparti soit parfaitement comblé.

4° Le département qui a occasionné le déficit doit avant tout débourser son propre fonds jusqu'à concurrence de 10,000 thalers, abstraction faite de la valeur des terrains, et l'envoyer pour couvrir ce déficit. Cette somme capitale, nécessaire pour couvrir les frais de l'administration, lui est garantie par la totalité; de telle manière que si cette somme était dépassée par le remboursement déjà effectué du déficit, la restitution doit en être opérée jusqu'à concurrence de 10,000 thalers, en même temps que le versement au *prorata* (décrit sous le n° 3) destiné au remboursement des avances faites par le fonds général. Dans un cas pareil, le département est dispensé du payement des à-compte au fonds général, jusqu'à ce qu'il ait recouvré la somme susindiquée. Mais une fois que cette somme aura été recouvrée, le département continuera à envoyer les excédants de son fonds tous les six mois, pour couvrir la quote part du déficit.

CHAPITRE XVI.

RÈGLEMENT RELATIF AUX DÉPÔTS.

310. Les *dépôts* qui se trouvent dans les caisses de chaque autorité de la Landschaft seront administrés par le caissier, sous la surveillance et avec la coopération de deux curateurs (un conseiller de la Landschaft et le syndic). Le syndic dresse les procès-verbaux. Auprès de la direction générale, ainsi qu'auprès des directions départementales, un conseiller sera nommé curateur, et sera préposé comme tel à toutes les caisses du département. Il est nommé par le directeur du collège que cela concerne.

311. Les dépôts seront enfermés dans une caisse en fer sous trois clefs, dont deux seront en la possession de deux curateurs, et la troisième dans celle du caissier.

312. Sans un ordre par écrit de la direction de la landschaft, rien n'entrera dans cette caisse ni n'en sortira.

313. Ces ordres, quand ils n'émanent pas directement du directeur de la Landschaft, doivent cependant porter aussi sa signature ou celle de son suppléant.

314. Chaque ordre qui enjoint une inscription dans le livre des dépôts, sera porté dans la liste des *mandats*.

315. Cette liste de mandats de dépôt sera dressée de la manière suivante :

1° Chaque masse capital aura une feuille à part;

2⁰ La page gauche est pour les entrées, la page de droite pour les sorties.

3° Au-dessus de deux pages en une ligne se trouvera le nom de la masse de dépôt, par exemple :

« Fonds spécial de la Landschaft, »

ou

« Masse dénoncée de Victor. »

4° La page des entrées porte les divisions suivantes :

a. Numéro ;

b. Date de l'ordre ;

c. Nom du déposant ;

d. Objet entré,

    aa. En espèces,

    bb. En actifs,

    cc. En d'autres effets ;

e. Date de l'exécution de l'ordre d'entrée ;

f. Cesse (annulé ?).

5° La page des sorties est divisée comme suit :

a. Numéro ;

b. Date de l'ordre de sortie ;

c. Nom du recevant ;

d. Indication de l'objet à délivrer,

    aa. En espèces,

    bb. En actifs,

    cc. En d'autres effets ;

e. Date de l'exécution de l'ordre de sortie ;

f. Cesse.

316. Celui qui donne l'ordre inscrit sa substance dans la liste respective des mandats, dans les divisions *a, b, c, d.*

317. La page et le numéro de la liste des mandats seront marqués sur le brouillon, aussi bien que sur la copie nette du mandat.

318. Les ordres mis à exécution seront rendus au· caissier, qui les retourne à la direction, s'il leur manque l'annotation indiquée dans le paragraphe 317. — Dans le cas contraire, ils les inscrit dans un journal destiné au contrôle des opérations, et arrangé comme suit :

Numéro courant; — Substance de l'ordre; — Date à laquelle il a été retourné.

319. A un jour fixé, une fois pour toujours par la direction de la Landschaft, les dépositaires se réunissent à la caisse des dépôts pour expédier les affaires ordonnées jusqu'alors.

320. Les livres de la caisse de dépôt seront tenus par le curateur et par le caissier.

321. Les livres doivent être arrangés d'après le modèle suivant :

1° Chaque masse a une feuille séparée.

2° Au-dessus, sur les deux pages, est inscrit le nom de la masse.

3° La page de gauche est pour les entrées, celle de droite pour les sorties.

4° La page des entrées est divisée comme suit :

a. Page et numéro de la liste des mandats;

b. Date du mandat;

c. Nom du déposant;

d. Désignation de l'objet entré,

    aa. Espèces : thalers, silbergros, pfenigs;

    bb. En actifs : *id.*;

    cc. En effets;

e. Date de l'entrée;

f. Numéro du dépôt.

5° La page de sortie est divisée de la manière suivante :

a. Page et numéro de la liste des mandats;

b. Date du mandat;

c. Nom du déposant;

d. Désignation de l'objet sorti;

e. Date de la sortie; .

f. Numéro du dépôt.

322. Après avoir mis à exécution le mandat de réception ou de livraison, le caissier doit faire un rapport à la direction départementale dans l'espace de trois jours au plus tard.

323. Les inscriptions dans les livres de dépôts seront faites par les curateurs et le caissier, qui apposeront leurs signatures.

Le livre contenant le procès-verbal dressé par le premier curateur, sera enfermé dans la caisse des dépôts, l'autre restera entre les mains du caissier.

324. Le rapport fait par le caissier est examiné par

la direction de la Landschaft. Le membre qui a donné l'ordre comparé le contenu du rapport avec celui de l'ordre donné et avec la liste des mandats, et s'il n'y a rien à y objecter il inscrit la date de mise à exécution du mandat dans la liste des mandats, division *e,* et met le rapport aux actes.

325. Le mandat est inscrit dans la rubrique *f. Cesse* de la liste des mandats, lorsque ce mandat a été rempli et restitué.

Lorsque, par exemple, dans l'intervalle entre l'émission du mandat qui ordonne de recevoir en dépôt le montant de la valeur d'une lettre de gage dénoncée, et la réception réelle de ce dépôt, le porteur de la lettre de gage dénoncée se déclare prêt à recevoir cette somme, et que, par conséquent, la réception en dépôt de cette somme n'est plus nécessaire, alors la caisse des dépôts restitue le mandat à la direction; le membre qui a délivré le mandat l'inscrit dans la liste des mandats sous la rubrique « *Cesse,* » et le remet aux actes.

326. Si un *arrêt-opposition* doit être mis sur un dépôt, l'administration des dépôts doit recevoir.à ce sujet un ordre par écrit de la direction.

Le mandat émis à ce sujet sera inscrit dans la liste des mandats sur la page des rentrées, avec cette annotation expresse :

« Doit être mis sous arrêt-opposition. »

Les dépositaires inscrivent l'arrêt-opposition dans les livres des dépôts, et le rapport, rédigé par le second curateur sur une seule feuille de papier est transmis à la direction pour être porté dans la liste des mandats et insérédans les actes.

327. L'argent et les valeurs de portefeuille qui arrivent par la poste pour être mis en *dépôt* à la Landschaft, et qui sont reçus par le directeur sur quittance de la poste, signée par celui-ci, de même que l'argent et les valeurs dont on ne juge pas convenable d'ajourner la réception jusqu'au prochain terme fixé pour l'encaissement des dépôts, doivent être reçus provisoirement par le caissier, sur un mandat de réception émis par le directeur. Le caissier tiendra une liste provisoire de ces dépôts, jusqu'à leur inscription définitive dans la liste principale au terme indiqué.

328. Si les personnes invitées auxquelles l'argent ou les valeurs sortant du dépôt doivent être remis ne se présentent pas à la caisse, ou bien si l'argent et les effets doivent être remis à la poste ou à certaines autres personnes et à certaines autorités, ces valeurs sont retirées de la caisse des dépôts pour être placées entre les mains du caissier, pour qu'il les fasse parvenir aux personnes intéressées.

329. Le caissier seul administre le fonds de salaires et la caisse d'épices, sans intervention des curateurs de la caisse.

330. Les comptes seront rendus par le caissier, tous les six mois, aux colléges départementaux, qui les revisent et en donnent décharge.

331. Pour simplifier la reddition des comptes, le caissier remet au collége les livres de caisse de dépôts tenus par lui et les curateurs, avec toutes les pièces justificatives des entrées et des sorties. Le collége fait vérifier les livres par un comptable, et après avoir fait ses observations auxquelles le caissier doit faire droit, les retourne à la caisse des dépôts.

332. La révision de la caisse des dépôts est faite deux fois par an pendant les réunions ordinaires des colléges départementaux. Le directeur de la landschaft et les autorités qui lui sont préposées peuvent ordonner une révision extraordinaire en tout temps.

333. Cette révision est faite par les députés de la landschaft, après production des livres des dépôts et des listes des mandats. Un procès-verbal sera dressé à ce sujet, et il sera soumis à l'examen des colléges départementaux, qui donneront décharge définitive des comptes.

334. Chaque département qui voudrait s'écarter des règles prescrites dans les §§ 310 à 330 peut rédiger lui-même un règlement et le soumettre à l'approbation du comité spécial, les mesures réputées nécessaires pour la sûreté du service des caisses étant une affaire propre à chaque département en particulier.

Stettin, le 18 mars 1846.

Signé DE ZITZWITZ, DE KOELLER, RODBERTUS-IAGETZOW, A. DE HAGEN.

CHAPITRE III.

AUTRICHE.

L'empire d'Autriche, depuis l'incorporation de Cracovie, en 1846, a un territoire de 12, 124 milles carrés géographiques.

En 1846, sa population était de 37,443,033 âmes, à laquelle il faut joindre 140,722 habitants du territoire de Cracovie.

Le gouvernement de l'empire autrichien est en ce moment en voie de transformation. D'après la constitution octroyée le 4 mars 1849, le gouvernement se compose de l'empereur, d'un ministère responsable, et des deux chambres législatives. A la tête de l'administration est placé un conseil des ministres, qui comprend un président, de huit chefs de départements ministériels et quelques ministres d'État sans portefeuille.

Un conseil de l'empire ou conseil d'État va être organisé pour assister le gouvernement dans les travaux administratifs.

L'empire est divisé en *pays de la couronne*, qui peuvent se classer en trois catégories : 1° pays faisant partie de la confédération germanique ; 2° pays hongrois et slaves placés en dehors de la confédération; 3° royaume lombardo-vénitien.

Chaque pays de la couronne est administré par un lieutenant de l'empereur et par les autorités provinciales placées sous sa direction. Il est subdivisé en districts et cercles. Tous les pays de la couronne auront leur représentation provinciale, sous le nom de *diètes* ou états provinciaux. La plupart des provinces de l'empire étaient dotées de cette institution déjà avant la révolution de 1848.

La loi civile en Autriche n'est pas uniforme dans tous les pays de la couronne. Les pays faisant partie de la confédération germanique, ainsi que la Gallicie, sont régis par le Code civil autrichien. Le régime hypothécaire, dans les pays où ce code est obligatoire, est généralement considéré comme un des plus parfaits. Non-seulement le droit d'hypothèque sur un immeuble ne s'acquiert pas autrement que par l'inscription sur les registres publics, mais la tenue même de ces registres facilite, beaucoup plus qu'ailleurs, les recherches relatives aux charges de la propriété immobilière, et permet de connaître avec précision les mouvements quotidiens de cette propriété. (Voir pour ces registres, l'ouvrage de M. Antoine de Saint-Joseph : *Concordance entre les Codes civils étrangers*, page 112.)

La propriété du sol en Autriche est encore concentrée en majeure partie entre les mains de la noblesse, c'est-à-dire des grands propriétaires. Les paysans avaient à supporter toutes sortes de redevances envers les seigneurs, telles que corvées, dîmes, servitudes, etc. La diète de 1848 les en a affranchis en droit; mais la réalisation de cet affranchissement, quoique activement poursuivie, n'est pas également avancée dans tous les pays de la monarchie. L'obligation d'indemniser les seigneurs rencontre encore quelques difficultés dans l'état des finances de l'empire.

Il n'existe jusqu'à présent dans tout l'empire d'Autriche qu'un seul établissement de crédit foncier, celui de la Gallicie; mais les institutions politiques nouvelles, et plus tard celles qui seront la conséquence des premières, rendront sans aucun doute indispensable l'établissement de caisses appelées à secourir la propriété foncière.

Le gouvernement est si bien persuadé de cette nécessité, que la commission des finances, qui avait été réunie cette année à Vienne pour la réorganisation de la banque, avait à résoudre cette question : la banque nationale sera-t-elle appelée à fournir des capitaux à l'agriculture? La commission aurait, à ce qu'il paraît, résolu la question négativement, donnant pour motif que ces prêts augmenteraient encore la circulation du papier-monnaie; mais cette solution ne peut s'appliquer qu'à la banque d'Autriche, dont la circulation en papier dépasse plus de huit fois la réserve en numéraire. Elle ne préjuge en rien la création des établissements provinciaux de crédit foncier. Aujourd'hui les grands propriétaires s'adressent au crédit particulier, et quelques-uns à la banque hypothécaire de Bavière.

Les caisses d'épargne et celles dites pupillaires sont plus spécialement des dépôts d'argent destinés à fournir des fonds à la petite propriété sur hypothèque.

L'institution de crédit foncier de la Gallicie est encore la seule, avons-nous dit, qui fonctionne dans l'empire autrichien. La Bohême, qui veut l'introduire chez elle, n'en est qu'à l'étude du système.

Gallicie.   Cette institution a été fondée en 1841 par les états provinciaux de la Gallicie, elle est due surtout aux efforts du prince Léon Sapihéa, membre de ces états, à l'expérience fournie par les associations de la Pologne et de la Prusse, et à l'appui du gouvernement autrichien. Son organisation est considérée comme la plus parfaite parmi les établissements de cette nature.

Les statuts ont été publiés dans le rapport de M. Royer (pages 202 et suivantes).

L'exposé des motifs du projet de loi présenté par le ministre des finances aux chambres belges le 5 août dernier, et qui prend ces statuts pour modèle de l'organisation d'une institution analogue en Belgique, analyse l'institution de la Gallicie dans les termes suivants :

Organisation de l'association de crédit foncier.   C'est une association libre de propriétaires, sous la garantie des États de Gallicie. Elle est fondée pour un temps illimité. Elle prête des sommes de mille florins

de convention et au-dessus sur la première moitié seulement de la valeur des biens inscrits comme indépendants. Ses prêts s'opèrent par l'émission de lettres
de gage, lesquelles, aux termes des statuts, sont des
actes publics qui assurent à leur possesseur le payement régulier des intérêts et le remboursement de leur
valeur nominale, au gré de l'association, six mois
après l'avertissement préalable, et sans que les détenteurs puissent demander ce remboursement. Les lettres
de gage, munies de coupons d'intérêt et variant de 100
à 1,000 florins, sont nominatives ou au porteur, au
choix de l'emprunteur. On accède à l'association, soit
en contractant un emprunt, soit en devenant acquéreur d'un bien sur lequel existe un emprunt que l'on
veut continuer. La sortie de l'association a lieu par le
remboursement de la dette ou par la vente de l'immeuble inscrit. La délivrance des lettres de gage s'effectue après l'inscription de la dette dans les registres
hypothécaires, inscription qui a lieu en vertu d'une
obligation signée par le débiteur et deux témoins, et
contenant l'indication du montant de l'emprunt, la
description des biens hypothéqués, l'indication des redevances annuelles à payer à l'association, etc.

Outre un intérêt de 4 p. o/o et une contribution de
1 p. o/o pour amortissement, tout propriétaire emprunteur paye en une fois 3 p. o/o de la somme prêtée,
pour parer aux éventualités ; il contribue aux frais
d'administration, qui ne peuvent excéder 1/2 p. o/o, et

il doit payer d'avance le premier semestre d'intérêt, au moment où il reçoit les lettres de gage.

Les livres de l'association font preuve légale contre ses débiteurs et même contre les tiers détenteurs des lettres de gage. La direction de l'association, pour la poursuite de ses droits, est libre de choisir entre l'exécution par voie administrative (politique), et celle par voie judiciaire. Lors de l'adjudication, si personne ne couvre la mise à prix, on vend au-dessous de la première enchère. Toutes les fois qu'un payement est en retard, le débiteur retardataire est tenu d'acquitter six mois d'intérêt de la somme arriérée.

L'association offre aux porteurs des lettres de gage, comme garantie de l'exécution de ses engagements :

1° La rigueur avec laquelle elle peut obtenir l'exécution de ses propres débiteurs;

2° Les ressources que le fond d'amortissement met à sa disposition;

3° La ponctualité avec laquelle elle opère toujours ses payements.

Au cas où l'association ne remplirait pas avec toute l'exactitude désirable ses engagements envers un porteur de lettres de gage, celui-ci peut demander au tribunal de Lemberg de poursuivre soit l'association de crédit directement, soit la saisie de l'un des biens engagés à l'association; il peut demander aussi à être payé sur les biens des États, par suite de la garantie donnée par eux.

Indépendamment de cette garantie, entendue en ce sens que les emprunteurs devront rembourser les avances faites par l'association, les États de Gallicie ont donné à cette dernière, pour frais de premier établissement et comme fonds de réserve, certaines sommes qui n'avaient pas reçu l'emploi auquel elles avaient été destinées. L'Empereur, en consentant à la garantie des États, a en outre permis que les capitaux et économies des villes, communes, corporations, etc., fussent employés en lettres de gage, avec l'assentiment des parties intéressées et l'autorisation des autorités compétentes.

En cas de dissolution de l'institution, le fonds de réserve fera retour aux États, qui décideront à quel objet d'utilité publique ils veulent le consacrer. Cette disposition est apparamment due à ce que les États dotent et garantissent l'association de crédit.

L'établissement est soumis à l'autorité du gouvernement provincial. Il est administré par une direction dont le président et le vice-président sont élus par la Diète provinciale, assemblée sous l'approbation de l'empereur. La Diète nomme aussi deux directeurs pris dans le comité des États. Deux autres directeurs sont choisis, par la Diète et les membres de l'association réunis, parmi ces mêmes membres.

Il y a une commission de surveillance, qui se compose du comité des États, à l'exclusion de ceux de ses membres qui sont directeurs. Elle surveille l'exécution des statuts, la caisse et l'émission des lettres de gage; elle a un pouvoir suspensif jusqu'à décision de l'assemblée générale. Mais elle ne peut contraindre l'association à accorder ou à refuser des emprunts.

L'administration locale est confiée à un comité de cercle nommé par le comité des États. Ces comités sont soumis à la direction générale. Tout propriétaire qui adhère à l'association est tenu d'accepter ces fonctions, s'il n'en est dispensé.

Un commissaire du gouvernement est adjoint à la direction et à la commission de surveillance; il assiste aux séances sans avoir voix délibérative, mais avec pouvoir suspensif en cas de contravention aux statuts.

Dans les comités de cercle, il y a aussi un commissaire royal nommé par le gouvernement du cercle. Les décisions de ces comités doivent être soumises au comité général.

Pour faire mieux comprendre le mécanisme de l'institution, nous supposons un propriétaire qui veuille emprunter et un capitaliste qui cherche un placement sur hypothèque.

Le propriétaire s'adresse à l'institution, qui procède à son égard comme devrait le faire le capitaliste : elle vérifie l'hypothèque offerte, reçoit l'obligation hypothécaire et en requiert l'inscription; la seule différence qui la distingue du capitaliste pour la conclusion de l'emprunt, c'est qu'elle délivre au propriétaire, non pas des écus, mais un ou plusieurs titres négociables,

appelés lettres de gage, jusqu'à concurrence de l'obligation hypothécaire.

Les lettres de gage sont la représentation du capital
dont le propriétaire s'est reconnu débiteur envers l'institution; mais il n'existe aucune corrélation ostensible
entre elles et le contrat d'hypothèque qui en a déterminé l'émission; elles constituent à charge de l'institution des obligations non hypothécaires, en ce sens
toutefois que l'ensemble des lettres émises a pour gage
inaliénable l'ensemble des obligations hypothécaires
contractées au profit de l'institution, et dont elle est
en possession.

C'est après la délivrance des lettres de gage qu'intervient le capitaliste; en échange de ces lettres, qu'il
achète, et dont la transmission peut s'opérer de la main
à la main, il remet au propriétaire le capital qu'elles
représentent et que celui-ci avait en vue de se procurer
en contractant avec l'établissement intermédiaire.

Le propriétaire a le choix de prendre, pour le montant de son emprunt, au lieu d'une seule lettre de gage,
plusieurs coupures qu'il peut négocier successivement.
Il peut les conserver, en tout ou en partie, aussi longtemps que bon lui semble, et il se trouve alors dans
la même condition que le capitaliste envers l'institution
dont il est en même temps débiteur.

Ainsi le propriétaire emprunteur n'est lié qu'envers
l'institution, laquelle est liée envers le capitaliste, porteur de lettres de gages. Celui-ci n'a qu'une action per-

sonnelle contre l'institution, tandis qu'elle possède à la fois une action personnelle contre le propriétaire emprunteur et une action hypothécaire.

Comme cette double action ne s'exerce que dans l'intérêt du capitaliste, il la possède virtuellement d'une manière indirecte.

Si le propriétaire avait contracté directement avec le capitaliste, il aurait eu à payer chaque année un intérêt plus ou moins élevé, et à rembourser le capital en une fois, au moment où le créancier l'aurait exigé après l'échéance du terme. Son engagement envers l'institution consiste seulement à lui payer, en deux termes semestriels, une annuité de 5 p. o/o, au moyen de laquelle elle sert un intérêt de 4 p. o/o au capitaliste et reconstitue le capital, à l'acquit de l'emprunteur, en moins de 41 ans. Le capitaliste en reçoit le remboursement dans le cours de la même période, mais s'il ne veut pas conserver ses lettres de gage jusqu'à ce que le sort les ait désignées pour le remboursement, il peut, en les transmettant comme il les avait acquises, rentrer en possession de son capital à toute époque.

On voit que les annuités ne font qu'entrer dans la caisse de l'institution pour en sortir aussitôt : les sommes recouvrées avant la fin de chaque semestre attendent des coupons d'intérêt qui vont échoir, et l'excédant de ces sommes est employé au remboursement d'une quotité équivalente de lettres de gage. Cette dernière opération est possible du moment que, un certain nombre de propriétaires ayant contracté avec l'établissement, il y a assez de lettres de gage en circulation pour que une ou plusieurs d'entre elles puissent être remboursées avec le produit semestriel de la contribution d'amortissement de tous les emprunteurs. Cette contribution, accrue successivement des intérêts qui continuent d'être servis par les emprunteurs et cessent d'être payés pour les lettres de gage déjà remboursées, opère, comme nous l'avons dit, l'extinction de chaque dette, la libération de chaque emprunteur, en moins de 41 ans. Enfin tout débiteur peut accélérer l'extinction de sa dette en payant par anticipation des à-compte qui augmentent d'autant les ressources d'amortissement semestriel.

L'institution offre aux capitalistes qui recherchent le gage hypothécaire tous les avantages qui peuvent y être attachés, et leur évite les inconvénients que de pareils placements présentaient autrefois. A la vérité, celui qui achète des lettres de gage ne possède pas, avec ses bonnes ou mauvaises chances, une hypothèque distincte parmi toutes celles qui ont été fournies à l'institution ; mais ces hypothèques existent indivisiblement au profit de tous les porteurs de lettres de gage. Par contre, chacun de ces derniers est dispensé de tous les soins, de tous les embarras que la vérification de l'hypothèque, sa constitution et son inscription causent au créancier qui contracte directement avec le propriétaire emprunteur ; il cesse d'avoir en perspective des procédures telles que l'expropriation ; il est assuré de recevoir les intérêts, par semestre, le jour même de l'échéance, ainsi que le remboursement de son capital dans un délai limité, et qu'il peut abréger à son gré en négociant son titre.

Tout en offrant ces avantages aux capitalistes, l'institution résout, au profit des propriétaires emprunteurs, la difficulté des remboursements à échéance fixe ; elle est pour eux une caisse d'épargnes, mais d'épargnes obligées, à l'aide desquelles se reconstituent les capitaux représentés par les lettres de gage.

Comme l'institution ne laisse subsister aucun lien entre le propriétaire emprunteur et le capitaliste ; comme toutes les demandes d'emprunt aboutissent à un centre commun, tandis que les lettres de gage peuvent arriver sur toutes les places, le propriétaire d'une localité n'est pas moins bien traité que celui d'une autre localité, et l'intérêt d'un petit capital n'est pas plus élevé que celui d'un capital considérable. Enfin, tout en faisant cesser l'inconvénient de la distribution inégale des capitaux offerts sur hypothèque, on met ce genre de placement, au moyen de petites coupures de lettres de gage, à la portée d'une quantité d'épargnes pour lesquelles le livre des hypothèques est fermé aujourd'hui. Ces circonstances, jointes à une plus grande somme d'avantages offerts aux capitalistes, amènent, au profit des propriétaires emprunteurs, un abaissement dans le taux du loyer de l'argent.

CHAPITRE IV.

WURTEMBERG.

Il existe en Wurtemberg une association générale de crédit (*Wurtembergischer kreditverein*) dont les statuts portent la date du 15 novembre 1831.

Le rapport de M. Royer (p. 58 et suiv.) fait connaître avec les plus grands détails l'organisation remarquable de cette société et les résultats qu'elle a produits dans ce pays, où la propriété est très-morcelée.

Aucun document nouveau n'est parvenu au ministère de l'agriculture et du commerce sur la situation actuelle de cette caisse, qui rend de très-grands services à la propriété.

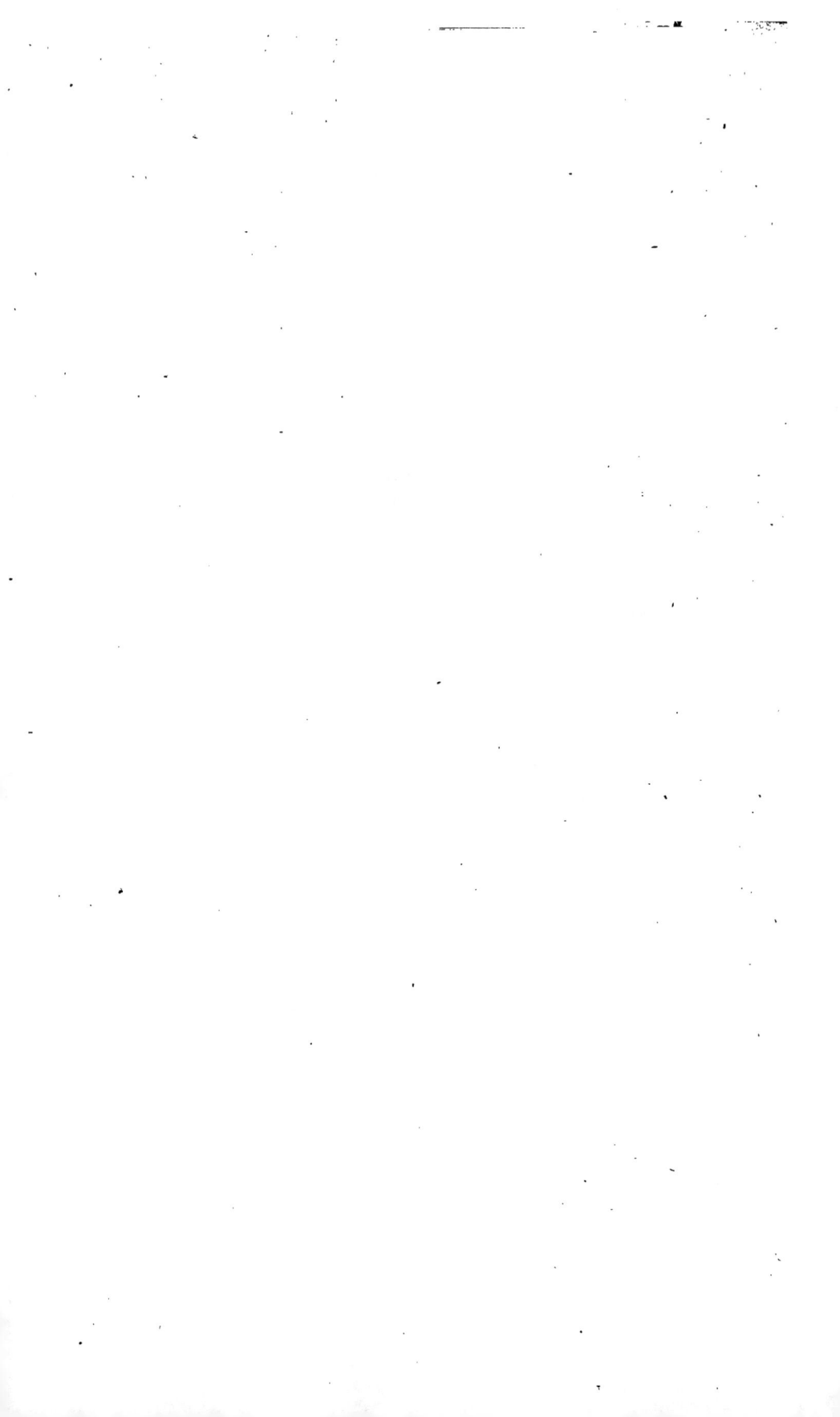

CHAPITRE V.

ROYAUME DE BAVIÈRE.

Le royaume de Bavière compte, d'après le recensement de 1846, une population de 4,504,874 âmes,
sur une superficie de 1,394 milles carrés géogr. (de
15 au degré).

Le gouvernement de la Bavière est constitutionnel;
il est composé du roi et de deux chambres. A la tête de
l'administration sont placés un conseil d'État et sept ministères. Le royaume est divisé en huit cercles administrés par des régences, à la tête desquelles sont placés
des présidents de régence.

La propriété du sol en Bavière est régie par un code
civil, qui a été, en grande partie, modelé sur le Code
Napoléon; mais le système hypothécaire, organisé par
la loi du 1er juin 1822, n'admet pas d'hypothèques
générales et occultes. Toute hypothèque légale ou judiciaire doit être inscrite dans un délai déterminé.
(Voir Royer, p. 461 et suiv.) Cette loi ne s'applique
cependant point au Palatinat rhénan, qui a conservé la
législation française.

La propriété du sol commence à être divisée; cependant le nombre des grandes propriétés est relative-

ment très-considérable. Celles-ci ayant été obérées de dettes, à des conditions usuraires, le gouvernement dut remédier à cet état de choses. C'est dans ce but que divers projets d'institutions de crédit lui avaient été proposés dès 1825; mais la combinaison à laquelle il s'est arrêté a été celle de la création d'une *banque hypothécaire et d'escompte*. Cet établissement a été fondé à Munich en 1835, par une société d'actionnaires, au capital de 10 millions de florins (21,400,000 francs), divisé en vingt mille actions.

Banque
hypothécaire
et d'escompte.

La banque est placée sous la surveillance de l'État. Cette surveillance s'exerce par une commission.

L'administration est élue par les propriétaires. Les quarante actionnaires les plus intéressés forment le comité de la banque. Le comité choisit sept administrateurs parmi les actionnaires domiciliés à Munich, ceux-ci nomment entre eux un directeur et un sous-directeur.

Cette association est tout à la fois une caisse de crédit hypothécaire, une banque d'escompte, de circulation et de dépôt, une caisse d'épargne, une agence d'assurance sur la vie et contre l'incendie. Ses opérations embrassent la propriété foncière, l'agriculture, le commerce et le crédit public.

Elle a un privilége dont la durée est de quatre-vingt-dix-neuf ans : elle émet des billets dont le cours est forcé. Leur valeur ne peut être inférieure à 10 florins ; la somme totale de l'émission de ces billets ne peut excéder les $\frac{4}{10}$ du capital, ni la somme de 8 millions de florins. Les trois quarts de la somme totale de l'émission doivent être garantis par des prêts hypothécaires sur une valeur double de la somme prêtée, et d'un remboursement facile; le dernier quart l'est par des espèces disponibles.

Ces billets sont reçus dans les caisses publiques pour leur valeur nominale.

Le capital de la banque provient de trois sources : 1° La valeur des actions; 2° celle des billets émis; 3° Les fonds versés à la banque à titre de prêt, de primes d'assurances sur la vie ou contre l'incendie, de dépôt simple ou d'épargne.

La banque sert à ses actionnaires un intérêt de 3 p. 0/0; mais ceux-ci ont droit, en outre, aux dividendes qui proviennent des bénéfices.

La banque ne prête au maximum que la moitié de la valeur de l'immeuble, en général par première hypothèque, seulement sur des biens productifs de revenus. L'emprunt ne peut pas être au-dessous de 500 florins (1,070 francs); d'où il suit que, pour servir de gage hypothécaire, une propriété doit valoir au moins 1,000 florins (2,140 francs).

L'emprunteur contracte l'engagement de se soumettre aux statuts de la banque, de payer une redevance annuelle qui n'excède pas 6 p. 0/0, intérêt et amortissement compris, dans les quatorze jours du délai fixé, sous peine d'expropriation; il se soumet aussi à la procédure sommaire de saisie, sans pouvoir invoquer ni exception ni opposition. Il conserve néanmoins la faculté de se libérer par des à-compte plus élevés, ou en augmentant le chiffre de l'amortissement.

Les opérations de cette banque, ingénieusement combinées, sont considérables. Les billets par elle émis, garantis par des valeurs en portefeuille, par un fonds de réserve et par l'hypothèque, jouissent d'un grand crédit : on les trouve aux mains de tout le monde. Ses actions se vendent avec une prime élevée.

La partie des statuts de la banque de Bavière qui concerne les prêts hypothécaires a été publiée dans le rapport de M. Royer (p. 177 et suiv.).

Modifications.   Depuis la publication de ce rapport, ces statuts ont été soumis à une révision, et les modifications adoptées ont été approuvées par le roi, le 6 janvier 1850. Voici en quoi elles consistent :

Les §§ 25 à 38 inclusivement des statuts ont été changés comme il suit :

§ 25. La gestion des affaires de la banque est exercée par une *direction de la banque* et une *administration de la banque,* celle-ci composée d'employés rétribués.

La direction nomme un conseil judiciaire (un jurisconsulte).

La société d'actionnaires est représentée auprès de la direction par un *comité de la banque*, composé des soixante plus forts actionnaires.

§ 26. Le comité nomme, parmi les actionnaires demeurant à Munich, sept personnes qui composent la *direction de la banque*. Ces membres sortent par voie de tirage au sort, un la première année, deux la seconde et deux la troisième. Ils sont remplacés par élection. La direction nomme son président.

Les §§ 27 et 28 énumèrent les conditions nécessaires pour l'éligibilité.

Le § 29 définit les attributions de la direction, la surveillance, le contrôle de l'administration et le mode d'après lequel seront prises les décisions dans les matières plus importantes.

§ 30. La direction nomme chaque année un certain nombre de censeurs pour les affaires de l'escompte.

§ 31. La direction se réunit une fois par semaine. La présence de trois directeurs est nécessaire pour prendre une décision.

§ 32. Les fonctions de directeur et de censeur sont gratuites.

§ 33. L'*administration de la banque* est composée d'un directeur exécutant et des administrateurs.

§ 34. Les administrateurs ne peuvent pas faire le commerce.

§ 35. L'*administration* a la direction immédiate des affaires courantes de la banque.

§ **36.** Les actes officiels de la banque sont signés par le directeur exécutant et un administrateur.

§ **37.** Le comité de la banque se réunit une fois par an. Il est composé de soixante actionnaires. Suit le mode de convocation et de délibération.

§ **38.** Les attributions du comité sont : l'apurement des comptes, l'approbation des nominations, la proposition de modifications des statuts.

Les autres modifications aux statuts sont de simples changements de rédaction ou ne concernent que quelques questions de compétence.

Compte rendu
de 1847.

Le compte rendu de l'exercice 1847 a donné le résultat suivant :

La somme des prêts hypothécaires réellement effectués jusqu'à ce jour s'élevait à 14,254,043 fl. 52 k. en 4,628 obligations;

En 1847, à 2,760,699 fl. 11 k., emprunts autorisés en 1,028 obligations;

1,996,549 fl. 11 k., prêts effectués en 753 obligations;

624,680 fl. 18 k., remboursements opérés comme suit :

168 obligations remboursées intégralement pour la somme de 266,107 fl. 57 k.;

A-compte payés par anticipation d'amortissement, 154,063 fl. 1 k.;

Remboursements opérés par l'amortissement régulier, 184,509 fl. 20 k.

Dans le compte rendu de la banque pour 1848, on fait remarquer que cet établissement a traversé heureusement une crise très-grave, une *épreuve de feu*. L'ensemble de ses opérations a un peu diminué, mais elle est sortie heureusement de la crise, grâce à la sagesse de la direction.

Compte rendu de 1848.

Ainsi le *comité de la banque*, par une décision du 10 janvier 1848, avait limité les prêts sur hypothèque à la somme réalisable en 1848 par les annuités et les remboursements volontaires; cette somme s'est élevée à plus de 14 millions.

La banque s'est appliquée à secourir les petits propriétaires par de petits prêts, et elle a empêché beaucoup de déconfitures, sans dommage pour l'établissement.

« Dans un temps comme celui-ci (dit le compte « rendu), où il est presque impossible de trouver sur « l'hypothèque la plus sûre, des capitaux à 5 p. o/o, sou- « vent même à des taux plus élevés, la banque a donné « tous les jours, envers et contre tous les malveillants « et les ignorants, la preuve du bienfait que procurent « les emprunts à 4 p. o/o remboursables par annuités.

« En considération de ce service et de l'attention que

« le gouvernement a vouée aux intérêts matériels du
« pays par la création du ministère du commerce, la
« banque espère que le fonds de 8 millions, qui ne
« consiste encore qu'en *promesses*, recevra une appli-
« cation conforme tant aux intérêts de la banque qu'à
« ceux de l'agriculture et du commerce. »

Compte rendu
de 1849.

Le compte rendu de 1849 dit, à propos des prêts et
hypothèques, que le capital de ces prêts a un peu diminué. La banque a prêté moins qu'elle n'a reçu dans
l'année en annuités et remboursements. Cependant la
somme de ces prêts se monte encore à près de 14 millions, c'est-à-dire à 2 millions de plus que la banque
n'était obligée de prêter d'après ses statuts.

La banque a exercé une influence salutaire sur le
taux de l'intérêt hypothécaire. Cet intérêt, entre particuliers, est monté à 5 p. o/o, tandis que la banque
a continué à prêter à 4 p. o/o, en offrant l'avantage de
remboursements par annuités.

La direction de la banque exprime l'espoir que la
banque sera, par suite d'une modification convenable
de la loi qui la régit, mise en position de donner à
ses opérations une extension considérable et conforme aux besoins de l'économie nationale.

La direction fait remarquer, en outre, que la loi du
4 juin 1848 tendant à affranchir le sol, loi à l'exécu-

tion delaquelle la banque a participé comme créancière hypothécaire, n'a été accompagnée d'aucun péril pour ses droits. Dans la plupart des cas, le dépôt judiciaire des *lettres de rachat* ordonné par cette loi a déjà eu lieu.

Le même compte rendu de l'exercice 1849 a donné le résultat suivant :

La somme des prêts hypothécaires réellement effectués jusqu'à ce jour, s'élevait à 13,952,598 fl. 35 k. en 4,494 obligations;

455,381 fl. 12 k. emprunts autorisés en 441 obligations;

333,931 fl. 12 k. prêts effectués en 300 obligations;

567,082 fl. 50 k. remboursemens effectués comme suit :

128 obligations remboursées intégralement pour la somme de 238,023 fl. 15 k.;

A-compte payés par anticipation d'amortissement, 118,616 fl. 39 k.;

Remboursements opérés par l'amortissement régulier, 210,442 fl. 56 k.

Ces comptes rendus prouvent que l'établissement de la banque de Bavière n'a fait que prospérer depuis le dernier compte rendu publié dans le rapport de M. Royer, et qui est celui de 1843.

Outre la banque hypothécaire, il existe encore en

Bavière des *caisses de secours* établies dans chacun des huit cercles du royaume. Ces institutions, rentrant dans la classe des établissements de crédit agricole personnel et mobilier, il en sera parlé à la fin de ce volume.

CHAPITRE VI.

ROYAUME DE SAXE.

Le royaume de Saxe, ou Saxe-Royale, comptait en 1846 une population de 1,836,433 habitants, répartis sur une surface de 271 milles carrés géographiques (de 15 au dégré).

Le gouvernement de la Saxe est constitutionnel; il est composé du roi et de deux chambres. A la tête de l'administration se trouve un ministère général composé de quelques ministres d'État et de six ministres, chefs de départements ministériels.

Le royaume est divisé en quatre grands arrondissements territoriaux (landkreise), qui sont ceux de Dresde, Leipsick, Zwickau et Budissin ou Bautzen. Ils sont subdivisés en cercles ou districts.

Quelques-uns de ces arrondissements ou cercles ont conservé leurs anciennes dénominations féodales; ainsi les quatre cercles de Meissen, d'Erzgebirg (montagnes des mines), de Leipsick et de Voigtland, portent le nom de pays héréditaires; l'arrondissement territorial de Budissin s'appelle aussi le margraviat de la Haute-Lusace.

Tous les arrondissements territoriaux ont une re-

présentation particulière dite *États provinciaux ou ter-*
ritoriaux.

La propriété du sol se divise en propriété nobiliaire
ou biens de chevalerie, et en biens des paysans. Cette
distinction tient à la nature de la propriété et non à
la qualité du propriétaire, qui peut être noble ou ro-
turier.

La propriété est régie par un code civil spécial
au pays, modelé en partie sur le Code Napoléon; le
système hypothécaire admet, jusqu'à un certain point,
les hypothèques générales et occultes.

Il existe en Saxe deux institutions de crédit foncier qui ont pour but de procurer, à un intérêt modique les capitaux indispensables aux agriculteurs, propriétaires de biens-fonds.

La première de ces institutions est l'*Union de crédit
des propriétaires de terres seigneuriales situées dans les
pays héréditaires du royaume de Saxe;* la seconde est *la
Banque hypothécaire des États provinciaux de la Haute-
Lusace.*

Ces deux établissements ne fonctionnent encore que
dans les provinces pour lesquelles ils ont été originairement institués.

I. UNION DE CRÉDIT DES PAYS HÉRÉDITAIRES.

L'Union de crédit des provinces héréditaires, créée par ordonnance royale du 13 mai 1844, est basée sur le principe d'association et de réciprocité entre les emprunteurs; elle ne prête qu'aux grands propriétaires de la campagne.

Voici le résumé de son organisation.

Fondée principalement en faveur des propriétaires de biens nobles, cette union de crédit admet cependant les biens de paysans grevés de 2,400 unités d'impôt, et s'est réservé la faculté de diminuer les charges de cette dernière classe d'emprunteurs.

Le 19 décembre 1849, dans une réunion générale de la société, les unités d'impôt représentant la valeur des biens des paysans ont été réduites à 1,800, et aujourd'hui le cens d'admission à l'association pour lesdits biens doit être abaissé à 1,000 unités d'impôt, qui équivalent à un revenu net annuel du sol de 333 $\frac{1}{3}$ thalers ou 1,250 francs.

Cette dernière modification a été, d'après les renseignements les plus récents, approuvée par le gouvernement.

Les affaires de l'association sont faites par un directoire, une assemblée générale, un syndic et un fondé de pouvoirs, gérant véritable de l'association.

17

Le directoire représente l'union; la surveillance est exercée par un commissaire royal.

Pour être admis dans l'association, le propriétaire doit apporter la preuve qu'il a le droit de disposer de sa propriété et éloigner tous les obstacles qui pourraient empêcher l'hypothèque sur ses biens.

L'union ne prête pas au-dessous de 1,000 thalers (3,750 francs), et pas au-dessus de la moitié de la valeur hypothécaire du bien qui représente le gage.

L'union prélève, sur la valeur nominale de chaque emprunt, un revenu annuel représentant l'intérêt et l'amortissement de la lettre de gage, ainsi que les frais d'administration :

Les rentes doivent être payées à l'union tous les six mois, et toujours trois mois avant l'échéance des intérêts des lettres de gage.

L'union ne peut dénoncer le capital prêté hors des cas fixés par les statuts, et sans en prévenir six mois d'avance.

Lorsque les capitaux sont *dénoncés,* ou les biens engagés vendus aux enchères, ou lorsqu'un des emprunteurs veut amortir plus vite le capital prêté, tous les payements doivent se faire au moyen des lettres de gage de l'union d'après leur valeur nominale.

L'emprunteur donne première hypothèque sur la totalité de ses biens.

Les lettres de gage sont au porteur; elles produisent intérêt et sont de la valeur de 500 thalers (1,875 fr.),

100 thalers (375 francs) et 25 thalers (93 fr. 75 centimes). Le montant des intérêts que portent les lettres de gage est fixé avant l'émission de chaque nouvelle série.

Toutes les autorités du royaume, les administrateurs de caisses publiques et de fondations pieuses, les inspections d'écoles et d'églises, et les tuteurs, sont autorisés à employer en achat de lettres de gage de l'union les capitaux et dépôts qui leur sont confiés.

L'union ne peut jamais émettre des lettres de gage pour une plus grande valeur que celle représentée par les capitaux hypothéqués sur les biens engagés.

Après que l'union aura existé depuis cinq ans, il sera remboursé annuellement, au moyen d'un tirage au sort, autant de lettres de gage que les fonds de réserve et d'amortissement de chaque série le permettront.

Toutes les lettres de gage remboursées, aussi bien que toutes celles retirées de la circulation après payement intégral du capital qu'elles représentent, seront *brûlées publiquement.*

Les revenus de l'union seront employés avant tout à payer les intérêts des lettres de gage, les frais d'administration et toutes les pertes qu'elle pourrait subir et que ne pourraient pas couvrir les gains faits dans les affaires d'escompte, etc.

Toutes les séries répondent pour la totalité des intérêts à payer. En dehors de cette solidarité, chaque

17.

série forme un tout; elle possède son fonds d'amortissement et sa réserve particulière.

Après l'inventaire annuel, les profits opérés par
chaque série seront, pour les deux tiers, consacrés au
fonds d'amortissement; ces profits auront intégralement
cette destination lorsque le fonds de réserve aura été
complété.

Le tiers restant sur les profits forme le fonds de réserve jusqu'à ce qu'il représente, avec l'accumulation
des intérêts de ce tiers, 5 p. o/o du capital total de la
série, moment où il est clos, et les intérêts qu'il portera versés au capital d'amortissement.

Le fonds de réserve est destiné a couvrir les pertes;
s'il est entamé, il devra toujours être reformé et complété.

Tout l'argent formant le fonds de réserve, qui ne
sera pas employé à l'achat de lettres de gage, servira à
l'escompte ou à l'achat de bons papiers d'État, ainsi
qu'à des prêts sur d'autres gages, d'après des résolu-
tions à prendre par les directeurs.

L'union ne peut se dissoudre qu'après le remboursement de toutes les lettres de gage avec leurs coupons,
après l'extinction de toutes les hypothèques et le
payement de tout son passif.

Telles sont les principales règles sur lesquelles est
fondée l'union de crédit.

Les statuts complets de cet établissement, tels
qu'ils étaient avant les dernières modifications précé-

demment indiquées, ont été publiés dans le rapport de M. Royer (pages 225 et suivantes).

Les services que l'union de crédit a pu rendre aux propriétaires fonciers, bien que son activité soit restreinte, paraissent déjà avoir été très-considérables. Les rapports annuels sur ses opérations prouvent le succès qu'elle a obtenu.

Il appert des relevés de comptes que les créances hypothécaires de l'institution et les lettres de gage délivrées ont monté à 789,200 thalers (2,849,500 fr.) dans l'année 1845; à 1,025,358 thalers (3,845,062 fr. 50 cent.) dans l'année 1846; à 1,078,853 thalers (4,045,698 f. 75 c.) dans l'année 1847; à 1,145,075 thalers (4,286,531 fr. 25 cent.) dans l'année 1848, et à 1,192,175 thalers (4,470,656 fr. 25 cent.) dans l'année 1849.

Les résultats financiers seraient sans doute plus favorables, si les mouvements politiques des deux dernières années n'eussent paralysé l'activité de cette institution.

Au reste, le temps depuis lequel elle existe est trop court pour que l'on puisse apprécier l'influence qu'elle est appelée à exercer sur le développement de l'industrie agricole.

II. BANQUE HYPOTHÉCAIRE DE LA HAUTE-LUSACE.

La banque hypothécaire de la Haute-Lusace est une institution créée le 13 août 1844 avec des fonds appartenant aux états de cette province.

Elle prête des sommes d'argent dont le minimum est fixé à 100 thalers (375 francs) aux propriétaires de biens fonds des villes et des campagnes. Elle facilite l'amortissement aux débiteurs en acceptant même de petits à-compte.

Voici le résumé des statuts de cette banque.

CHAPITRES I ET II.

NOM, BUT, SIÉGE, JURIDICTION, GARANTIES, ATTRIBUTIONS.

La banque est établie par les états provinciaux; elle a son siége à Budissin ou Bautzen. Les états provinciaux (conseil général du département) garantissent les profits et pertes.

Le fonds de réserve ne doit pas dépasser 10 p. o/o. Il est placé et produit intérêts; ces intérêts sont destinés à subvenir aux frais d'administration.

Jusqu'à ce que ce résultat soit obtenu, les états provinciaux doivent couvrir, par des avances en argent, les dépenses générales.

Le compte rendu des opérations de la banque est

présenté tous les ans à un comité des états provinciaux, après communication au commissaire royal. Les actes de l'établissement sont affranchis du timbre; mais les actes des emprunteurs ne jouissent pas de cette exemption.

Tout changement de propriétaire d'un bien engagé doit être dénoncé à la banque aux frais du nouveau propriétaire. Tous les extraits des livres de la banque sont considérés comme actes notariés. Le dépôt des fonds des établissements publics à la banque est autorisé.

CHAPITRE III.

LETTRES DE GAGE.

Elles sont au porteur et produisent intérêts; elles sont garanties par les états comme une dette de la province. Le taux de l'intérêt n'est pas fixe : il est de temps à autre fixé par les états provinciaux, et publié. Il n'y a point de tirage au sort des obligations. L'amortissement a lieu par le remboursement en lettres de gage et par le rachat de ces lettres au profit du fonds de réserve.

Le payement des lettres de gage ne peut pas être exigé. La banque peut seulement en forcer le remboursement dans deux cas : 1° si le taux de l'intérêt doit être abaissé; 2° si la banque se dissout. La banque doit alors rembourser en argent.

Les lettres sont divisées en séries, suivant leur taux d'intérêt, et en classes, selon leur montant.

Les talons et coupons sont faits pour dix ans, avec cachet de la banque, marque du directeur, etc.

Le payement des intérêts a lieu tous les 1er janvier et 1er juillet, excepté pour les petites sommes, qui ne sont payées qu'une fois par an. Il est fait en argent comptant et peut avoir lieu dans divers endroits, même ailleurs qu'à Bautzen.

Les lettres de gage peuvent être mises hors de cours par les porteurs et par la banque ou par les autorités du pays.

CHAPITRE IV.

DES PRÊTS.

Le propriétaire auquel la banque refuse le crédit peut en appeler aux états provinciaux.

Les tuteurs ne peuvent emprunter qu'avec le consentement de l'autorité pupillaire.

Les documents qui doivent accompagner la demande de crédit sont : 1° Le certificat légal constatant que l'impétrant a la pleine jouissance de sa fortune; 2° le certificat hypothécaire sur la situation légale du bien; 3° le certificat légal sur les contributions et autres charges payées par la propriété.

L'assentiment des créanciers hypothécaires placés après le cessionnaire, est nécessaire lorsque l'emprunt à la banque a lieu par cession.

La banque prête sur la première moitié de la valeur du bien. Cette valeur est déterminée par l'estimation officielle qui a été faite à propos de nouvelles contributions foncières, en multipliant le revenu net par 25.

Les propriétaires des terres auxquelles sont attachées des rentes ou redevances en argent comptant, non rachetables, peuvent engager ces rentes pour la moitié du capital représenté par 20 années de rentes.

Les emprunts sur les maisons ne peuvent dépasser la moitié de leur valeur inscrite dans les registres de la caisse d'assurance contre l'incendie, qui est établie dans la Haute-Lusace.

Le moindre prêt fait par la Banque est de 100 thalers (375 francs.).

Les charges qui pèsent sur le bien en vertu d'une obligation de droit civil, et qui diminuent sa valeur, sont déduites de la première moitié de la valeur[1]. Le capital de la charge annuelle résulte de la multiplication du montant de cette charge par 25. Les rentes viagères sont multipliées par 20.

L'emprunteur doit fournir tous les documents nécessaires pour l'estimation du bien engagé.

L'existence des hypothèques occultes doit être déclarée à la direction de la Banque. Si le propriétaire

---

[1] Une décision postérieure, votée par les États provinciaux et approuvée par le roi le 31 juillet 1849, modifie cette disposition en ce sens : que la déduction dont il s'agit est faite non de la première moitié, mais de toute la valeur hypothécaire du bien.

contractait l'emprunt sans faire cette déclaration, et ne faisait pas disparaître l'hypothèque occulte à la première sommation, le remboursement de l'emprunt deviendrait exigible au premier terme de payement de l'intérêt, et le propriétaire serait passible d'une amende égale à la moitié du capital ainsi hypothéqué.

Les frais d'estimation sont à la charge de l'emprunteur.

Les majorats ne peuvent être engagés que sur une décision spéciale de la direction et dans la proportion que celle-ci aura déterminée.

CHAPITRE V.

DES DROITS ET OBLIGATIONS DES EMPRUNTEURS.

La transcription de la créance dans le livre hypothécaire doit être justifiée à la Banque avant le payement du prêt.

Il en est de même pour les cessions de créances des tiers. La banque peut délivrer au créancier cédant une promesse de lui payer sa créance aussitôt que le cessionnaire aura obtenu l'acquiescement de la direction au prêt sollicité.

Lorsque toutes les conditions pour contracter l'emprunt sont remplies par l'impétrant, la Banque lui délivre le prêt en lettres de gage, d'après leur valeur nominale.

Si la direction de la Banque juge utile, pour écarter les hypothèques antérieures, de faire une avance en espèces, elle peut le faire en échange de lettres de gage d'une valeur équivalente, après déduction des frais.

Un procès-verbal est dressé sur les faits relatifs à cet emprunt, et signé par le conseil légal, par un des directeurs et par le débiteur.

Le débiteur a le choix de la classe des lettres de gage, c'est-à-dire, qu'il peut prendre des lettres de différentes valeurs. La direction peut cependant lui imposer une certaine proportion dans le nombre des lettres de diverses classes.

L'emprunteur, au moment de la livraison des lettres de gage, est obligé de payer un droit d'expédition qui est de un quart p. o/o pour les lettres de 50 à 1,000 thalers, et de un demi p. o/o pour les lettres de 20 et de 10 thalers.

Ce dernier droit est toujours payé lorsque le prêt est effectué en espèces.

Le débiteur doit payer, en sus de l'intérêt, le tiers pour cent afin de former un fonds de réserve, sauf réduction, s'il y a lieu.

Les intérêts courent du jour où la caisse a déclaré que la valeur est à la disposition de l'emprunteur.

Les intérêts courent de plein droit, en cas de retard, huit jours après l'échéance, à raison de 5 p. o/o du payement arriéré. Un mois après, le capital devient exigible de plein droit.

Aucun délai ne peut être consenti par les juges. Il peut en être accordé un par la direction de la banque pour six mois, et par la diète provinciale pour un an.

La demande de délai doit être adressée un mois avant l'échéance, et accompagnée des motifs, tels que l'incendie d'au moins la moitié des édifices, récoltes manquées, mortalités par épizootie, etc.

Le débiteur ne peut démembrer sa propriété sans le consentement de la banque jusqu'à sa libération.

La banque ne peut y acquiescer que dans les cas suivants : Lorsque la valeur totale de la terre doit être employée au remboursement d'hypothèques primant celles de la banque ou à l'extinction de créances dues à la banque, lorsque l'aliénation ne peut évidemment mettre en péril les intérêts de l'établissement.

Le débiteur peut toujours amortir sa dette ou payer des à-compte. Ces à-compte ne diminuent le montant de l'intérêt qu'à partir de la prochaine échéance.

Le remboursement doit avoir lieu en lettres de gage ou en espèces, mais dans ce dernier cas seulement, avec payement de l'escompte ou bonification de la différence du cours, à la banque.

Le payement en lettres de gage doit avoir lieu avec des lettres de la même série, et auxquelles il ne manque aucun coupon; autrement le payement devra avoir lieu en argent.

En cas de nouvel emprunt, de nouveaux droits d'expédition sont perçus. Les droits de quittance sont fixés à deux gros (23 centimes) pour chaque payement au-dessous de 100 thalers. Au-dessus de cette somme, le droit est fixé à un dixième pour cent de la somme payée. La mainlevée de l'inscription hypothécaire est gratuite. Le capital devient exigible en cas de diminution de sûretés, de violation des statuts, mais après une dénonciation. Il est exigible de plein droit faute de payement exact des intérêts et en cas de réunion de créanciers, de fausse déclaration, de dissimulation de charges, etc.

CHAPITRE VI.

DIRECTION ET ADMINISTRATION DE LA BANQUE.

La direction supérieure appartient aux états provinciaux. L'administration de la banqne se compose d'un directeur président, de quatre autres directeurs, et d'un syndic.

Les cinq directeurs sont élus par les états provinciaux pour six ans. La direction tient quatre sessions par an. Ses attributions sont celles d'une simple gérance; il y a appel de ses décisions aux états provinciaux.

Les fonctions du syndic sont les suivantes :

Il est nommé par les états provinciaux sur la proposition de la direction, avec traitement fixe.

Il est le conseil légal de la banque.

Il surveille tous les actes de la direction, et n'a que voix consultative. Il exécute les décisions de la direction, en tant que cela n'exige pas la présence du directeur président.

CHAPITRE VII.

DU PRÉSIDENT DES ÉTATS PROVINCIAUX.

Il exerce un contrôle permanent sur la banque, assiste à toutes les réunions de la direction. Il peut les
provoquer, et alors, quoiqu'il n'ait que voix consultative, il les préside.

CHAPITRE VIII.

DISSOLUTION DE LA BANQUE. SURVEILLANCE DE L'ÉTAT.

La dissolution ne peut avoir lieu qu'après payement
de toutes les obligations de la banque. L'excédant qui
reste après ce payement doit être versé dans la caisse
des états provinciaux.

Un commissaire royal est nommé par le gouvernement pour surveiller l'établissement; il a le droit d'assister aux séances, de visiter les livres en présence
d'un directeur, et de contrôler le bilan.

───────

Les comptes rendus de cette banque pour les années
1845, 1846 et 1847, ne révèlent pas une grande prospérité dans cet établissement, dont les vices d'organisation ressortent de la simple lecture des statuts.

Les troubles politiques dont la Saxe a été le théâtre
en 1848 et 1849 ont aussi contribué à arrêter l'es-

sor de cette institution, d'ailleurs trop récemment fondée pour avoir pu encore prendre un grand développement.

Après avoir émis jusqu'au mois de septembre 1847 des obligations hypothécaires montant en tout à la somme de 444,880 thalers (1,668,330 francs), et après avoir dépensé 10,395 thalers en frais d'administration (ce qui paraît donner deux et demi p. o/o pour ces frais), la banque en est restée là faute de demandes.

Pour imprimer plus d'activité à l'institution, les états provinciaux de la Haute-Lusace ont résolu d'en simplifier l'administration, d'émettre de plus petits appoints des obligations hypothécaires, afin de rendre possible le remboursement des emprunts moyennant des à-compte très-minimes, de fixer le minimun de ces emprunts à la somme de 20 thalers (75 francs), mais toujours sans amortissement forcé : ce qui est un vice capital. Ils ont résolu en outre de joindre à l'établissement une banque de dépôt et une caisse d'épargnes, de doter la banque, pour rendre possibles les prêts en numéraire, du bien appartenant à l'arrondissement territorial de Bautzen, dont la valeur est de 500,000 thalers (1,875,000 fr.), de mettre en circulation, outre les obligations hypothécaires portant intérêt, des billets de banque sans intérêt , enfin d'étendre les opérations sur les autres parties du royaume.

Ces modifications approuvées par le gouvernement contribueront-elles à relever l'établissement? L'expé-

rience le prouvera, mais les vices originaires de l'établissement et le cumul de plusieurs genres d'opérations,
sur une petite échelle, semblent devoir former un
obstacle à la prospérité de cette banque, qui a peu profité des expériences acquises ailleurs par ses devan-
cières.

Indépendamment des deux institutions de crédit
foncier, il existe encore en Saxe un établissement fondé,
d'accord avec les états du pays, dans le but spécial de
faciliter les rachats des droits seigneuriaux, corvées,
dîmes, etc. c'est la *banque des rentes foncières*.

Sa création date du 17 mars 1832, mais ses opérations n'ont commencé que le 1er janvier 1834, en
vertu d'une ordonnance royale du 30 décembre précédent.

Son but, comme on vient de le dire, est de faciliter
aux débiteurs l'extinction des rentes rachetées, capita-
lisées ou payables en redevances annuelles. En vertu
des dispositions des lois précitées, le gouvernement
ou plutôt la banque est substituée aux créanciers à de
certaines conditions. Elle reçoit les capitaux ou redevances destinés au remboursement et s'engage à payer
les ayants droit.

Cet établissement s'applique à un état de choses
dont la nature est toute locale et transitoire.

CHAPITRE VII.

HANOVRE.

Le royaume de Hanovre compte, d'après le dénombrement de 1845, une population de 1,758,847 habitants sur une superficie de 698 milles carrés géographiques (de 15 au degré).

Son gouvernement est constitutionnel; il est composé du Roi et de deux Chambres. A la tête de l'administration se trouvent placés : un ministère général, composé de six chefs des départements ministériels, et un conseil d'État.

Le royaume est divisé en six provinces ou arrondissements, et un *territoire*. Les provinces sont administrées par des préfets nommés *drossarts*. Elles sont subdivisées en fiefs territoriaux : principautés, duchés, comtés. Ces fiefs sont divisés en bailliages.

Le Hanovre est, parmi les États allemands, un de ceux qui ont conservé le plus longtemps les traces du régime féodal. La propriété rurale y est divisée en biens nobles et biens de paysans. De nombreuses servitudes grevaient ces derniers jusqu'à l'époque de la fondation de l'Établissement de crédit pour le rachat des dîmes, redevances, etc., en 1840.

18

Le système hypothécaire dans tout le Hanovre, moins les principautés de la Frise orientale et d'Eichsfeld, placées sous l'empire des lois prussiennes, est régi selon les lois romaines, avec la modification d'une inscription publique qui se prend au chef-lieu de la province.

Les établissements de crédit foncier dans le royaume du Hanovre ont été décrits dans le rapport de M. Royer (page 371 et suivantes). Ce sont des banques foncières prêtant, sur hypothèque, de l'argent dont l'intérêt leur est payé de 4 1/2 à 5 p. o/o, tandis qu'à raison de leur crédit elles empruntent à 3 p. o/o. La libération s'opère par amortissement. Elles sont, les unes, basées sur l'association, les autres, dirigées par le Gouvernement.

Il y en a cinq :

1° L'institut de crédit hypothécaire de Lunebourg, établi à Zelle. Il ne prête que sur biens nobles (Voy. Royer, p. 378 et suiv.). Le maximum de la redevance est de 5 p. o/o. On peut se libérer par à-compte de 50, 100, 200 thalers au plus, en prévenant six mois d'avance. En cas de faillite de l'emprunteur, le séquestre est pratiqué.

2° Association de crédit, pour l'ordre équestre des principautés de Calenberg, Grubenhagen et Hildesheim, fondée le 5 août 1825. Cet établissement a été étendu aux biens des paysans, par ordonnance du 23 janvier 1838 ; mais, circonscrit dans un territoire dont la population dépasse à peine 100,000 habitants, ses opérations n'ont pas pris un grand développement. Le siége de la direction est à Hanovre.

3° Association de crédit pour l'ordre équestre des principautés de Brême et de Verden, fondée le 17 janvier 1826. La direction a son siége à Stade, sur l'Elbe (Voir Royer, p. 389 et suivantes). Elle prête sur la moitié et quelquefois sur les trois cinquièmes de la valeur des biens. Cette valeur doit être d'au moins 5,000 thalers. Elle prête en espèces et non en lettres de gage. L'intérêt est de 4 1/2 à 5 p. o/o. En cas de retard du débiteur, il y a saisie et séquestre. Une instruction annexée à l'ordonnance royale de création a prescrit les règles à observer par les autorités administratives de la société.

4° Association de crédit pour les propriétaires dans la principauté de la Frise orientale et de Harlingerland. L'ordonnance royale, contenant les statuts de l'association, est du 27 novembre 1828. Elle est suivie d'une instruction pour l'administration de l'association et pour l'estimation des terrains engagés.

On n'a pas d'autres renseignements sur cette association, qui n'a pas été mentionnée dans le rapport de M. Royer.

5° Établissement de crédit pour rachat des dîmes, redevances seigneuriales, et autres droits de même nature, fondé par ordonnance du 8 septembre 1840; il a été étendu aux prêts hypothécaires dans les provinces du royaume où il n'existait pas de banque spéciale pour procurer les mêmes avantages.

Les statuts de l'établissement ainsi transformé ont été approuvés par ordonnance royale du 18 juin 1842. L'institution, à partir de cette époque, prit le nom d'*Établissement de crédit territorial de Hanovre*. (Voir Royer, page 392 et suivantes.)

Voici une analyse succincte des statuts de cet établissement qui, par son origine et sa destination toutes démocratiques, non moins que par son caractère de centralisation gouvernementale, se distingue éminemment des associations aristocratiques et provinciales qui l'ont précédé.

Organisation. La banque de Hanovre, comme toutes les autres, peut être envisagée sous deux aspects, selon qu'elle emprunte ou selon qu'elle prête; car elle est à la fois débitrice à l'égard du capitaliste et créancière à l'égard des propriétaires.

Elle emprunte, par l'intermédiaire des banquiers ou bien directement à un taux qui ne doit pas excéder 3 et 1/2 p. 100, à moins de nécessité pressante. En échange des capitaux qu'elle reçoit, elle donne des obligations nominales ou des bons au porteur qui sont remboursables intégralement au bout de six mois, à un mois de vue. Chaque obligation ne peut pas représenter plus de 5,000 thalers ou 17,500 francs.

Les intérêts en sont payés tous les ans, le 2 janvier, sur la présentation d'un coupon. Dix coupons d'intérêts (*Zins-Coupons*) sont joints à cet effet au titre de l'obligation ; et, quand le dixième a été soldé, on remet au porteur une nouvelle série pour dix autres échéances. La caisse générale des recettes des contributions du royaume est garante et solidaire du crédit de l'établissement jusqu'à concurrence de 500,000 thalers (1,750,000 francs), et elle doit toujours tenir à sa disposition une somme de 100,000 thalers (375,000 fr.) pour satisfaire aux remboursements de capitaux qu'elle ne saurait opérer sur ses ressources ordinaires. La solidarité et la garantie du Gouvernement remplacent ainsi, dans l'établissement central de crédit foncier, la solidarité et la garantie des associés qui existent dans les banques provinciales.

La banque de Hanovre prête aux propriétaires fonciers une somme égale à la moitié de la valeur de leurs biens, sur première hypothèque et lorsque le revenu net de la propriété égale au moins 200 thalers (750 francs); mais elle n'est pas tenue de prêter au delà de ses moyens, et nul n'a contre elle d'action à cet effet.

Le chiffre fixé pour le revenu avait été d'abord de 300 thalers, on l'a mis ensuite à 200, et ce chiffre est considéré comme l'extrême limite. On pense que, si l'on descendait au-dessous, les frais judiciaires que doit faire l'emprunteur, pour établir son droit de propriété et pour en déterminer la franchise ou les charges hypothécaires, se trouveraient, auprès de la somme em-

pruntée, dans une proportion trop exorbitante. La
propriété de l'emprunteur doit être prouvée devant le
tribunal compétent, et il doit en produire le certificat
authentique.

Il doit également faire constater judiciairement les
droits des tiers.

On procède par voie de publication légale, afin d'établir s'il y a une saisie non signifiée, un douaire, une
dot ou une créance quelconque dont l'hypothèque générale ou spéciale, selon qu'elle résulte de la loi ou de
l'inscription, serait de nature à primer celle de la
caisse de crédit; et, une fois le rang de la banque fixé
par suite de cet acte judiciaire et dans les délais légaux, on ne peut plus élever de réclamations à son désavantage. Les hypothèques légales elles-mêmes qui
pourraient se produire après l'accomplissement de
cette formalité, telles que celle de la dot de la femme
dans le cas d'un mariage subséquent du débiteur,
devraient être subordonnées à l'hypothèque de la
Banque.

L'emprunteur doit payer 4 et 1/2 p. o/o chaque
année, par terme de six mois, à échéance fixe, savoir :
3 et 1/2 p. o/o pour les intérêts de la dette; un 1/4
p. o/o pour les frais d'administration et la formation
d'un fonds de réserve; 1/2 p. o/o pour l'amortissement. On doit payer franc de port à la caisse centrale
ou à ses succursales; sept jours après le terme fixé,
on est passible d'exécution. Le retardataire paye les

frais de recouvrement, et en outre, pour chaque thaler (3 fr. 75 c.) d'arrérages, un bon gros (15 centimes) d'amende qui est versé dans le fonds de réserve.

Le recouvrement des arrérages, par la saisie du mobilier, doit être effectué comme pour les contributions, par les employés du fisc, qui sont placés pour cela sous les ordres de la banque, chacun dans leur circonscription. Ils perçoivent, pour leurs frais de recouvrement, une indemnité qui est fixée par un tarif. Si la vente du mobilier ne produit qu'une somme insuffisante, on met l'immeuble sous le séquestre ou bien on le met en vente.

Le fonds de réserve, qui est destiné à faire face aux nécessités imprévues et au cas par exemple où l'expropriation du débiteur ne suffirait pas à acquitter sa dette, s'alimente :

1° Du bénéfice réalisé, parce que la banque ne paye l'intérêt de ses créanciers que tous les ans, tandis qu'elle se fait payer par ses débiteurs tous les six mois;

2° De sa part dans le chiffre de cet intérêt de 4 et 1/4 p. o/o;

3° De l'intérêt accumulé de ses propres capitaux;

4° Du produit des amendes.

Le dernier article des statuts de la banque centrale l'autorise à se réunir aux banques provinciales si elles lui en font la proposition.

Cet article n'a pas trouvé d'application jusqu'à présent. Les banques locales ont un principe trop différent

pour pouvoir songer à se fondre dans la banque centrale.

D'ailleurs, la portion de la noblesse qui forme le
noyau de ces associations se croit par là une influence
qu'elle tient à conserver : puis elle exerce son patronage avec moins de rigueur que ne peut le faire le
Gouvernement, et elle accorde paternellement aux débiteurs des délais plus élastiques ; enfin, ces banques,
qui sont d'une date plus ancienne, ont des fonds de
réserve plus considérables. Celui de la banque de
Lunebourg s'élève à 70,000 thalers (262,500 francs),
tandis que celui de la banque centrale ne s'élève encore, d'après les derniers calculs, qu'à 37,000 thalers
(138,650 francs).

Les statuts de cet établissement ont reçu des modifications par les actes législatifs suivants :

a. Ordonnance du Roi, du 26 août 1844, concernant
l'extension et le complément des statuts de l'établissement du crédit territorial.

Les modifications introduites par cette ordonnance
sont relatives au rachat des dîmes et autres redevances.
Elles offrent peu d'intérêt pour la question du crédit
foncier en général.

b. Notification du ministère de l'intérieur, concernant
les demandes de prêt pour les rachats de dîmes, etc.,

du 14 octobre 1844; cette notification est relative à l'exécution de l'ordonnance ci-dessus.

c. Ordonnance du Roi, du 29 avril 1845, concernant l'autorisation accordée à l'établissement de prêter sur propriété foncière de 100 thalers de revenu net [1].

Le revenu des biens hypothéqués, qui, d'après les statuts, devait être de 200 thalers, a été réduit de moitié par cette ordonnance.

d. Loi du 12 août 1846, concernant l'extension des statuts de l'établissement du crédit territorial. Pour bien comprendre cette loi, dont voici l'analyse, il faut se reporter aux statuts publiés par extraits dans le rapport de M. Royer, page 392 et suivantes.

LOI DU 12 AOUT 1846

CONTENANT MODIFICATION AUX STATUTS DE L'ÉTABLISSEMENT

DU CRÉDIT FONCIER.

Les modifications introduites dans les statuts de l'établissement, par les §§ 1 à 12 inclusivement de la présente loi, concernent les emprunts faits par les communes, les églises, les écoles, les corporations et les associations de propriétaires dûment autorisées.

---

[1] Le thalers vaut 3 fr. 75 c.

Les conditions auxquelles ces emprunts peuvent avoir lieu, indépendamment de celles énumérées par les statuts, sont :

2. L'autorité préposée à la surveillance de la commune, corporation, etc., doit donner son assentiment à l'emprunt fait à la commune, corporation, etc.

3. La proportion dans laquelle les membres de la commune, corporation, etc., participeront aux contributions à la caisse communale, destinées aux payements dus à la caisse de crédit, doit être fixée d'avance.

4. *En cas de retard dans les versements, on fera rentrer les arriérés par exécution administrative. La commune et ses membres sont responsables des déficits, en proportion des versements qu'ils devaient faire.*

5. La garantie hypothécaire repose sur les terrains, les bâtiments, les redevances ou les rentes qui les ont remplacés. Les bâtiments ne peuvent figurer qu'au plus pour les *deux tiers* de la somme garantie.

Lorsque la garantie est fournie par la propriété communale et non par celle des particuliers, cette garantie doit être consentie par l'autorité supérieure.

6. La direction de la caisse a le choix entre l'exécution des arriérés par la voie indiquée dans les statuts ou par voie administrative.

7. Lorsque la contribution des membres de la commune ou de l'association est assise sur les terres comme une charge ayant la préférence sur les hypothèques publiques, il n'est plus besoin d'une garantie hypothécaire.

Modification au § 22 des statuts.

Séquestre. Responsabilité mutuelle.

Prêt sur construction.

Le but dans lequel l'emprunt est contracté doit être spécifié dans l'autorisation administrative.

Les §§ 8 à 11 contiennent des dispositions spéciales à la nature des biens sujets à une propriété suzeraine.

12. Les prêts faits aux couvents sont soumis aux règles fixées par les statuts.

Le § 13 est relatif aux emprunts consacrés aux rachats des redevances seigneuriales.

Modification au § 4 des statuts.

Sont abolies les restrictions apportées par les statuts au consentement à l'emprunt pour rachat des charges seigneuriales grevant les maisons et propriétés, charges qui dépassent la moitié du capital contributif. Quant aux propriétés grevées au delà de trois quarts du capital contributif, cet emprunt peut être consenti : 1° lorsqu'il est prouvé par l'estimation basée uniquement sur la rente du sol que les charges seigneuriales annuelles sont couvertes au double par le produit net des terres engagées; 2° lorsque cette sécurité résulte de l'engagement de terres autres que celles originairement engagées et d'une valeur suffisante pour parfaire cette garantie double.

14. L'obligation de faire reviser tous les cinq ans l'état des biens engagés est supprimée. Les débiteurs, d'un côté, la direction, de l'autre, peuvent cependant demander et ordonner une révision dans certains cas.

Modification au § 19 des statuts.

15. La direction peut affranchir l'emprunteur, si elle le juge convenable, de l'obligation de placer l'emprunt de la caisse en première inscription hypothécaire.

Modifications au § 21 des statuts et au § 1er de l'ordonnance du 26 août 1844.

Modification au
§ 23 des statuts.

16. La direction peut également affranchir l'emprunteur de la condition qui exige que les biens engagés soient libres de la sujétion seigneuriale, lorsque le seigneur consent à l'engagement, ou si ce consentement n'est pas légalement exigible.

17. Dans les deux cas ci-dessus, la dette résultant de l'addition des charges rachetables et des dettes antérieures au montant de l'emprunt sollicité ne doit pas dépasser la moitié de la valeur des terres.

Modification au
§ 25 des statuts.

Le § 18 est relatif aux formalités judiciaires.

Modification
au § 43 des statuts
et au § 4
de la loi du 8 juin
1843.

19. La disposition des statuts portant que la somme de l'emprunt doit être divisible par 50 est supprimée. Cependant la caisse ne pourra prêter au-dessous de 50 thalers. L'obligation d'exiger que l'argent donné soit en sommes rondes est abandonnée à la discrétion de la direction.

Modification au
§ 45 des statuts.

20. La direction peut fixer un autre jour pour le payement des intérêts, que celui du 2 janvier.

Modification
à l'ordonnance
du 29 avril
1845.
Minimum du prêt.

21. *Le produit net de 100 thalers (exigé comme minimum de la garantie de l'emprunt) est abaissé à 60 thalers,* (225 francs.)

---

c. Une notification du ministère de l'intérieur du 1ᵉʳ octobre 1846 modifie la notification du même ministère datée du 14 octobre 1844.

Cette notification s'applique, ainsi que la précédente,

aux prêts accordés pour rachat des droits féodaux. *Elle autorise dans ce but spécial des prêts au-dessous de 20 thalers, et permet de les accorder même dans le cas où le capital contributif du sol serait grevé au delà de trois quarts.*

————

f. Enfin une loi du 9 juin 1848 a été décrétée. Elle renferme de nouvelles modifications aux statuts de l'établissement du crédit. En voici la teneur:

§ 1. Les restrictions apportées aux demandes d'emprunts de la caisse sont supprimées à l'égard des propriétés sur lesquelles les capitaux de rachat ont déjà été empruntés de l'établissement du crédit foncier, ou auxquelles le prêt a été refusé par l'établissement du crédit de la noblesse.

Modification au § 21 des statuts du 18 juin 1842.

2. 1° Les intérêts ne seront plus calculés sur le pied fixe d'intérêt de 3 ½ p. o/o.

Modification au § 29 des statuts. Intérêts.

2° La contribution au fonds d'administration, après l'amortissement commencé, ne sera plus calculée sur la somme originairement empruntée, mais sur la dette restant à chaque année.

Contribution aux frais d'administration.

3° La contribution au fonds de réserve ($\frac{1}{12}$ p. o/o du capital emprunté) cessera.

Contribution au fonds de réserve.

4° L'excédant des versements de chaque débiteur, au taux invariable de 4 ¼ p. o/o, après déduction de sa part d'intérêts payables par l'établissement et de sa

Fonds d'amortissement.

contribution au fonds d'administration, sera porté au compte dudit débiteur, comme amortissement du capital.

5. Le § 5 est relatif aux versements à faire pour couvrir les frais d'administration extraordinaires.

6. L'augmentation accordée aux débiteurs des versements reçus dès l'origine n'exige pas un avis fait six mois d'avance. Elle n'est admise cependant que le 1er janvier suivant.

Modification ou § 54 des statuts. Composition du fonds de réserve.

3. L'excédant du fonds d'administration doit être ajouté non au fonds d'amortissement, mais au fonds de réserve. Celui-ci est chargé de couvrir les déficits qui se déclareraient par la suite dans le fonds d'administration, jusqu'à concurrence des excédants qui y auront été versés.

§ 55 des statuts.

4. Disposition relative à la bonification des intérêts perçus par la caisse tous les six mois et payés par elle tous les ans.

Modification ou § 55 des statuts. Emploi de la réserve.

5. La direction de l'établissement est autorisée à prêter à intérêt, d'après les règles qui seront prescrites par le ministre de l'intérieur, les réserves de caisse qu'elle ne pourrait pas placer immédiatement selon le mode prescrit par les statuts.

6. Le prêt des capitaux destinés à convertir les propriétés féodales en propriétés allodiales (du droit commun) peut être accordé aux mêmes conditions que le prêt de capitaux de rachat de servitudes et droits seigneuriaux.

7. Les dispositions relatives aux obligations et aux Modification au § 46 des statuts. coupons à émettre sont supprimées.

Par contre, les dispositions de la loi du 3 juillet 1844, concernant l'émisssion des talons des obligations de la dette de l'État seront aussi applicables aux obligations de l'*établissement du crédit* y compris les obligations nominatives, accompagnées de coupons.

Cette loi est entrée en vigueur le 1er janvier 1849.

Comme on le voit par les documents qui précèdent, les établissements de crédit du Hanovre, soit qu'ils reposent sur la base de l'association et s'appliquent à certaines provinces, soit qu'ils fonctionnent sous la direction du Gouvernement pour tout le royaume, ont pour but de prêter des capitaux sur hypothèque. Ils se distinguent de la plupart des établissements de ce genre en ce qu'au lieu d'émettre des lettres de gage, ils livrent des espèces aux emprunteurs. Ceux-ci payent un intérêt modique et se libèrent par un amortissement plus ou moins prolongé. En cas de non-exécution de leurs obligations, une procédure privilégiée met la banque à même de recouvrer rapidement ce qui lui est dû.

Ces banques ont rendu de grands services pour la libération des charges et redevances féodales dont le sol était grevé. Elles ont exercé une heureuse influence sur les développements de l'industrie rurale, qui est parvenue dans le Hanovre à un remarquable état de prospérité. Le tableau suivant indique combien sont peu importantes les pertes que font éprouver à la caisse les mauvais débiteurs.

CAISSE DE CRÉDIT DU HANOVRE.

ANNÉES.	NOMBRE des contribuables.	CONTRIBUTION annuelle en argent courant.	AMENDES prononcées contre les retardataires.		POURSUITES judiciaires exercées contre les personnes en retard pour l'acquittement des amendes précitées.		OBSERVATIONS.
			Nombre des contribuables	Montant des amendes	Nombre des personnes.	Montant des sommes en argent courant.	
		Thalers.		Thalers.		Thalers.	L'amende se compose d'un bon gros pour chaque thaler d'arriéré et est versée dans le fonds de réserve de l'établissement.
1846...	16,598	256,372	170	3,950	62	480	
1847...	17,718	282,323	164	4,584	46	794	Le thaler vaut 3f 75c:
1848...	18,806	316,693	128	4,032	28	472	comme il y a 24 bons gros
1849...	19,716	339,731	160	4,700	24	536	dans un thaler, le bon gros vaut 15 centimes 5/8.

Le montant à percevoir pour les quatre années ci-dessus s'élève à 1,195,119 thalers. Sur cette somme, il est resté en souffrance celle de 17,266 thalers, soit 1 thaler 45/100 pour cent, ou bien 15 pour mille.

Sur ces 17,266 thalers on a été obligé d'en recouvrer 2,282 par voie de poursuites judiciaires, soit 19/100 pour cent thalers, ou bien 2 pour mille.

CHAPITRE VIII.

GRANDS-DUCHÉS DE MECKLENBOURG-SCHWERIN ET STRELITZ.

Les grands-duchés de Mecklenbourg-Schwerin et Strelitz ont une population de 624,477 habitants, sur une superficie de 264 milles carrés allemands. (Sur ces chiffres il ne revient au grand-duché de Strelitz qu'une population de 96,292 habitants et une superficie de 36 milles carrés.)

Ces deux États, bien qu'ayant des souverains distincts, sont unis par dès liens politiques et administratifs. Ainsi, les États représentatifs, le tribunal d'appel qui siége à Rostock, sont communs aux deux pays.

La législation civile et féodale ainsi que le régime hypothécaire en vigueur sont les mêmes.

La propriété du sol se divise en biens nobles ou biens de l'ordre équestre et en biens de paysans; mais, de même qu'en Prusse, cette dénomination est attachée à la nature des biens, et non plus exclusivement à la qualité du propriétaire. Cependant la grande majorité des terres appartient à la noblesse.

Une seule institution de crédit pour les biens de l'ordre équestre est établie dans les deux grands-du-

chés : cette institution paraît être une des plus anciennes
de ce genre en Allemagne, puisque les statuts de Lunebourg (Hanovre), du 16 février 1790, mentionnent
plusieurs fois « l'association de crédit qui existe depuis
« longtemps dans le Mecklenbourg. » Ces statuts, révi-
sés en 1818, ont été remplacés par un règlement nouveau.

Voici la traduction des principales dispositions de
ce règlement et l'analyse des autres :

NOUVEAUX RÈGLEMENTS

DE L'INSTITUT DU CRÉDIT FONCIER

DES TROIS CERCLES DANS LES GRANDS-DUCHÉS DE MECKLENBOURG,

FONDÉ PAR LA NOBLESSE ET CONFIRMÉ PAR LE GOUVERNEMENT.

CHAPITRE Iᵉʳ.

DE L'ORGANISATION ET DE LA NATURE DES HYPOTHÈQUES EN GÉNÉRAL.

ARTICLE PREMIER. *Système des certificats hypothécaires.*
— Les certificats hypothécaires (lettres de gage,
Pfand-Briefe) sont des titres que délivre la direction
des membres réunis de l'ordre équestre dans les
Mecklenbourgs. Ces titres enregistrés, pour la sûreté de
la créance, dans les registres spéciaux disposés à cet
effet pour chaque terre admise dans l'association,
sont considérés comme première dette privilégiée et

garantis à leurs possesseurs par l'association, tant pour le capital que pour les intérêts. Les propriétaires de terre associés à l'institution de crédit sont, en conséquence, solidaires avec leurs biens envers les possesseurs de ces certificats hypothécaires. (Voyez articles 5 et 59.)

2. Cette organisation fait naître des obligations entre l'institut de crédit et les propriétaires qui en font partie.

L'association de crédit est en droit d'exiger des propriétaires associés le payement immédiat des intérêts stipulés et des frais accessoires; elle en poursuit le remboursement de la manière indiquée plus bas. Par contre, elle est tenue de payer aux créanciers, à l'échéance, les intérêts et capitaux.

3. *Des droits et des obligations entre l'institut du crédit et les créanciers hypothécaires.* —Les créanciers sont en droit d'exiger, en toute circonstance, le payement des intérêts aux termes fixés dans leurs coupons, de même que le remboursement du capital, lorsqu'il est échu : de leur côté ils sont tenus, à l'expiration de leur hypothèque, d'en toucher immédiatement le capital.

4. *Situation de l'institut de crédit et de ses employés vis-à-vis de la justice et du Gouvernement.* — L'institut de crédit est soumis à la surveillance du Gouvernement et de la justice du pays, de sorte qu'un individu qui croit avoir des griefs contre lui peut l'obliger, par les voies légales, à remplir les engagements qu'il a contractés.

Les expéditions transmises à l'association, en matières
officielles, par les autorités et les tribunaux, seront
délivrées gratis et sans timbre.

En ce qui touche les questions de droit de haute
administration, les grands-ducs de Mecklenbourg veilleront à ce que les règlements et les dispositions légales
qui concernent l'institut soient exactement observés par
tous les intéressés et à ce que personne ne porte atteinte
aux droits et prérogatives desdits souverains, de la constitution, ou de l'institut; le cas échéant, ils nommeront
des commissaires qui n'auront à traiter qu'avec l'assemblée générale, ou, à son défaut, avec la direction générale de l'institut.

5. *A combien peut s'élever le certificat hypothécaire.
Mode d'attestation et d'enregistrement.* — Il ne sera délivré de lettres de gage que jusqu'à concurrence de la
moitié de la valeur des biens fixée par la direction de
l'institut de crédit, d'après les impôts perçus sur ces
biens.

La somme accordée est inscrite dans le livre des
hypothèques, et c'est le bureau des hypothèques qui
délivre le certificat d'inscription. Les lettres inscrites ont
la priorité sur toutes les autres créances hypothécaires.

6. *Des créances qui viennent à la suite des certificats
hypothécaires de l'institut.* — L'association n'a rien à dé-
mêler avec les créances qui se trouvent inscrites dans
les livres hypothécaires à la suite de ses certificats hypothécaires.

Si cependant il intervient un accord entre un propriétaire associé et ses créanciers ; pour l'acquittement successif des créances étrangères à l'institut, et si ce propriétaire demande audit institut de diriger la liquidation devenue nécessaire par suite de cet accord, l'institut s'en chargera à certaines conditions.

7. *De l'intérêt des certificats hypothécaires.* — L'intérêt des certificats hypothécaires est de 3 1/2 p. o/o ; mais l'institut, en délivrant de nouveaux certificats, pourra élever ou abaisser cet intérêt.

8. *De l'égalité et de la libre circulation des certificats hypothécaires.* — Les certificats hypothécaires et les coupons d'intérêts qui y sont attachés jouissent de droits parfaitement égaux. Ils ne sont pas nominatifs, n'indiquent aucun immeuble en particulier, et se transmettent sans formalité de la main à la main.

A la demande des détenteurs, on peut cependant les rendre nominatifs, moyennant un droit modéré.

9. *Monnaie et valeur des certificats hypothécaires.* — Les certificats hypothécaires ou lettres de gage peuvent être délivrés en monnaie d'or ou en monnaie d'argent.

Les certificats se délivrent au maximum à 1,000 thalers, et au minimum à 25 thalers. Chaque propriétaire peut les demander pour la somme qui lui convient ; mais il faut, que cette dernière somme soit divisible par 25. On ne peut, d'ailleurs, émettre en certificats de 25 thalers que 4 p. o/o de la totalité de la somme hypothéquée.

10. *Liberté d'entrée et de sortie dans l'institut de crédit.*
— Chaque propriétaire est libre d'accéder ou de ne pas accéder à l'institut. De même, une fois entré, chacun est libre d'en sortir en tout ou en partie (§ 79); mais il faut qu'il remette auparavant à la direction générale des certificats hypothécaires jusqu'à concurrence de la somme dont son bien est débiteur vis-à-vis de l'institut, et, si la caisse de l'institut a des dettes, il faut, de plus, qu'il en paye une partie au prorata de la valeur de son bien.

La sortie ne s'opère qu'aux termes de payement d'usage dans le pays. Le propriétaire qui veut l'opérer fera connaître son intention à la direction générale, huit semaines au moins avant le terme susdit.

CHAPITRE II.

DES IMMEUBLES QUI PEUVENT ENTRER DANS L'INSTITUT DE CRÉDIT.

11. Ne peuvent être reçus que les biens principaux compris dans le cadastre de l'ordre équestre, et qui n'appartiennent point au souverain. Peu importe, du reste, la qualité et l'état du propriétaire.

12. Pour l'admission des fidéi-commis, majorats et fiefs, on observe les prescriptions du droit civil et féodal, ou les dispositions des pactes, testaments, etc.

13. *Assurances dans la compagnie équestre contre l'incendie.* — Les édifices du bien à recevoir doivent être assurés à une des deux compagnies équestres contre l'incendie, et la direction du cercle doit examiner si la somme assurée n'est pas trop inférieure.

Il faut le consentement de la direction générale pour sortir de ces compagnies d'assurances ou pour diminuer la somme assurée. Si l'édifice vient à brûler, le propriétaire reçoit un quart de la somme assurée immédiatement après que l'incendie a eu lieu; il reçoit le deuxième et le troisième quart quand le bâtiment destiné à remplacer l'édifice brûlé est construit et sous toit; il reçoit le quatrième quart enfin, lorsque l'édifice brûlé est complétement rétabli, suivant les besoins de la propriété, et qu'il se trouve de nouveau assuré.

Le cas échéant, la direction compétente du cercle s'enquerra des faits; fera son rapport à la direction générale, et consentira, s'il y a lieu, à ce que les compagnies d'assurances payent entre les mains du propriétaire.

CHAPITRE III.

DE L'ADMINISTRATION.

14. L'administration de l'institut se compose de trois directeurs pour les cercles, dont il sera parlé plus tard, d'une direction générale, d'un comité de révision et d'une assemblée générale.

15. Les membres de la direction générale et des directions des cercles sont nommés, dans les différents cercles, à la majorité des voix, par les assemblées générales des propriétaires. La nomination est confirmée par les deux souverains.

Les fonctions durent six ans.

16. Ces fonctions ne peuvent être refusées sans motif grave.

L'article 17 recommande de ne nommer aux emplois de l'institut que des hommes probes, habiles, et connaissant bien leur pays et leur arrondissment. Si l'on fait choix d'un propriétaire dont les biens sont sous administration judiciaire ou contre lequel l'institut aura provoqué des voies d'exécution, il ne pourra continuer ses fonctions.

18. C'est toujours la pluralité des voix qui décide dans les affaires de l'institut.

19. La parenté est un empèchement toutes les fois que la personne dont l'intérêt est en question est parente ou alliée des députés ou d'un directeur au troisième degré du comput romain. Dans ce cas les membres de la direction générale et des directions de cercle s'abstiendront de voter.

20. La direction générale se compose de trois membres. Ils sont assermentés.

21. Quant au siége de cette direction, il se trouve toujours là où est le petit comité de l'ordre équestre.

22. L'article 22 concerne les sceaux employés par l'institut pour les lettres de gage.

23. Le personnel de la direction générale. Il est assermenté.

24. Mode de nomination de ce personnel. L'agent comptable fournit une caution.

25. L'article 25 fait connaître les travaux de la direction générale. Celle-ci doit veiller au maintien des statuts, favoriser tout ce qui peut être utile à l'institut, s'opposer à tout ce qui peut lui porter préjudice. Les dispositions qu'elle prend doivent être exécutées par les directions de cercles.

26. La direction générale examine et juge les plaintes portées contre les directions de cercle. Le plaignant peut appeler de la décision auprès de l'assemblée générale.

27. L'article 27 traite de la procédure devant la direction générale. Si elle le juge nécessaire cette direction envoie une députation sur les lieux pour examiner le litige.

28. La direction générale soumet à l'assemblée générale les propositions touchant une meilleure organisation de l'institut.

29. Dans tous les cas douteux, les directions de cercles doivent s'adresser à la direction générale.

30. L'article 30 parle de la surveillance que la direction générale doit exercer sur les caisses et les capitaux de l'institut. L'amortissement et le rembourse-

ment des capitaux ainsi que le rachat des lettres de gage sont également de son ressort.

31. Les excédants de caisse seront envoyés par les cercles à la caisse générale.

32. D'après l'article 32 la direction générale a le droit de faire inspecter l'état des caisses.

33. Tous les rapports entre l'institut et le Gouvernement sont conduits par cette direction.

34. Il y a pour chaque cercle une direction particulière. Les cercles sont au nombre de trois. Le cercle de Mecklenbourg siége à Gadebusch; le cercle Vendien à Güstrow, et celui de Stargard, à Neubrandenbourg.

35. Chaque direction de cercle se compose d'un directeur, de plusieurs députés, d'un syndic, d'un agent comptable et de plusieurs subalternes.

36. L'article 36 détermine les fonctions des directeurs de cercle.

37. L'article 37 prescrit que le directeur de cercle doit être assermenté.

38. En cas d'absence, il sera remplacé par le plus ancien député.

39. Dans tous les cas urgents, le directeur de cercle peut prendre des dispositions provisoires.

40. Suivant l'article 40, il doit veiller à ce que les estimations se fassent régulièrement. Il signe les lettres de gage et les coupons délivrés par la direction générale, etc., etc.

41. L'article 41 veut qu'il soit nommé au moins deux députés pour chaque cercle.

42. Nomination du syndic de cercle. Il est choisi sur une liste de trois candidats par l'assemblée générale.

43. Les autres employés sont nommés par la direction du cercle avec le consentement de la direction générale.

44. Comité de révision : ses fonctions sont confiées au petit comité commun.

45. Ce comité de révision veille au maintien des statuts, signe les lettres de gage, assiste par un de ses membres au tirage des obligations destinées au fonds d'amortissement.

46. Les travaux du comité s'expédient lorsqu'il est réuni en petit comité. Pour les circonstances particulières, il s'assemble extraordinairement.

47. Le comité de révision peut demander à la direction générale toutes les explications qu'il juge nécessaires. Si quelqu'un croit devoir protester contre une décision de la direction générale, il peut s'adresser à ce comité de révision, qui examinera l'affaire, et la soumettra à la décision de l'assemblée générale.

48. Cette assemblée générale se compose de tous les membres de l'institut domiciliés dans le pays. Sa réunion a lieu une fois par an avec l'autorisation du souverain. C'est la direction générale qui convoque l'assemblée.

49. Le comité de révision, la direction générale, les directeurs des cercles et quelques députés doivent toujours assister à l'assemblée générale.

50. C'est le premier membre du comité de révision qui préside cette assemblée.

51. La direction générale fait à l'assemblée un rapport détaillé sur les affaires de l'institut, et le comité de révision rend compte de l'administration des fonds.

52. L'assemblée générale délibère sur toutes les propositions faites pour favoriser l'institut.

53. Chaque membre présent n'a qu'une voix dans l'assemblée générale. Il n'est pas permis de se faire représenter par un fondé de pouvoirs.

54. *Modification aux statuts.* — Les statuts ne peuvent être modifiés qu'avec le consentement des deux grand-ducs.

CHAPITRE IV.

INSTRUCTIONS AUX EMPLOYÉS.

55. *Délivrance des certificats* — Ils doivent être délivrés conformément au règlement hypothécaire de l'ordre équestre.

56. *B. Mode d'émission des certificats.* — Les certificats sont accordés, sur la proposition faite par la direction du cercle, par la direction générale, qui est chargée de faire procéder, à cet effet, aux investigations nécessaires.

57. L'article 57 concerne les mesures à prendre pour l'expédition des lettres de gage; elles sont imprimées sur papier fin avec des plaques gravées en cuivre, de même que les coupons d'intérêt. C'est la direction générale qui les délivre.

58. *D.* Cet article est relatif au timbre des certificats hypothécaires.

Le timbre ne s'appose point sur les certificats.

59. *Estimation.* — La garantie de l'institut ne s'appliquant qu'à une partie déterminée de la valeur des propriétés, cette valeur se constate par les moyens indiqués dans l'annexe 3, et qui ne peuvent être changés, contre d'autres que l'expérience aurait montrés meilleurs, qu'avec le consentement des états du pays et des deux grands-ducs.

60. *Exceptions.* — Pour faciliter l'entrée dans l'institut, les propriétaires ont le droit de s'y faire recevoir sans estimation formelle opérée sur les lieux, s'ils ne demandent au plus que 4,000 thalers de certificats hypothécaires par mesure de terrain (*Hufe*[1]), quand la direction générale a vu par la carte trigonométrique, par les procès-verbaux du cadastre, et par le livre-registre des propriétés foncières, que ledit bien, sommairement taxé, vaut le double de la somme demandée en certificats hypothécaires.

61. *Payement des intérêts des certificats hypothécaires;*

[1] Voir la note, p. 327.

délivrance de ces intérêts aux créanciers. — Les propriétaires et associés réunis payent les intérêts et les quote-
parts du fonds d'amortissement huit jours avant chaque
échéance (à la saint Antoine et à la saint Jean), à la
caisse de leur cercle respectif.

Celui qui n'opère pas exactement ces payements
aux échéances est tenu de payer 2 p. o/o de dommages-
intérêts pour la somme arriérée, outre les frais causés
par les admonitions, requêtes d'exécution, etc.

Le payement des intérêts par la société, entre les
mains des détenteurs de certificats hypothécaires, a
lieu à partir du premier jour de chaque échéance à la
caisse du cercle, contre la remise de coupons, et continue jusqu'à la fin de l'échéance. Plus tard, les coupons qui n'ont pas été présentés aux caisses de cercles
sont payés par la caisse générale, qui a également le
droit d'acheter les coupons par elle-même ou par ses
mandataires.

62. *Établissement de commandites pour les détenteurs
étrangers de certificats hypothécaires.* — La direction
centrale est libre d'établir des commandites dans plusieurs grandes villes, telles que Hambourg, Hanovre,
Leipsick, etc., et de leur adresser des instructions pour
les détenteurs étrangers des certificats hypothécaires
et des coupons d'intérêt.

63. *Du cas où un certificat hypothécaire ou un coupon
d'intérêt est volé, perdu ou anéanti.* — Celui à qui on
vole un certificat hypothécaire ou un coupon d'inté-

rêts, ou qui le perd par un effet du hasard, est tenu d'en faire la déclaration à la direction centrale qui l'annonce par les journaux, aux frais et au choix du propriétaire, et qui le fait savoir aux directions de cercle et aux commandites, afin d'en prendre note lors du prochain payement du coupon, et de constater celui qui présentera le coupon ou le certificat hypothécaire qui manque.

64. *Continuation.* — Cette publication qui a seulement pour but d'aider le détenteur à recouvrer ses droits, n'empêche cependant pas le payement des intérêts, ou éventuellement le payement du capital, à celui qui produit le certificat hypothécaire ou le coupon, tant qu'il n'est pas mis hors de cours.

65. *Continuation.* — Si, après que cet avis a été donné, le certificat ou le coupon n'est pas présenté à la caisse aux deux termes de payement subséquents, la direction centrale publie, aux frais du propriétaire, une sommation qui est insérée dans les feuilles d'annonces du pays, et, selon le cas, dans les journaux étrangers. Si, dans le délai d'un an, à partir de cette sommation, personne ne se présente avec le certificat ou le coupon perdu, la direction centrale déclare ces titres périmés, déclaration qui est rendue publique par les feuilles d'annonces du grand-duché.

Cette déclaration faite, on délivre à la place du certificat amorti un autre certificat sous un autre numéro, à celui qui a éprouvé la perte, et on lui paye les intérêts qui étaient restés jusqu'alors déposés à la caisse de l'institut. Les frais de cette procédure sont à la charge du réclamant, et peuvent être déduits des intérêts qui sont déposés. Mais si celui-ci peut prouver qu'il possédait le certificat ou le coupon, et que ces documents ont été détruits par un effet du hasard, on peut, selon le cas, se dispenser tout à fait de la sommation publique, ou n'y procéder qu'en fixant un délai péremptoire de trois mois.

66. *Continuation.* — Quand les intérêts d'un certificat hypothécaire n'ont pas été réclamés pendant deux termes de payement, et que personne n'a fait la déclaration de la perte des coupons de ces intérêts, la direction centrale fait insérer une sommation publique dans les feuilles d'annonces du grand-duché, et même dans les journaux étrangers si elle le juge convenable. Si, dans les dix années qui suivent, personne n'a réclamé avec droit ces intérêts, la direction centrale proclame que le coupon est annulé, et assigne les intérêts non payés à l'actif de la caisse d'administration.

Mais si les intérêts d'un certificat hypothécaire n'ont pas été réclamés pendant dix ans, et que personne n'ait déclaré la perte de ce certificat ou du coupon, la sommation doit porter sur le certificat lui-même, et si, dans un nouveau délai de dix ans, personne ne justifie avoir droit audit certificat, la direction centrale proclame ce dernier annulé, cas dans lequel le capital et les intérêts entrent dans la caisse de l'administration.

67. *Continuation.* — Lorsqu'un certificat hypothécaire ou un coupon d'intérêt ne peut plus servir,
ou est devenu méconnaissable par accident, le propriétaire a le droit de le présenter à la direction centrale, qui lui en donne un autre, lorsqu'elle s'est con-
vaincue de l'authenticité de l'acte, du numéro et de
la somme qui y sont désignés.

68. *Continuation.* — Lorsque quelqu'un prétend
avoir remis le certificat hypothécaire ou le coupon
d'intérêt sans en avoir touché en échange le montant,
cela n'autorise point à retenir le capital ou les intérêts.
En ce cas, on saisit la justice régulière, car, en remettant le certificat hypothécaire ou le coupon, on a également transféré le droit de toucher le capital ou les
intérêts.

69. *Peine contre la falsification des certificats hypothécaires et des coupons d'intérêts.* — Les falsificateurs des
certificats hypothécaires, ou des coupons d'intérêts,
sont soumis aux ordonnances du 11 juillet et du 15 août
1828.

70. *De la rentrée des intérêts et de l'amortissement du
capital arriéré.* — Après l'expiration des délais fixés pour
payer les intérêts et autres contributions stipulés, il est
dressé une liste des débiteurs en retard, et la direction envoie une admonition au propriétaire débiteur
pour l'engager à payer, dans les huit jours, les capitaux, les intérêts et les frais, sous peine de voir procéder à une saisie exécution.

20

71. *Des exécutions à la demande de l'institut de crédit.*
—Si le délai d'admonition s'est écoulé en vain, la direction du cercle ou la direction générale signale au tribunal compétent le débiteur pour la somme qu'il doit, et, dans les trois jours, le tribunal remet gratis l'ordonnance d'exécution sans nouvelle admonition.

Sont exempts de cette exécution les objets nécessaires pour l'exploitation des biens ainsi que la farine, la semence et le grain destiné aux bestiaux.

72. *Séquestre et administration en cas de faillite, etc.* Lorsqu'il est impossible de rentrer dans la créance par voie d'exécution, il y a lieu à séquestrer. La direction générale est tenue d'en donner sur-le-champ avis au tribunal compétent de l'arrondissement. Si le propriétaire n'a point de dettes dépassant la limite fixée, la direction principale de l'institut de crédit demeure chargée de l'administration. Si, au contraire, il y a de ces dettes, le tribunal d'arrondissement désigne, dans le délai de huit jours, la direction de cercle compétente pour administrer la propriété, jusqu'à ce que le propriétaire se retrouve en état de payer sa dette, ou jusqu'à la vente du bien, lorsque, par suite du trop grand nombre de dettes, le propriétaire est déclaré en faillite ouverte. Les tribunaux d'arrondissement procèdent de même en cas de poursuites par des créanciers non porteurs de lettres de gage.

Quand la faillite est ouverte, le tribunal fait vendre la propriété, sous les conditions qu'il fixe, dans un dé-

lai légalement déterminé, et aux enchères publiques ,
au plus offrant. Le nouveau propriétaire demeure, pour
cette propriété, membre de l'institut, jusqu'à ce qu'il
ait payé les certificats de crédit qui la grèvent. L'institut rend compte de sa gestion au tribunal d'arrondissement, quand il y a d'autres dettes non hypothéquées. Dans le cas contraire, l'institut reste complètement chargé de l'administration, sauf à déclarer au
tribunal l'époque où celle-ci vient à cesser.

L'institut a l'avantage de percevoir, même pendant
la durée de la faillite, les intérêts qui lui sont dus sur
les revenus de l'administration.

. Si le bien ne doit pas être vendu, parce qu'on n'offre
point les deux tiers de l'estimation qu'en avait faite
l'institut, celui-ci reste administrateur, mais il est tenu
de l'offrir en vente tous les ans, jusqu'à ce qu'il vienne
un acheteur pour le prix fixé, ou qu'après une délibération du tribunal, on arrête de le vendre à un prix
inférieur, ou de le donner à bail, ou enfin d'en continuer l'administration pour un délai déterminé.

73. *Manière de procéder.* — La direction générale
envoie, à la direction du cercle chargée d'administrer
le bien, des instructions détaillées, dans le but d'é-
pargner les frais, de hâter le payement de la dette, et
d'assurer l'amélioration de la propriété. Le tribunal
d'arrondissement qui a ordonné le séquestre, ou qui
est juge de la faillite, demeure naturellement compétent, s'il s'agit du droit des tiers, des pensions alimen-

taires à constituer, ou des frais nécessaires pour opérer l'exécution.

74. *Fin du séquestre.* — Le séquestre dure jusqu'à ce qu'on ait obtenu le montant de la dette réclamée, les 2 p. o/o d'indemnité, les autres intérêts moratoires, ainsi que le remboursement des frais et des avances opérées pour rendre à la propriété sa valeur estimative. Si le séquestre n'est pas levé au bout d'un an, et si cette levée paraît impossible avant longtemps, la direction du cercle doit affermer le bien au plus offrant, pour un certain nombre d'années. Si le débiteur se décide lui-même à affermer, le séquestre finit par cela même, et la direction de cercle veille à ce que les fermages rentrent à l'institut au moyen d'une saisie-arrêt ordonnée sommairement par le tribunal compétent.

75. *Exécutions réclamées par d'autres que l'institut de crédit.* — Les exécutions que les tribunaux d'arrondissement prescrivent, sur la demande d'un créancier, contre un propriétaire qui fait partie de l'institut de crédit sont notifiées à la direction compétente du cercle. Pour assurer cette notification, la direction générale est tenue de remettre aux tribunaux et aux régences d'arrondissement la liste de tous les propriétaires membres de l'institut, et de porter tous les ans à sa connaissance les changements qui surviennent dans cette liste.

76. *De l'indulgence envers les débiteurs malheureux.* — Les débiteurs que des adversités extraordinaires empêchent de payer, aux termes voulus, leurs inté-

rêts et leurs autres contributions prescrites, peuvent obtenir un délai de grâce qui ne s'étendra pas au delà de six mois. Il faut, en ce cas, que le malheur ait été assez grand pour que le revenu du bien ne puisse couvrir les intérêts qui sont dus pour le terme courant. Il est nécessaire, outre cela, que le malheur ait été notifié avant le dernier avril ou le dernier décembre.

77. *Du remplacement des dettes non payées.* — Les dettes qui ne sont pas payées doivent se prélever sur la caisse de l'administration, ou au moyen d'emprunts à contracter au nom de l'institut.

78. *Dénonciation des certificats hypothécaires. A. Par le détenteur du certificat.* — Les détenteurs des certificats hypothécaires ne peuvent dénoncer ces certificats à l'institut de crédit.

79. B. *De la part de l'institut de crédit.* — L'institut ne peut également dénoncer arbitrairement aux détenteurs des certificats de crédit isolés, mais il a droit de dénoncer simultanément tous les certificats de crédit, après avoir obtenu l'assentiment des deux souverains. En outre, il fait un tirage au sort, tous les six mois, de la quantité des certificats de crédit qu'exigent pour chaque terme les besoins du fonds d'amortissement.

On publie, à l'un des termes de payement, les créances qui sont sorties. Les détenteurs sont tenus de remettre les certificats, au terme suivant, à la caisse générale de

Rostock, qui leur en paye le montant en argent comptant.

Les détenteurs de certificats hypothécaires qui veulent se faire payer par une caisse de cercle, ou par un mandataire à l'étranger, s'adressent, à cet effet, à ceux-ci, trois mois avant l'écoulement du terme. Si la direction générale y consent, ils ont à remettre les originaux de ces certificats à la direction générale, ou à ses mandataires, deux mois au moins avant l'expiration du terme; ils reçoivent, en ce cas, un mandat de payement, sur la présentation duquel ils sont remboursés.

Le propriétaire qui veut payer peu à peu les certificats hypothéqués sur son bien, et qui, par conséquent, veut sortir de l'institut, y parvient en remettant à celui-ci des certificats hypothécaires qu'il a achetés. Il ne saurait en acheter actuellement au-dessous de 1,000 thalers.

L'institut de crédit, moyennant une compensation pour l'agio, aidera autant que possible le propriétaire à se procurer ces certificats. Les certificats qu'un propriétaire apportera ainsi pour éteindre ses hypothèques devront être présentés par la direction générale, après qu'elle les aura biffés, au bureau hypothécaire. Elle veillera à ce que les sommes représentées par ces titres soient radiées, et elle donnera au débiteur le certificat de radiation délivré par le bureau.

80. *Des contributions des propriétaires associés, et des*

fonds de caisse et d'amortissement qu'elles sont destinées à former. — Tout propriétaire qui entre dans l'institut de crédit et qui reçoit des certificats hypothécaires est tenu :

1° De payer les frais de l'inscription des créances de l'institut dans les livres d'hypothèques, ainsi que ceux de la délivrance et de la légalisation des certificats hypothécaires, etc., à savoir, 12 schellings par 1,000 thalers pour la délivrance des certificats, et quant aux autres actes, le montant de ce qu'ils ont coûté.

2° De payer, comme entrée et avant qu'on délivre le certificat hypothécaire, 1/2 p. o/o du capital de ces certificats.

3° De payer, outre cette somme qu'il ne verse qu'une fois, 1/4 p. o/o du même capital en versements semestriels.

Ces deux sommes entrent dans le fonds de la caisse d'administration de l'institut et servent à couvrir les frais d'administration, le remboursement des dettes non soldées, les déficits fortuits, les pertes essuyées dans les estimations, etc., etc.

Si ces sommes ne suffisent pas, l'institut les augmente par une résolution spéciale. S'il y a, au contraire, un excédant, l'institut peut les diminuer.

Si ces fonds de la caisse d'administration augmentent au moyen des versements des intéressés ou par suite de faits extraordinaires, tels que la perte d'un certificat ou d'un coupon, on les distribue, autant que

les besoins de la caisse le permettent, entre les co-
associés, et cela de telle manière, que chacun d'entre
eux, en proportion dés sommes dont il est grevé,
reçoive une part pour son fonds d'amortissement particulier.

Le fonds d'amortissement se forme avec 1/4 p. o/o
que le propriétaire paye en à-compte semestriels, en
sus du 1/4 ci-dessus, sur le total du capital renfermé
dans les certificats hypothécaires qui lui ont été délivrés.

Le propriétaire est libre d'ailleurs d'augmenter ce
versement, mais de telle sorte qu'il ne soit pas au-
dessous de 1/4 p. o/o, et qu'il ne dépasse point 5 p. o/o
du total du capital desdits certificats. Il faut notifier
les changements qu'on veut opérer dans ces versements, deux mois à l'avance, à la direction générale
et à la direction de cercle compétente.

Le fonds qui résulte de l'accumulation de tous ces
versements est rassemblé en particulier pour chaque
bien-fonds, et sert à amortir successivement le capital
de la dette. Il sert à racheter les certificats émis,
certificats que le comité de révision et la direction
générale, sont chargés d'annuler ensuite, de déposer
à la caisse générale, et dont les intérêts échus sont
annexés au fonds d'amortissement déjà formé.

Le rachat des certificats hypothécaires a lieu par
des tirages au sort.

La part que chaque membre a dans le fonds d'amortissement ne peut être liquidée avant sa sortie totale de l'institut, et, tant qu'il y demeure, il ne peut en demander le payement sous forme de certificats hypothécaires nouveaux.

Ce n'est qu'en cas de succession, pour liquider les parts héréditaires ou lorsque le bien est mis en adjudication par suite de faillite, que les héritiers et les créanciers, en l'absence de dispositions testamentaires contraires, peuvent réclamer le payement du fonds d'amortissement. On casse, en ce cas, les certificats hypothécaires déposés, on les présente au bureau d'hypothèques, et on purge les réclamations qui y sont inscrites de l'institut, tout en gardant ouvertes les feuilles d'inscription, pour les inscriptions ultérieures qu'on voudrait y faire insérer.

Si l'on sort complètement de l'institut, la liquidation du fonds d'amortissement se fait de même, et on rend compte alors du fonds de la caisse d'administration.

Les excédants de cette caisse, de même que les dettes dont elle se trouve passible, sont portés au compte des propriétaires sortants, en proportion de la valeur de leurs certificats.

Le montant du fonds d'amortissement, des biens réunis, passe à l'institut de crédit actuel.

81. *Des dépôts de l'institut de crédit.* — L'argent comptant et les certificats hypothécaires déposés à l'institut doivent être remis à la direction générale.

L'argent comptant est placé dans la caisse générale, dont l'agent comptable a les clefs; les effets sont mis dans les caisses spéciales de dépôt, dont le syndic et l'enregistreur gardent les clefs.

82. *De la dissolution de l'Institut.* — La dissolution complète ou conditionnelle de l'Institut ne peut avoir lieu qu'avec l'autorisation des deux grands-ducs; mais elle s'effectuera d'elle-même quand le fonds d'amortissement se trouvera avoir racheté tous les certificats hypothécaires.

ANNEXES.

I.

CERTIFICAT HYPOTHÉCAIRE.

— DE L'ORDRE ÉQUESTRE —

N°

CERTIFICAT HYPOTHÉCAIRE privilégié pour......thalers, délivré sous la garantie de tous les propriétaires mecklenbourgeois formant l'institut de Crédit de l'ordre équestre, tant pour la sûreté du capital que des intérêts, par la direction dudit Institut, et inscrit sous le numéro........ du registre.

Rostock, au terme de.......... 18 .

Direction........ du cercle...... de.......

(Signatures.)

Direction générale de Rostock.

(Signatures.)

Comité de révision.

(Signatures.)

— RÉUNI EN —

Présenté au bureau des hypothèques, et enregistré conformément à la loi.

Le   18 .

Le Conseiller de département.

N, premier conservateur des hypothèques.

N, second conservateur des hypothèques.

II.

- A. *La Saint-Jean 1840.*

(Signature.)

COUPON de l'intérêt du certificat hypothécaire mecklenbourgeois n°....., de..... thalers, payable du 24 juin au 1ᵉʳ juillet 1840, avec..... thalers....., par la direction du cercle de....., ou plus tard par la direction générale de l'Institut de crédit de l'ordre équestre siégeant en cette ville.

Rostock, 17 janvier 1840.

B. *La Saint-Antoine 1841.*

(Signature.)

COUPON d'intérêt du certificat hypothécaire mecklenbourgeois n°....., de..... thalers, payable du 17 au 24 janvier 1841, avec............, par la direction du cercle de....., ou plus tard par la direction générale de l'Institut de crédit de l'ordre équestre siégeant en cette ville.

Rostock, 17 janvier 1841.

Pour les autres termes on emploie les lettres suivantes : C, D, E, etc.

M. *La Saint-Antoine 1846.*

COUPON FINAL.

(Signature.)

COUPON d'intérêt du certificat hypothécaire mecklenbourgeois n°....., de..... thalers, payable du 17 au 24 janvier 1846, avec...........,par la direction du cercle de..... ou plus tard par la direction générale de l'Institut de crédit de l'ordre équestre siégeant en cette ville.

Rostock, le 17 janvier 1840.

III.

PRINCIPES À SUIVRE DANS L'ESTIMATION DES BIENS NOBLES
DONT LES PROPRIÉTAIRES ENTRENT DANS L'INSTITUT DE
CRÉDIT DE L'ORDRE ÉQUESTRE.

Art. 1er. *Première demande du propriétaire.* — Celui qui veut entrer dans l'institut de crédit en donne avis à la direction de cercle compétent, en spécialisant chaque corps de biens pour lequel il entend y entrer : il joint en outre à sa demande :

1° Les pièces qui justifient qu'il est propriétaire dudit bien, et les conditions particulières où se trouve ce dernier, en ce qui touche le droit d'en disposer, ou de le grever de dettes. (§ 12 des statuts.)

2° La preuve régulière que les bâtiments dudit bien sont inscrits dans une des sociétés d'assurances de l'ordre équestre contre l'incendie.

3° La carte de la propriété levée par la commission directoriale, ainsi que le procès-verbal d'évaluation (*Bonitirung*) et les registres. Si ceux-ci ne se trouvent plus sur le même bien, il faut en obtenir des copies certifiées, tirées des archives de l'ordre équestre, ainsi qu'une copie légalisée du certificat de révision, qui est exigé pour la description du bien dans le livre des hypothèques, et qui indique l'étendue cadastrale de ce bien. Le propriétaire fera connaître sur-le-champ les changements survenus postérieurement au mesurage

et à l'évaluation opérés par la commission directoriale,
et qui influent sur la valeur de celui-ci, par exemple:
si certaines parties de la propriété en ont été ôtées ou
y ont été ajoutées par voie d'achat ou d'échange ; si,
par alluvion ou par inondation, certains terrains sont
devenus stériles ; si, par des procédés de culture le sol,
a été amélioré, etc., etc.

4° Une expédition légalisée du livre des hypothèques, ou une attestation du bureau, indiquant la liste
des créanciers hypothécaires, le capital, les intérêts et
la priorité de leurs créances, ainsi qu'une copie de la
description de la propriété remise au bureau, et un certificat de celui-ci, constatant qu'il n'a sur le bien aucun
renseignement différent de cette description.

5° L'indication de la somme demandée en certificats
hypothécaires.

6° Celui qui se trouve dans le cas prévu par le § 60
des statuts devra, en outre, exécuter les conditions
exigées par le susdit paragraphe.

2. *Disposition de la direction du cercle.* — La direction du cercle, qui envoie sur-le-champ le double de
cette demande à la direction principale, procède sans
délai, à moins qu'elle ne trouve encore utile de prendre
de nouveaux renseignements. à la nomination des députés qui auront à parfaire l'estimation sur les lieux,
et elle fixe la somme que le propriétaire aura à payer
pour cette opération, avant qu'elle soit faite, à la
caisse de la direction dudit cercle.

3. *Estimation.* — Le député nommé, après s'être entendu avec le propriétaire sur les moyens de transport qu'il doit lui fournir, de même qu'au syndic, au secrétaire, à l'arpenteur, et à l'agronome estimateur (*Boniteur*), dont on pourrait avoir besoin, fait dresser par le syndic et par le secrétaire un procès-verbal régulièrement certifié de toute l'opération. On y insère :

a. Le nombre des *Hufes* (*Censes*, mesures).

b. Le nombre des perches carrées de terres labourables; de prairies, de pâturage, cours d'eau, etc.

c. Le cercle ou le canton de la situation du bien et les cantons environnants.

d. Si les bornes du bien sont reconnues ou contestées.

e. S'il y a dans le bien des fermes ou des bâtiments isolés, des moulins, des villages ou autres constructions.

f. Si le bien a des droits de pacage ou est assujetti à des servitudes semblables.

g. S'il y a dans le bien, ou sur le bien, des paysans; quel est leur nombre; si leur condition se trouve régularisée avec le Gouvernement, ou si elle ne l'est pas; s'ils servent la propriété; s'ils payent des fermages héréditaires ou d'autres droits.

h. S'il y a sur le bien des bâtiments solides et suffisants, et s'ils sont assurés dans une des caisses d'assurances de l'ordre équestre.

i. Si le bien possède le bois de chauffage d'usage,

et le séchoir dont il a besoin, ou s'il est forcé de l'acheter, ce qui diminue d'autant son revenu.

k. S'il y a sur le bien une exploitation de joncs.

l. S'il y a sur le bien une église et un pasteur; si le bien possède le droit de patronage ecclésiastique; en quoi consistent les biens de la paroisse; s'ils sont donnés à bail au propriétaire du bien, et quelles sont les prestations à fournir, en général, à l'église et au pasteur.

m. Si le bien ou ses dépendances sont loués, et en ce cas, quels sont, d'après l'examen des contrats de location, etc., le montant des fermages, les avances faites au fermier, et le droit de celui-ci de faire compensation pour ces derniers.

n. En quoi consistent les charges et prestations particulières du bien, telles que fournitures de blé à faire aux communes, aux régences ou aux propriétés du voisinage, redevances allodiales, annuelles, etc.

o. Enfin, on recherchera par les arpenteurs, et au besoin en personne, s'il y a eu des changements dans la propriété depuis le mesurage de la commission directoriale, et on insérera au procès-verbal les observations nécessaires.

4. *La carte du mesurage et l'évaluation de la commission directoriale servent de base pour l'estimation.* — En général, les procès-verbaux d'évaluation et le registre des campagnes, levé lors du mesurage de la commission directoriale, doivent servir de base à l'estimation,

et l'on ne doit point avoir égard aux travaux de culture ou d'industrie, qui sont indépendants de la propriété qu'on veut donner en gage, puisqu'il s'agit de déterminer la valeur réelle et non la valeur momentanée du bien. On ne considère pas davantage la distribution actuelle des terrains, ni le nombre des bestiaux, puisque tous les deux peuvent changer d'un moment à l'autre.

D'un autre côté, il faut déduire de l'estimation les surfaces que des inondations ou des sables ont rendues stériles, quand même on les aurait estimées comme de nature à payer l'impôt, dans le mesurage de la direction. On déduira aussi les parties distraites de la propriété par voie d'achat ou d'échange, et l'on évaluera, d'après les bases du mesurage de la direction, si elles ne l'ont pas encore été, les nouvelles parties qui ont été jointes à la propriété, et on les ajoutera dans l'estimation.

5. *De l'évaluation subséquente.* — Si le propriétaire demande qu'on ait égard, lors de l'estimation, à des changements survenus dans le bien (ce qui ne doit être accordé que lorsque des surfaces du sol, que le mesurage de la direction avait regardées comme ne pouvant servir ni de terres arables, ni de prairies, ni de pâturages, ni de cours d'eau, et comme, par conséquent, inutiles, auront tellement changé de nature, qu'elles n'offriront plus les mêmes conditions de valeur), ces surfaces, après avoir été examinées et constatées

par les arpenteurs jurés, seront estimées supplémen-
tairement par six agronomes, qui prêteront serment
ad hoc, conformément à leur état présent, et d'après
les principes de la commission directoriale.

Mais cette estimation supplémentaire comprendra
le bien en entier, et tiendra compte aussi des détériorations qu'auront subies d'autres parties de la propriété, qui jadis, prairies ou terres labourables, par exemple,
seront devenues des pacages et des forêts. Les surfaces
qui, par des abaissements de sources, sont devenues
prairies ou terres labourables, ne seront mises en
compte que si l'on prouve que les eaux ne sauraient
les couvrir derechef, et qu'elles constituent des dé-
partenances non contestées de la propriété.

6. *Du calcul de chaque figure de surface et de l'évaluation des revenus.* — Les surfaces, une fois constatées, on calculera dans une annexe au procès-verbal,
dans la série et d'après les indications du procès-verbal antérieur d'évaluation, ainsi que suivant les tableaux annexés ici *A, B, C,* le revenu de chacune
d'elles.

7. *Des conditions particulières aux paysans.* — S'il y
a, sur le bien, des paysans dont la position n'ait pas été
encore régularisée avec le Gouvernement, on estimera
d'après les mêmes règles ce qu'ils y possèdent en terres
labourables, en pacages et en prairies ; mais, comme le
propriétaire trouvera son droit de possession restreint
d'autant, on déduira du revenu net de ces biens de

paysans, après en avoir ôté 5 p. o/o (voyez § 13), *un quart* ou 25 p. o/o.

Si les biens des paysans, placés dans de telles conditions, rapportent au-dessous de la moitié des terres qui existaient lors du mesurage fait par la direction, on déduira de la moitié du revenu de ces dernières terres le quart ci-dessus; s'ils rapportent davantage, on se basera, pour cette opération, sur leur revenu véritable. Mais on partira de la valeur estimative, et non du contenu des surfaces, de telle sorte que ce sera la valeur et non la quantité des arpents mesurés qui servira de base.

Mais si la condition des paysans a été régularisée avec le Gouvernement, l'institut les regardera comme des fermiers héréditaires. Il faudra estimer alors non-seulement leurs biens, mais aussi leurs prestations (en service, en contributions naturelles et en fermage) suivant le tableau *D;* on déduira au préalable et exactement tout ce que leurs biens coûtent en chauffage, en pacage supplémentaire, etc., et en entretien des bâtiments (si celui-ci n'est pas déjà porté en compte dans les 5 p. o/o à déduire d'après le § 13). Si l'estimation des biens donne une somme inférieure à l'estimation des prestations, on y aura égard en délivrant les certificats hypothécaires.

8. *Des propriétés foncières, moulins et bâtiments grevés de baux héréditaires, et des autres droits et redevances.* — Toutes les propriétés foncières, moulins et bâtiments,

que grèvent des baux héréditaires et qui font partie
intégrante du bien qu'il s'agit de faire entrer dans
l'institut, et tous autres droits et redevances actives
et passives dudit bien, seront portés en estimation,
si le présent règlement en fait une mention expresse.

Mais on fera remarquer, chaque fois, si les propriétaires ont aussi un droit de possession ou de pacage
commun dans les champs grevés du domaine, et, dans
ce cas, on fera une déduction proportionnelle dans la
non-valeur de leur revenu.

Les maisons et habitations qui appartiendront en
propriété au fermier héréditaire du bien ne seront
pas comprises dans l'estimation.

9. *Des moulins donnés en administration ou en bail à
terme.* — On suivra les principes suivants pour les
moulins donnés en administration ou en bail à terme.
On portera au revenu :

1º La mouture ou 12ᵉ du blé consommé par les
personnes obligées de faire moudre audit moulin. La
moyenne de dix ans servira de règle. Les personnes
au-dessus de dix ans seront censées consommer 8
scheffels de grain, mesure de Rostock; celles qui sont
au-dessous de dix ans, 3 scheffels.

2º On comptera également, et avec la même
moyenne, 2 scheffels d'orge pour le droit de brasser
de la bière d'orge mondé, et on en portera un vingt-
quatrième dans l'évaluation du revenu, suivant l'annexe D.

3° Le prix ou droit de mouture, qui, suivant les localités, est d'un quart ou d'un demi-schelling par scheffel, non compris l'orge mondé.

4° Huit schellings par 33 1/2 scheffels de farine. On comptera au nombre de la dépense :

a. Les gages du meunier;

b. Les détériorations des pierres meulières, l'aiguisage des instruments, l'entretien et la réparation des machines, le graissage et l'éclairage, les toiles, etc.;

c. Ce que l'entretien du moulin coûte annuellement, au dire des experts.

Après que tout cela aura été déduit, on portera l'excédant au revenu net. Les biens fonciers qui entourent le moulin seront naturellement estimés, en dehors du moulin, avec le reste la propriété.

10. *Biens donnés à bail héréditaire.* — Ces biens sont estimés sur le même pied que les autres parties du bien qu'il s'agit d'estimer; mais on déduit de leur estimation le montant du fermage; et, si ce sont des prestations naturelles, on suit pour cela le tableau D ci-annexé. Il est défendu d'estimer ces biens au delà de la valeur du sol, admise en principe par les règles générales d'estimation; mais on peut les évaluer plus bas, si, en vertu du contrat, leur revenu est inférieur.

11. *Des pêcheries.* — Les pêcheries maritimes, fluviales ou d'étangs qui font partie d'un bien, si elles sont données à bail, sont portées au compte du revenu de ce

bien, suivant la moyenne du fermage pendant les cinq dernières années; peu importe que ce fermage soit en argent ou en prestations naturelles : dans ce dernier cas, on évalue celles-ci au prix d'usage sur les lieux. On déduit de ce fermage le prix de l'entretien, de l'habitation, du jardin, du bac, des instruments, etc., du pêcheur. Si ces pêcheries ne sont pas données à bail, on fait estimer, par trois pêcheurs experts assermentés, le revenu annuel net qu'elles donnent, et on en déduit les frais. Toutes pêcheries qui donnent moins de 30 thalers de revenu par an ne sont pas mentionnées.

12. Si une propriété possède une exploitation de joncs, celle-ci sera évaluée suivant le nombre de toitures de chaumières qu'elle procure par an, et suivant le prix de ceux-ci dans une moyenne de cinq années. On en déduira d'abord les frais.

13. *Déductions à faire du revenu évalué.* — Pour faire face aux charges inséparables de la propriété, telles que charges de justice, entretien des routes et fossés, des bâtiments d'exploitation, y compris les nouvelles constructions nécessaires; secours aux pauvres de la commune, sinistres imprévus, et toutes autres dépenses incertaines qui peuvent se présenter par an, on déduit du revenu 5 p. o/o. On en déduit aussi tout ce que le bien doit fournir par an, en argent ou en contribution en nature, au pasteur, au bedeau, à la fabrique, etc. Le pasteur produira, à cet effet, un certificat qui spécialisera les différents revenus qu'il a

à toucher, et qui déclarera qu'il n'en touche pas d'autres non indiqués. Si le pasteur ou le sacristain ont un droit de pacage, il faudra en diminuer d'autant le revenu net.

L'annexe D établit les valeurs d'estimation qu'il convient d'assigner aux prestations naturelles.

14. *Continuation. Mode de constater le capital du bien.* —On déduira ensuite des revenus du bien les impôts, les contributions de provinces ou d'arrondissement et de canton, les primes d'assurance contre l'incendie. On portera pour cela, par an, une somme de 60 écus par hufe[1] de terres nobles du cadastre, et de 30 écus par hufe ecclésiastique, si le propriétaire est chargé du payement.

Ce qui restera, déduction faite de toutes les dépenses et sommes ci-dessus, formera l'excédant, et donnera, en le capitalisant à 4 1/2 p. o/o, la valeur de la propriété.

15. *Du cas où les bâtiments nécessaires à l'exploitation de la propriété manqueraient en tout ou en partie.* — Si les bâtiments nécessaires à l'exploitation de ces propriétés manquent en tout ou en partie, s'ils sont en mauvais état, et si on les a assurés à un prix trop bas, on estimera la dépense exigée pour les construire ou les réparer, et on retiendra sur la somme, en certificats hypothécaires ou de crédit demandé, le capital nécessaire à cet effet, jusqu'à ce que ces constructions

---

[1] La *Hufe*, cense, est une étendue de terre arable, qui donne 60 scheffels ou boisseaux.

ou ces réparations soient faites et qu'elles aient été convenablement assurées.

16. *Des frais de l'estimation.* — Les dépenses causées par l'estimation, excepté celles qui résultent de la visite du syndic, du député du cercle et du secrétaire, sont payées intégralement par le propriétaire, et liquidées par la direction du cercle, au moyen de l'à-compte qu'elle a dû fournir (§ 2).

Quand un bien estimé n'aura point été admis dans l'institut de crédit, le propriétaire remboursera également les frais de la visite du député du cercle, du syndic et du secrétaire.

17. *Observation dernière.* — Le propriétaire du bien, ses tuteurs ou ses représentants doivent faciliter, autant que possible, la recherche que l'estimateur fera de tous les renseignements nécessaires; s'ils ne le font pas et que l'estimation ait omis quelque chose, ils devront s'imputer à eux-mêmes cette omission.

Afin d'éviter cet inconvénient, on soumettra au propriétaire le procès-verbal d'estimation quand il sera terminé afin qu'il fasse immédiatement ses observations au sujet des valeurs portées en compte. Si ces observations sont jugées fondées, l'estimation sera immédiatement modifiée en conséquence. Si l'estimation ne les juge pas fondées, elle requerra la décision suprême de la direction du cercle ou même de la direction générale. Procès-verbal sera dressé de toutes ces délibérations.

Les annexes E F et G contiennent des exemples d'appréciation sur les tableaux de terres arables, de prairies et de pâturages, ci-annexés.

Les biens qui n'auront pas été admis dans l'institut dans les trois ans de la première révision faite par la direction générale, seront considérés comme forclos pour leur demande à cet effet.

S'ils veulent rentrer plus tard dans l'institut, il faudra en faire une nouvelle demande, et on devra procéder sur les lieux à une nouvelle estimation ou à une révision exacte de celle qui avait été faite antérieurement.

———

Le cadastre du grand-duché indique non-seulement l'étendue des terres, mais encore leurs qualités productives rangées en quatre classes. A cet effet, on a pris le meilleur sol pour représenter l'unité imaginaire qui, sous le nom de cense (*Hufe*), sert de base à l'évaluation des domaines ruraux. Voici quelles sont les proportions de la superficie du sol relativement à sa qualité intrinsèque.

		Unités de censes
100 arpents de terrains de 1ʳᵉ qualité.	susceptibles de la culture du	100
100 arpents de sol moyen........	froment...............	75
100 arpents de sol léger.........	exclusifs de la culture du fro-	50
100 arpents de sol sablonneux.....	ment................	25

400 arpents de quatre variétés de sol représentent......... 250

On saisit au premier coup d'œil qu'une propriété
dont la superficie en arpents égale le chiffre de ses
censes, se compose toute entière de sol fertile, et
qu'elle compte, au contraire, des terrains plus ou
moins favorables à la culture selon que le chiffre de sa
cense officielle s'éloigne plus ou moins de la quotité
de ses arpents; le prêteur n'a donc qu'à s'adresser au
cadastre pour savoir jusqu'à concurrence de quelle
somme les propriétés lui offrent des sûretés. Remarquons ici qu'on engage, pour l'ordinaire, des valeurs
relativement plus élevées dans des terres situées aux
environs des ports de mer ou sur des fleuves navigables
que dans les propriétés sises à l'intérieur du pays et
loin des grandes voies de communication.

CHAPITRE IX.

VILLES ANSÉATIQUES.

HAMBOURG, BRÊME, LUBECK.

I.

HAMBOURG.

La ville libre anséatique de Hambourg compte une population de 188,054 habitants. Son gouvernement est composé d'un sénat et d'une assemblée de bourgeoisie. A la tête de l'administration sont placés quatre bourgmestres nommés à vie et quatre syndics ayant voix consultative.

Il existe à Hambourg un établissement de crédit hypothécaire nommé *Caisse de crédit pour les propriétés et les terrains de la ville de Hambourg.*

Cette caisse a été fondée le 10 décembre 1782 et a été réorganisée en 1844 dans le but de faciliter l'extinction ou le transfert des hypothèques.

La caisse est un établissement privé. Les propriétaires qui y ont souscrit obtiennent le droit d'en tirer

des capitaux lorsque les sommes qu'ils ont empruntées
sur hypothèque leur sont redemandées.

Elle a fait quelque bien sans jouer cependant un
rôle très-important dans l'amélioration de la propriété
foncière.

Le gouvernement de Hambourg, grâce aux avantages particuliers qui résultent de l'immense commerce
de cette cité, n'a eu à s'occuper du crédit foncier
qu'une fois; ce fut après l'incendie de 1842. A cette
époque les trois quarts de la ville étant brûlés, le besoin de capitaux considérables pour la reconstruire
engendra une grande disette d'argent. On vit alors les
prêts sur première hypothèque rapporter de 6 à 8
p. o/o. Aujourd'hui ils sont à 3 p. o/o. Cette baisse provient de ce que, depuis 1848, une grande quantité
de capitaux, craignant de se lancer dans le commerce,
restent placés sur les propriétés immobilières.

La responsabilité mutuelle entre associés est l'une
des bases des statuts. Mais l'institut de crédit de Hambourg n'a point encore été dans le cas de recourir à
cette responsabilité. L'amortissement établi par les ré-
glements a complétement suffi, et l'on ne prévoit pas
qu'il puisse devenir insuffisant par la suite.

Les cas de séquestre et d'expropriation pour cause
d'inexécution des engagements sont très-rares. Il n'y a
presque pas eu d'exemples d'exécutions forcées.

Voici l'analyse des statuts de la caisse de Hambourg.

ORGANISATION REVISÉE

DE LA CAISSE DE CRÉDIT

POUR LES PROPRIÉTÉS ET TERRAINS SITUÉS DANS LA VILLE DE HAMBOURG.

Le décret d'approbation du sénat, daté du 7 mars 1845, qui se trouve en tête des statuts, les approuve avec cette réserve que l'État ne garantit pas les opérations de l'institution.

TITRE Iᵉʳ.

DE LA CAISSE DE CRÉDIT ET DES INTÉRESSÉS.

Le but de l'établissement est de permettre de former par des contributions successives, un fonds destiné à faire des avances aux propriétaires chargés des dettes hypothécaires exigibles et réclamées par les créanciers, et d'éteindre la dette hypothécaire par amortissement annuel.

Il y a trois classes d'intéressés : 1° Les propriétaires de terrains situés dans la ville de Hambourg, qui, en déposant de l'argent et laissant accumuler les intérêts, se forment ainsi pour l'avenir un capital d'épargne; 2° les propriétaires que la caisse garantit sous certaines conditions, contre la poursuite des créanciers hypothécaires, jusqu'à concurrence des trois quarts de la valeur du fonds; 3° les particuliers qui, n'ayant aucune propriété, veulent se procurer le moyen d'en acheter, en faisant des versements successifs à la caisse.

Les opérations de la caisse sont limitées à la ville de Hambourg.

TITRE II.

DE LA DIRECTION ET DE L'ADMINISTRATION DE L'ÉTABLISSEMENT.

L'administration est confiée à sept directeurs élus par les sociétaires, et a quatre assistants au moins, nommés parmi les directeurs, qui sortent, un par an, suivant l'ancienneté.

Les frais d'administration sont prélevés sur l'excédant des droits d'estimation, sur le bénéfice des changes et courtages, sur les amendes, etc. S'il y a insuffisance, le déficit est réparti au marc le franc entre tous les intéressés.

TITRE III.

PREMIÈRE CLASSE D'INTÉRESSÉS.
PROPRIÉTAIRES DONT LES BIENS NE SONT PAS GARANTIS PAR LA CAISSE ET QUI FONT EUX-MÊMES L'ESTIMATION DE CES BIENS.

Un propriétaire dont le bien est grevé peut se former une caisse d'épargne au moyen de l'institution.

Pour cela il estime à sa volonté l'immeuble grevé; et sur cette valeur indiquée par lui il verse à la caisse : 1° 2 p. o/o pour droit d'entrée, payables, 1 p. o/o de suite, 1/2 p. o/o au commencement de la deuxième année, 1/2 p. o/o au commencement de la troisième année; 2° 1 1/2 p. o/o de cotisation annuelle ordinaire payable par semestre.

Ce qui fait que, la première année, l'intéressé paye 1 1/2 p. o/o, la seconde 1 p. o/o, la troisième 1 p. o/o et 1/2 p. o/o les années suivantes.

S'il est inexact, il paye une amende qui est déduite sur son compte.

Les intérêts servis par la caisse et qui s'accumulent sont de 2 1/2 p. o/o.

Le propriétaire déposant peut réclamer son remboursement quand bon lui semble, à charge d'annoncer cette intention trois mois à l'avance.

Lorsque les cotisations et intérêts ont atteint le chiffre de 1,000 marcs banco[1], il doit, pour obtenir son remboursement, en faire la déclaration six mois d'avance.

Dans ce cas, il peut aussi demander une lettre de gage qu'il fait circuler comme il l'entend, et qui a pour garantie tout l'actif de la caisse.

Mais il a également la faculté de passer dans la seconde classe aux conditions déterminées par les statuts.

Ce cas se réalise d'ordinaire lorsqu'il est forcé au remboursement par ses créanciers et qu'il n'a pas d'autres ressources pour les désintéresser.

En passant dans la seconde classe, le propriétaire est

[1] Un marc banco vaut la moitié d'un thaler de Prusse ou 1 fr. 87 c.; un marc courant vaut 2/5 d'un thaler ou 1 fr. 50 c.

obligé de soumettre son bien à l'estimation de la société; et, s'il en résulte qu'il l'avait estimé trop bas, il paye un supplément de cotisation à partir du jour où il s'est fait recevoir à la caisse.

TITRE IV.

DEUXIÈME CLASSE D'INTÉRESSÉS.

PROPRIÉTAIRES DONT LES BIENS SONT GARANTIS PAR LA CAISSE CONTRE LES POURSUITES DE LEURS CRÉANCIERS.

La société ne garantit que jusqu'à concurrence des trois premiers quarts de la valeur de la propriété telle qu'elle résulte de l'estimation.

Les cotisations continuent comme dans la première classe, mais sur la valeur estimée.

En cas de retard, il y a une amende de 1/2 p. o/o par mois, et qui s'élève même jusqu'à 1 p. o/o après six mois de retard. Si, après un an, le payement n'a pas eu lieu, ou n'a eu lieu qu'en vertu de poursuites judiciaires, l'associé est exclu et remboursé, sous la déduction des amendes et des frais. Dans ce cas, si le créancier a été remboursé, la caisse, subrogée à ses droits, poursuit le débiteur.

La garantie de la caisse dure cinq ans. A cette époque, elle doit être renouvelée. Après ce délai, au lieu de renouveler la garantie, le propriétaire peut demander son remboursement s'il a 1,000 marcs banco (ce qui suppose qu'il est entré dans la deuxième catégorie sans passer par la première, ou que la société a déjà payé pour lui). Dans ce cas, la caisse est dégagée de sa garantie.

Le propriétaire peut aussi, lorsque sa dette ne dépasse pas les trois quarts de la valeur de l'immeuble, demander à la caisse une *lettre de gage*, et alors, bien entendu, il demeure seul chargé du dégrèvement de sa propriété.

TITRE V.

DE L'ESTIMATION.

Le propriétaire qui demande l'estimation doit produire l'état descriptif de l'immeuble, l'état des locations, des appartements vacants, le titre d'acquisition, l'assurance de l'immeuble, etc.

La visite est faite par les directeurs et les assistants, qui examineront l'état de la propriété.

Ils estiment séparément; et, s'il y a des différences dans leurs avis, on prend une moyenne.

L'estimation sera répétée de cinq en cinq ans. Cependant, en cas d'amélioration avant cette époque, le propriétaire peut toujours demander une nouvelle estimation afin d'augmenter la somme du crédit.

TITRE VI.

DE LA GARANTIE ACCORDÉE AUX INTÉRESSÉS.

La garantie consiste en ce que les intéressés peuvent demander le secours de la caisse toutes les fois

que la créance par eux due leur est dénoncée et qu'ils
ne peuvent pas se procurer la somme nécessaire au
taux de 4 p. o/o. Mais la caisse ne prend pas d'engagement personnel vis-à-vis des créanciers. Il doit même,
à la demande du directeur, être justifié par le créancier qu'il n'y a pas collusion entre lui et le débiteur
pour dénoncer l'inscription.

Il est délivré à l'intéressé un certificat de garantie.

Cette garantie ne commence qu'un an après l'association de l'intéressé, à moins qu'il ne le soit déjà pour
d'autres immeubles, ou qu'il y ait suffisamment de
fonds en caisse pour couvrir et au delà toutes les inscriptions.

Cette garantie, nous l'avons dit, ne dure que cinq
ans, époque à laquelle elle est renouvelée de droit, à
moins que le bien hypothéqué ne soit détérioré.

Tout intéressé auquel une inscription a été dénoncée doit, dans les quatre semaines, en prévenir la
caisse. Il est également obligé de chercher de l'argent
pour satisfaire à l'inscription dénoncée; et s'il n'en
trouve pas, il doit en prévenir la caisse dans les quatorze premiers jours des mois de janvier, mai, août et
novembre; faute de quoi, il est renvoyé au terme suivant.

Dans le cas où les fonds de la caisse seraient insuffisants pour éteindre les inscriptions dénoncées, la
caisse payera les créanciers au prorata de ses fonds et

le payement du surplus sera renvoyé de terme en terme jusqu'à parfaite extinction de la dette.

Si les fonds ne suffisent pas pour donner un quart de leurs créances aux créanciers réclamants, la somme existant en caisse sera distribuée par un tirage à ceux que le sort aura favorisés.

Le tout sans préjudice de l'obligation, imposée à l'intéressé, de se procurer des fonds d'une autre manière.

Le payement a lieu suivant l'ordre des créances inscrites.

La société est subrogée aux droits des créanciers remboursés; 1/2 p. o/o de courtage est dû par l'intéressé pour opérer cette subrogation.

Après le remboursement par la caisse, il lui est dû un intérêt de 4 p. o/o. Le capital n'est jamais exigible tant que le gage n'est pas détérioré, et que les intérêts sont régulièrement payés, sauf le droit réservé au débiteur de se libérer en prévenant six mois à l'avance.

Si la garantie devient insuffisante, la caisse prendra sur le fonds d'épargne jusqu'à due concurrence, et poursuivra pour le surplus.

Si les intérêts ne sont pas bien payés, il pourra y avoir expropriation.

Dans ce cas, trois mois après l'échéance, le séquestre est mis sur les revenus.

Si ce moyen ne suffit pas, la mise en demeure est

22.

dénoncée au bout d'un an, et la propriété est mise en
vente.

TITRE VII.

DES MUTATIONS ET DU TRANSFERT DU FONDS D'ÉPARGNE AU NOUVEAU PROPRIÉTAIRE.

En cas d'aliénation, le nouveau propriétaire doit être
admis aux lieu et place de l'ancien, s'il veut acquérir la
qualité de membre de l'association.

L'aliénation doit être annoncée à la caisse aussitôt
qu'elle a été transcrite. C'est sur cet avis que la caisse
prévient le nouveau propriétaire, et celui-ci a un délai
d'un mois pour faire connaître s'il veut ou non devenir
associé.

Si son intention n'est pas de le devenir, il peut se
dégager, soit de suite, si le précédent propriétaire appartenait à la première classe, soit après l'expiration
des cinq ans, s'il appartenait à la seconde classe.

Dans tous les cas, il doit annoncer sa sortie dans un
délai fixé, et indiquer à la société ce qui peut lui re-
venir.

La société peut acheter une propriété mise en vente,
si elle a intérêt à le faire. Dans ce cas, la direction administre la propriété acquise, et la revend dans le plus
bref délai.

TITRE VIII.

Tout individu désigne le capital qu'il veut faire entrer dans la caisse, et il reçoit un bon suivant un modèle adopté.

Les versements sont faits d'après les règles prescrites pour la première classe. Cependant on peut déposer un capital fixe immédiatement, et la caisse doit les intérêts à 2 1/2 p. o/o par an. Les intérêts des intérêts sont ajoutés annuellement au capital.

A la sortie volontaire de ce membre, il sera procédé comme à l'égard des intéressés de la première classe.

S'il achète une propriété, il pourra passer dans la première ou dans la seconde classe, à son choix. L'effet de la garantie ne commence pas avant une année.

La propriété achetée doit être estimée : si elle est grevée d'inscriptions dénoncées qui ne dépassent pas les trois quarts de la valeur, la société garantit l'acheteur contre la dénonciation des inscriptions.

TITRE IX.

DES LETTRES DE GAGE PROVENANT DE DÉPÔTS.

La caisse, pour procurer plus d'argent à ses intéressés, peut recevoir des dépôts de particuliers, et leur délivrer des *lettres de gage de dépôt*. Ces particuliers n'ont aucun droit à payer, et les lettres sont affranchies du timbre.

Ces lettres portent un intérêt de 3 p. o/o si elles sont inférieures à 5oo marcs banco, de 3 1/2 si elles sont au-dessus de cette somme.

La caisse les paye annuellement dans le mois correspondant à celui de l'émission.

Ces lettres de gage sont remboursables six mois après l'avis donné par le porteur.

Elles sont remboursables, même partiellement, si le porteur le désire et dénonce, son intention à cet effet.

La caisse peut consentir un terme plus court; mais, dans ce cas, un escompte de 1/3 p. o/o par mois lui est payé par le porteur.

La transmission des lettres ne peut avoir lieu sans que le porteur justifie de sa possession. Il est perçu un droit pour cette mutation.

Au texte des statuts, sont joints des modèles d'engagements de lettres de gage, de certificats d'estimation, des tableaux de calcul des frais d'estimation et de cotisation, etc.

II.

BRÊME.

La ville libre et anséatique de Brême compte une population de 72,820 habitants. Son gouvernement est analogue à celui de Hambourg. Il se compose d'un sénat et d'une assemblée de bourgeoisie. L'administration est dirigée par quatre bourgmestres nommés par le sénat pour quatre ans, et par deux syndics avec voix consultative.

Le système hypothécaire, dans la ville de Brême, offre dans l'application quelques particularités qui méritent d'être décrites.

Ce système concerne les biens meubles et les valeurs immobilières.

Le marchand, le propriétaire de biens meubles les vend à crédit et reçoit en échange des traites sur l'acheteur. Ces traites, souvent endossées en blanc, sont le mode de payement habituel des transactions commerciales. Elles s'échangent les unes contre les autres, se renouvellent aux jours de l'échéance, et constituent ainsi un mécanisme plus actif et plus avantageux que le simple payement *à terme,* avec intérêt, de la marchandise achetée, tel qu'il se pratique souvent ailleurs.

Le propriétaire d'immeubles a le droit de se faire délivrer, par un comité de magistrats nommés *ad hoc,*

des titres représentant le total ou une partie de la valeur de ces immeubles, et hypothéqués sur ceux-ci.
Ces titres, ou bons hypothécaires, se vendent chaque
jour comme des lettres de change. Ils portent indication de la somme qu'ils représentent, et des sommes
qui précèdent hypothécairement celle-ci. Cette émission de titres dépasse même quelquefois la valeur des
immeubles; car des baisses subites viennent détério-
rer parfois cette dernière, et on les prend par conséquent avec une confiance plus ou moins entière, selon
qu'ils sont plus ou moins garantis.

Par suite de cette organisation, on a rendu mobile
l'hypothèque.

On a obtenu ainsi le double avantage d'augmenter
la facilité du crédit, d'abaisser par conséquent l'intérêt
de l'argent, et de faire hausser le prix des immeubles.
Le nombre des acheteurs est devenu plus considérable, la facilité d'en tirer parti pour le crédit et la circulation étant plus grande.

L'inconvénient qui s'est attaché à cette institution a
été de diminuer la solidité de la valeur immobilière.
Ce genre de mobilisation de la propriété a moins de
danger dans les villes marchandes, où il importe d'ac-
tiver les transactions; mais on ne pourrait pas l'étendre dans la même proportion et avec la même facilité
aux campagnes. Avec ce système, toute propriété est
valeur commerciale. L'habitude et l'expérience ont dû
naturellement atténuer ce que cette organisation pou-

vait avoir de trop prompt, de trop facile et de trop entraînant; mais la propriété rurale exige d'autres garanties que les habitudes d'une place de commerce.

III.

LUBECK.

La ville libre et anséatique de Lubeck compte une population de 47,197 habitants. Son gouvernement est établi sur des bases analogues à celles de Hambourg et de Brême.

La ville de Lubeck ne possède aucun établissement de crédit hypothécaire; mais le besoin s'en fait moins sentir, l'abondance des capitaux permettant à l'industrie privée de prêter à la propriété immobilière, et même aux petits cultivateurs des environs, à 3 et 3 1/2 p. o/o.

Voici quelques renseignements sur le système hypothécaire en vigueur:

Lubeck et les pays limitrophes possèdent une inscription régulière et bien organisée, et il n'y a dans ces contrées que peu de localités qui n'aient pas leur bureau de conservation des hypothèques. Le conservateur inscrit sur les registres toute créance constituée, soit sur des maisons, soit sur des terres, en ayant soin de colloquer les créanciers selon l'ordre de leur hypothèque.

Lorsque l'immeuble affecté change de propriétaire,

le créancier n'a pas besoin de se présenter, puisque
l'hypothèque suit l'immeuble dans quelques mains qu'il
passe. C'est au contraire le conservateur des hypothèques qui est tenu, en cas de vente et de transfert
d'un immeuble grevé d'hypothèque, de notifier cette
mutation d'office au créancier hypothécaire, pour que
ce dernier puisse, s'il le veut, demander le remboursement en temps utile; car l'affectation spéciale de
l'immeuble de la part du propriétaire à l'égard de
son créancier continue pendant l'année qui suit la
vente.

Comme il arrive souvent, dans ces petites localités,
que le gage est insuffisant pour la sûreté de la créance,
et qu'en consentant l'hypothèque, le créancier tient
compte de la situation personnelle de son débiteur, il
n'est pas rare de voir une vente de l'immeuble hypothéqué déterminer le créancier à exiger la réalisation
de son capital. C'est là ce qui a dicté cette stipulation
législative.

CHAPITRE X.

DANEMARCK.

Le Danemarck, avec les duchés de Schleswig, Holstein et Lauenbourg, compte une population d'environ 2,300,000 habitants répandus sur 1,021 milles
carrés géographiques (de 15 au degré). Le gouvernement du Danemarck est constitutionnel, composé du
Roi et de deux Chambres.

Le Danemarck est un pays essentiellement agricole;
l'immense majorité des capitalistes placent leurs fonds
sur hypothèque. Les terres et les maisons rapportent
le plus souvent 7 et 8 o/o, l'intérêt légal de la somme
hypothéquée (4 o/o) étant bien inférieur à ce taux, les
propriétaires trouvent un véritable avantage à hypothé-
quer leurs immeubles; aussi presque toutes les propriétés sont-elles grevées.

La tendance naturelle des capitaux vers l'agriculture
est en outre favorisée par les lois et par la situation
géographique.

La loi civile décharge de toute responsabilité les
directeurs de caisses publiques et les administrateurs
des deniers des incapables qui prêtent des fonds sur
hypothèque d'après les règles prescrites.

La situation géographique du pays permet aux habitants de transporter facilement leurs produits à la mer : le point le plus éloigné du centre des îles à un port de mer n'excède pas 24 kilomètres et le plus souvent 15. Les habitants des duchés et du Jutland ont à peu près le double de trajet à parcourir, mais, les ports étant nombreux, ils peuvent choisir celui où les transactions offrent le plus de facilités.

Lorsque le Danemarck était régi par des institutions féodales, le pays se trouvait divisé en grandes terres seigneuriales, réglementées par des lois spéciales ayant pour but d'assurer aux ouvriers des champs une existence honorable, et de fournir aux grands propriétaires du sol des moyens d'exploitation à bon marché. Vers 1788, on assigna aux serfs une certaine quantité de terres munies du cheptel nécessaire, destinées à les nourrir eux et leur famille. Le seigneur était obligé de leur venir en aide, s'ils ne récoltaient pas les denrées nécessaires à leur existence. Il était en quelque sorte le banquier, le protecteur né des paysans, dont les besoins étaient d'ailleurs fort restreints, et qu'il traitait avec la plus grande humanité.

Les seigneurs, qui faisaient de l'exploitation de leurs propriétés une véritable industrie, trouvaient des avances de fonds sur le produit de leurs terres. Ces avances étaient réglées par des lois abolies depuis long-temps ; elles rencontraient des facilités inconnues de nos jours, et fondées sur les usages locaux et la bonne foi publique.

Les propriétaires s'occupaient ordinairement de l'é-
lève des chevaux et des bestiaux : les acheteurs venaient de l'étranger pour faire leurs achats au comptant.
Cette spéculation, qui continue à exister, a reçu un plus
grand développement. On exporte aujourd'hui ces animaux à Londres et à Hambourg. Il se forme même une
compagnie pour faire le commerce des bestiaux et des
chevaux avec l'Angleterre, par le moyen des bateaux à
vapeur.

On comprend que le Danemarck, grâce à sa situa- Origine
et historique
des
institutions
de crédit.
tion exceptionnelle, ait pu se passer jusqu'ici, sans
trop en souffrir, d'institutions de crédit destinées à
venir en aide aux agriculteurs et aux propriétaires fonciers. Cependant, dès le XVIIIe siècle, le gouvernement danois s'était efforcé déjà de protéger l'agriculture, principale source de la richesse nationale.

Des obstacles sérieux s'opposaient aux améliorations : la situation sociale des paysans, réglée par des
lois féodales, et le mode de culture des terres considérées comme biens communaux.

Les paysans étaient rassemblés dans des villages (by-
long) dont les habitants formaient des associations.
Chaque village avait ses terres en commun, généralement partagées en trois champs distincts : le premier était destiné à recevoir les semailles d'automne;
celles du printemps étaient faites sur le second, et le
troisième était consacré au pâturage.

Les champs se trouvaient divisés, chacun suivant la

nature différente du sol, en parcelles nombreuses mises en rapport par leurs cultivateurs respectifs, dépendant les uns des autres, et constituant une véritable communauté.

- Cet état de choses, considéré sous le rapport de son application et de ses résultats économiques, présentait de graves inconvénients, confirmés par l'expérience de plusieurs siècles, et s'opposait à tout progrès rationnel.

Malgré la difficulté de triompher d'habitudes consacrées par le temps, et de froisser certains intérêts seigneuriaux, la couronne de Danemark n'hésita pas à détruire le mal dans sa racine, en abolissant le principe de la communauté des terres et en établissant le droit, en faveur de tout agriculteur, de posséder avec la faculté de libre culture.

C'est dans ce but que parut l'ordonnance royale du 23 avril 1781, qui a développé et fécondé les sources de l'agriculture en Danemark. Ses progrès furent prompts et proportionnés au but qu'on s'était proposé.

La destruction des communautés et la distribution des terres exigeaient l'édification de maisons éparses sur le territoire des îles et placées sur les terrains concédés.

L'ordonnance de 1781 avait prévu cette nécessité, et, pour y satisfaire, le gouvernement danois n'hésita pas à sacrifier des sommes considérables. Par l'article 21 de cette ordonnance il fut accordé une somme de 50 à 100 rigsbankdalers (150 à 300 francs) aux

paysans qui transporteraient leur maisons, des villages
où elles étaient situées, dans les champs de nouvelle
occupation, et un secours encore plus considérable,
s'ils les bâtissaient dans les pacages. Cette disposition
n'était pas seulement un prêt fourni par le Gouvernement aux agriculteurs, mais bien un don gratuit, dans
le but de favoriser l'agriculture.

La dissolution des communautés faisant de grands
progrès, ces secours devinrent moins nécessaires; ils
furent abolis par l'ordonnance royale du 20 août 1801.
D'un autre côté, le Gouvernement, par l'ordonnance
du 16 août 1786, fonda de ses propres deniers une
caisse de crédit (*credit-kasse*) destinée à améliorer le
sort de l'industrie rurale. Cette caisse, pourvue d'un
fonds d'amortissement considérable, prêtait à 2 p. o/o,
mais seulement aux entreprises ci-après désignées :

1º A celles qui avaient pour but d'améliorer l'état
et la culture des terres affermées (*fœstesteder*);

2º A l'établissement de plusieurs familles d'agriculteurs sur des terres d'une grande étendue ;

3º Aux propriétaires et aux fermiers ayant de longs
fermages ou baux héréditaires, présentant des garanties de solvabilité;

4º Aux associations entre propriétaires dans le but de
détruire l'établissement des communautés, ou bien
d'appliquer de nouveaux procédés avantageux de culture;

5º Aux entreprises pour la construction de digues

destinées à protéger les pacages exposés aux inondations de la mer;

6° Aux entreprises ayant pour but d'améliorer une
grande étendue de terrains, soit par un mode de
culture avantageux, soit par des travaux d'assainisse-
ment, etc.

L'intérêt de l'État se réunissant à celui des seigneurs
de la terre et des paysans, cette caisse de crédit dut
venir en aide aux seigneurs en leur prêtant, contre
une garantie suffisante et à 2 p. o/o, des capitaux remboursables par faibles annuités. L'institution de cette
caisse de crédit s'adressait également aux fermiers et
aux paysans : aux fermiers, en leur fournissant les
moyens d'acquérir en toute propriété les terres qu'ils
cultivaient à bail ou, au moins, en encourageant les
baux à longs termes, ceux de cent ans et plus, ceux
même transmissibles par voie de succession (arve-
feste); aux paysans, en améliorant leur condition,
par exemple, au moyen de la suppression des corvées.
Ces emprunts devaient tendre encore à faciliter les
échanges, l'établissement d'un plus grand nombre
de familles sur des terres incultes, les améliorations
agricoles, les défrichements de toute espèce, l'introduction de nouvelles méthodes de culture, les plan-
tations d'arbres, la création de jardins, l'endiguement
de terrains exposés à de fréquentes inondations, etc.
Enfin, comme il était permis d'obtenir, au moyen
de forces réunies, un résultat comparativement plus

grand, les associations qui se proposaient un but
analogue, durent être préférées dans les concessions
d'emprunts.

Un contrôle sérieux était indispensable pour parvenir
aux grands résultats qu'on avait en vue. C'est pourquoi
un rescrit royal du 16 août 1788 chargea de l'administration de la caisse de crédit une direction à part composée d'hommes spéciaux. Cette caisse reçut, comme
première mise de fonds, une somme de 750,000 rixdl.
non en argent, mais en valeurs, ayant appartenu au
trésor, et sur lesquels la banque prêtait à 2 p. o/o [1];
seulement il fut décidé que, dans le cas où, par
suite de l'insuffisance des ressources de la banque,
l'administration serait forcée de recourir à un emprunt
particulier à 4 p. o/o, le trésor bonifierait à la caisse
de crédit les 2 p. o/o qu'elle payerait ainsi en sus de
ce qu'elle était autorisée à recevoir de ses propres débiteurs.

La rente de ce capital fut affectée à l'accroissement
du fonds, et, par ce moyen, comme aussi à l'aide des
intérêts composés qui devaient résulter d'un placement
nouveau et immédiat des capitaux et des intérêts des
emprunts remboursés, on espéra pouvoir suffire à toutes
les demandes d'emprunt que la direction jugerait utiles
d'agréer. Toutefois, dans la prévision où ce but ne

---

[1] Le cours de l'année 1786 était de 136 rd. courant pour 100 species argent. Le pair était 122 $\frac{1}{2}$ rd. pour 100 species.

1 species 5 fr. 60 c. valeur intrinsèque.

pourrait être atteint, la direction reçut l'autorisation de contracter un emprunt de trois millions, avec garantie royale.

Dans les premières années, cette caisse de crédit ne fonctionna qu'avec lenteur, et, au bout de trois ans la somme des emprunts s'élevait à 313,121 rixd. courant[1], mais, à mesure que les avantages de cet établissement furent appréciés et plus généralement connus, ses opérations s'accrurent. Les paysans surtout saisirent avec un tel empressement ce moyen pour acquérir leurs maisons en toute propriété, que la direction se vit forcée de faire modifier les statuts de la caisse de crédit.

Une ordonnance (résolution) du 30 mai 1792 éleva le taux de l'emprunt, d'abord à 4 o/o, puis à 3 3/4 seulement; par contre, le remboursement du capital ne dut commencer que deux ans après la conclusion de l'emprunt, et fut fixé à 2 p. o/o, de telle sorte cependant que la rente continuât à être servie au taux de 4 p. o/o du capital primitif, et sans avoir égard à la diminution opérée par les remboursements annuels. De cette manière, l'emprunt devait être amorti dans l'espace de 28 ans.

Enfin, plus tard, comme le nombre des emprunts s'était accru considérablement, il fut décidé, par résolution royale du 15 juin 1793, qu'à l'avenir tous les

_____

[1] Le cours a varié de 1786 à 1788 de 136 à 153 rd. courant par 100 species.

emprunteurs auraient à servir une rente de 4 p. o/o,
et que les emprunts à 2 p. o/o ne seraient accordés
qu'exceptionnellement et dans certains cas, tels par
exemple, que changements de domicile, parcellements
qui devaient préparer la concession d'un bail héréditaire ou d'un immeuble en toute propriété, dessèchement des marais, ouverture de canaux, etc., etc.

  Indépendamment de ces obligations relatives au
remboursement et à l'intérêt du capital, l'emprunteur
était tenu ordinairement de présenter, dans le courant
de l'année, un rapport détaillé, constatant que le crédit avait été employé effectivement à l'usage pour lequel la direction l'avait alloué. Dans le cas contraire, il
était tenu au remboursement immédiat du capital, et,
de plus, à servir l'intérêt légal, à partir du moment où
il avait été pris en faute. De plus, si l'argent avait été
employé à tout autre usage que celui qu'il avait indiqué, l'emprunteur était passible d'une amende de
10 p. o/o de la somme ainsi détournée de son emploi.
Le montant des emprunts alloués par la caisse de crédit s'est élevé, pour la période de temps comprise
entre les années 1785 à 1798, à la somme importante
de 3,415,669 rixd. répartis entre 811 débiteurs, et,
sur cette somme, 1,103,962 rixd. ont été hypothéqués
sur des biens fonds[1].

[1] De 1786 à 1798 le cours avait considérablement varié. Nous
avons vu que, en 1786, le pair était de 136 rixd. contre 100 species
argent; il était descendu jusqu'à 160 en 1770, et revenu en 1794

23.

Les renseignements d'après lesquels a été tracé l'historique de cette institution de crédit ne font point connaître si, de 1786 à 1798, la caisse fut obligée de recourir à un emprunt comme elle y était autorisée; mais cela est probable. Le capital primitif de 750,000 r. n'avait pas pu, en 12 ans, suffire à la somme d'emprunts qui a été indiquée plus haut, surtout avec un remboursement aussi lent et une rente aussi faible.

Quoi qu'il en soit, la caisse fut de nouveau autorisée, en 1798, à emprunter elle-même jusqu'à la concurrence de 5 millions de rixd. (22,400,000 francs), avec garantie royale.

De 1798 à 1804, les crédits accordés par la caisse se sont élevés à 766,790 rixd.[1] pour tout le royaume, et à 340,316 rixd. pour le Danemarck proprement dit, soit à un peu moins de moitié du total.

Les guerres dans lesquelles le Danemarck s'est trouvé impliqué à partir de cette époque, paralysèrent les opérations de la caisse de crédit qui fut enfin supprimée le 9 février 1816.

Ces détails donnent une idée très-avantageuse des résultats produits par cette institution de crédit à une époque déjà bien éloignée de la nôtre, et de l'influence

jusqu'à 129 1/2. En 1795, le pair est de 125 rixd. courant contre 100 species, et le cours se maintient pendant ces trois années 1795-1798 au pair.

[1] Le cours des rixdalers avait beaucoup baissé à la fin de 1804; il était tombé à 150 rixd. pour 100 species.

qu'elle a dû exercer sur l'agriculture en Danemarck.
Il faut dire cependant que cette caisse n'était pas le seul
établissement où l'on pouvait se procurer des fonds
contre une garantie suffisante en immeuble. Outre le
trésor public et la caisse des dépôts, les banques et
un établissement de crédit spécial au Holstein ont
prêté également des sommes importantes sur hypothèques.

En outre, les fonds appartenant à divers établissements publics et placés sous l'administration des divers ministères, principalement les biens des mineurs,
étaient en général et sont encore rendus productifs au
moyen de placements sur les propriétés immobilières.
Le rescrit du 7 février 1794 et celui du 7 juin 1827
ont réglé les conditions auxquelles devaient se faire les
placements, dont le montant peut s'élever jusqu'aux
2/3 de la valeur de la propriété hypothéquée, à la condition toutefois d'obtenir certaines garanties pour une
taxation équitable.

La valeur des biens des mineurs placés ainsi sous
la surveillance de l'administration s'élève à la somme
importante de 25 millions et 1/2 de rixd. (75 millions
de francs environ), et une bonne partie de cette somme
est placée sur les propriétés territoriales.

Parmi les établissements publics qui ont affecté une
partie de leurs fonds à des placements de ce genre,
nous citerons surtout l'ancienne et la nouvelle caisse
des pensions pour les veuves. L'ordonnance du 4 août

1794, qui obligeait les employés à certains versements annuels dans le but d'assurer une pension à leur veuve, avait considérablement accru les fonds de cet établissement de prévoyance, et l'administration s'occupa de les rendre productifs en favorisant l'agriculture et surtout en facilitant aux paysans les moyens d'acquérir en toute propriété les biens qu'ils tenaient à ferme, moyennant une première hypothèque sur leurs maisons. Elle a de cette manière, de 1797 à 1813, prêté à 4,022 paysans et cultivateurs des sommes s'élevant en totalité à 3,180,500 rixd. courants[1].

Lorsque, en 1813 et 1816, la caisse de crédit et celle des veuves eurent cessé d'être en activité, les besoins d'emprunts sur hypothèques devinrent pressants et difficiles à satisfaire, attendu qu'il n'y avait plus que la banque, l'administration des biens des mineurs et des fonds des établissements publics, qui offrissent encore quelques ressources à l'agriculture, et que la propriété foncière se trouvait dans un état de crise des plus fâcheuses, crise qui se maintint pendant une série d'an-

---

[1] Le cours des rixd. courants, que nous avons vu à 125 par 100 species argent en 1795-1798, éprouva, de 1807 à 1813, une baisse énorme par suite des événements, et fut noté le 10 décembre 1814 au plus bas, soit 1,760 rixd. courant, par 100 species.

En 1813, le pair est de 200 rixbankdalers par 100 species et les rixd. courant ne cessent d'être en circulation qu'en 1814. Le cours de ce papier a subi des variations énormes dans le courant de cette année; à la fin de décembre il était encore de 5,400 rixd. courants pour 100 species.

nées. Non-seulement le trésor et la caisse des veuves furent dans l'impossibilité de recouvrer leurs créances, mais le gouvernement fut, de plus, forcé, en 1819, à à l'aide d'un emprunt de 5 millions de rixd. (soit au cours de 212 par 100 spécies assez proche du pair, 2,504,490 rixd. ou à 5 fr. 60 c., 13,207,544 fr.), de subvenir aux besoins les plus pressants.

Plusieurs années heureuses ayant relevé considérablement le prix des propriétés, il devint de nouveau très-facile, sauf pour la petite propriété, de trouver à emprunter sur première hypothèque.

Dans les derniers temps, l'établissement des caisses d'épargne a été d'un grand secours pour l'agriculture. Il existe dans ce moment 30 caisses d'épargne dans le royaume, dont la plus importante à Copenhague dispose de 7 à 800,000 rixd. (2 à 3 millions 400,000 fr.). Les sommes ainsi placées doivent avoir une grande importance, mais on ne peut en faire connaître le chiffre.

Enfin la banque nationale consacre une partie de sa réserve à des emprunts hypothéqués sur des valeurs immobilières, qui s'élèvent, dans ce moment, à 4,214,000 rixd. environ (soit 12,000,000 de fr. environ), mais les opérations de la banque sont en ceci limitées par les statuts.

En résumé, le Danemarck a fait depuis longtemps l'expérience d'un établissement de crédit agricole soutenu par l'État, et spécialement affecté aux besoins et au développement de l'agriculture et du bien-être des paysans. L'influence que cette création a eue sur la situation prospère dans laquelle l'agriculture se trouve aujourd'hui, ne saurait lui être attribuée exclusivement; mais elle semble avoir donné la première une grande impulsion aux placemeuts sur la propriété immobilière.

Nouvelle loi.   Jusqu'en 1850, des associations entre des propriétaires fonciers, formées pour prêter sur hypothèque sous leur garantie mutuelle, n'avaient pas encore été établies en Danémarck. Des plans d'association de cette nature avaient été présentés dans plusieurs comices agricoles et discutés par ces assemblées; mais la guerre qui a éclaté en 1848 entre le Danemarck et l'Allemagne au sujet de l'insurrection du Schleswig-Holstein en a suspendu l'exécution.

Cependant cette question, d'un si grand intérêt pour l'avenir de l'agriculture, s'est de nouveau produite. M. Brezendahl, membre de la diète, a présenté à cette assemblée une proposition concernant l'organisation des sociétés de crédit entre propriétaires fonciers.

Cette proposition a excité un vif intérêt tant au sein de la diète qu'au dehors. Elle vient d'être discutée et adoptée dans son ensemble, sauf quelques modifications toutes favorables au crédit foncier.

Ainsi, on proposait d'élever le montant des souscriptions à 2 millions de rixdalers (6,000,000 fr.) afin de pouvoir former une société, et de fixer le mon-

tant des obligations à une somme qui ne fût pas inférieure à 5o rixd. (150 fr.). La loi diminue de moitié
le chiffre des souscriptions et celui des obligations.

Aux termes de cette loi, les associations sont autorisées par le ministre de l'intérieur

Le ministre ne doit accorder l'autorisation qu'à
celles dont les statuts sont conformes aux dispositions
du § 4.

Voici les principales dispositions de ce paragraphe:

1° Un fonds de souscription d'au moins 1 million
de rixdalers (3 millions de francs environ);

2° Les propriétés hypothéquées doivent être situées
dans une circonscription limitée pour faciliter l'évaluation et la surveillance ;

3° L'hypothèque ne doit jamais dépasser de 2/3 la
valeur de l'immeuble;

4° Les obligations mises en circulation ne doivent
jamais excéder le montant des hypothèques;

5° La solidarité des actionnaires existe jusqu'à concurrence de la valeur empruntée ;

6° Les titres ou coupures doivent être de 150 fr.
au moins;

7° Obligation pour les emprunteurs d'amortir successivement la dette;

8° Obligation pour la société de présenter tous les
trois mois un compte détaillé au ministre de l'intérieur.

Aucune modification ne peut être faite aux statuts
sans le consentement du même ministre.

Les statuts approuvés sont publiés officiellement.

L'autorisation accordée confère aux associations les priviléges suivants :

1° Les obligations nominatives ou au porteur sont exemptes du timbre ;

2° L'association peut stipuler, en cas d'inexécution des engagements de ses débiteurs, le droit de *faire vendre* publiquement, ou même de se faire adjuger l'immeuble hypothéqué sans arbitrage, procédure ou jugement ;

3° Les envois d'argent ou valeur pour le compte des associations jouissent d'une modération des frais de poste. ;

4° Les associations empruntent et prêtent à un taux excédant 4 o/o par an (intérêt légal) ;

5° Les administrateurs des biens de mineurs, les établissements publics, sont autorisés à placer leurs fonds en obligations des associations de crédit.

Des priviléges plus étendus ne peuvent être accordés aux associations qu'en vertu d'une loi spéciale.

Nous donnons au surplus le texte même de la loi du 20 juin 1850.

LOI

CONCERNANT L'ORGANISATION

DES INSTITUTIONS DE CRÉDIT ET DES CAISSES HYPOTHÉCAIRES

EN FAVEUR DES PROPRIÉTAIRES DE TERRES.

Nous, Frédéric VII par la grâce de Dieu, roi, etc., faisons savoir :

L'assemblée du royaume a adopté, et nous avons sanctionné la loi suivante :

ART. 1er. Le ministère de l'intérieur est autorisé à concéder les priviléges énoncés dans les articles 2 et 3 aux sociétés de crédit entre propriétaires de terres danoises, sous la condition de conformer leurs statuts aux règles fixées par l'article 4.

2. Les priviléges qui sont concédés aux sociétés susdites sont :

1° Que les obligations souscrites par la direction de la société n'ont pas besoin d'être inscrites sur papier timbré, et qu'elles peuvent être transférées sur papier libre ;

2° Que la direction a la faculté de convenir, avec les sociétaires ou débiteurs de la société, de donner, dans leurs obligations, le droit à la direction de disposer de leurs terres hypothéquées avec leur dépen-

dances, par autorité de justice, d'en faire la vente
publique, ou bien de les obliger à les céder à la société sans avoir besoin de recourir à un compromis, à
un procès ou à une adjudication. En outre, la cession
demandée par la direction de la société ou la vente
qui en est la conséquence, ne peuvent être suspen-
dues par un appel fait à un tribunal, si la vente s'o-
père conformément aux ordonnances royales des
22 août 1817 et 11 septembre 1833. D'un autre côté,
le sociétaire ou débiteur aura le droit de recourir à la
justice pour obtenir de la société une indemnité équitable.

3° Que la même modération de taxes de poste sera
accordée en faveur des envois d'obligations et d'argent
pour compte de la société, que celle concédée à la
banque nationale à l'égard des envois entre la banque
principale et son comptoir d'Aarhu;

4° Que la société pourra contracter des emprunts à
un intérêt plus élevé que 4 p. o/o, et de même exiger
un semblable intérêt de la part de ses sociétaires ou
débiteurs.

3. Il sera permis aux administrateurs des biens des
mineurs ou des établissements publics de placer les
fonds dans la caisse des sociétés de crédit.

4. Pour qu'une société de crédit puisse obtenir
l'approbation de ses statuts, et la jouissance des priviléges énoncés plus haut, il est nécessaire :

1° Que la totalité des souscriptions s'élève à une

somme de 1 million de rixbankdalers au moins (3,000,000 de francs), et que les terres soient situées dans une circonférence assez rapprochée pour que la direction puisse, sans difficulté, contrôler les évaluations et inspecter les terres hypothéquées;

2° Que nul propriétaire de terre ne soit inscrit comme intéressé pour une somme plus forte que celle montant aux trois cinquièmes de la valeur de la propriété hypothéquée. Cette valeur doit être fixée par une estimation équitable et conformément aux prescriptions de l'ordonnance du 7 juin 1817, qui doit être spécialement relatée dans les statuts;

3° Qu'on ne puisse mettre en circulation une somme plus grande, en obligations de la société, que celle du montant des obligations hypothécaires des sociétaires appartenant à la société;

4° Que tous les co-sociétaires dans une société soient solidairement responsables des obligations émanées de la société, pour les trois cinquièmes entiers de la valeur estimative de leurs propriétés, dans le cas où les emprunts qu'ils ont faits montent aux trois cinquièmes de cette valeur, et en proportion du capital emprunté, s'il est moindre que ladite valeur;

5° Que les obligations émanées de la société produisant intérêt soient nominatives ou au porteur, et que le montant ne soit pas au-dessous de 50 rixbankdalers (150 francs);

6° Qu'il soit établi dans les statuts que les sociétaires

sont obligés de payer, outre l'intérêt convenu, une somme annuelle pour l'amortissement de leurs emprunts;

7° Que les statuts obligent également la direction de publier tous les ans un compte-rendu de l'état de la société, et à remettre tous les trois mois un extrait de ce compte au ministre de l'intérieur;

8° Que les statuts ne puissent être modifiés sans l'approbation du ministre de l'intérieur.

5. Le ministre de l'intérieur, après avoir approuvé les statuts d'une société de crédit, en ordonnera la publication; si l'approbation est refusée, le ministre fera connaître aux intéressés les motifs de son refus.

6. Afin de faciliter l'établissement des caisses d'emprunt parmi les propriétaires des terres danoises, le ministre de l'intérieur est autorisé à leur concéder, en approuvant les statuts, les priviléges dénommés dans l'article 2, alinéa 1°, 3° et 4°, quand ces institutions remplissent les conditions fixées par l'article 4, alinéa 3°, 5°, 6°, 7°, 8° de la présente loi; lorsqu'elles se limitent à prêter au maximum deux cinquièmes du montant de la valeur de la propriété, d'après les termes de la fin de l'article 4, alinéa 2°, et sur première hypothèque.

7. Si une association de crédit désire d'autres ou de plus grands priviléges que ceux que le ministre de l'intérieur est autorisé, par la présente loi, à leur accorder, elle ne pourra les obtenir qu'en vertu d'une loi spéciale.

Ce qui exige l'obéissance de toutes les personnes qui y sont intéressées.

Au château de Christiansborg, le 20 juin 1850.

Signé FRÉDÉRIK.

Plus bas,

Signé ROSERÖRN.

———

Cette loi a été accueillie avec une faveur marquée. Depuis sa publication, on a commencé à recevoir dans le Jutland et dans les îles des souscriptions destinées à former des caisses de crédit. Malgré la guerre acharnée que le Danemark soutient contre les duchés, et les impôts extraordinaires dont la propriété est surchargée, ces souscriptions ont déjà fourni des sommes qui permettront, dans un avenir prochain, d'organiser des sociétés dont on attend les résultats les plus satisfaisants. Trois associations se sont formées et ont présenté leurs plans à l'approbation du ministre; les noms des directeurs de ces entreprises offrent toutes les garanties désirables, et l'on ne doute pas qu'elles n'obtiennent l'autorisation qu'elles demandent.

CHAPITRE XI.

HESSE ÉLECTORALE,

La Hesse électorale a une étendue de 208 milles carrés d'Allemagne. Elle renfermait, à la fin de 1846, une population de 754,590 habitants; elle est divisée en quatre parties ou provinces : Hesse inférieure, Hesse supérieure, Foulde et Hanau.

Le gouvernement est constitutionnel, il est composé du prince-électeur et de deux chambres; à la tête de l'administration est placé un conseil de ministres.

Les provinces sont divisées en neuf arrondissements administratifs présidés par des directeurs.

La propriété se divise en biens nobles et biens de paysans; ces derniers, qui étaient grevés de nombreuses charges féodales, ont trouvé dans la création de l'établissement de crédit foncier un moyen de libération progressive.

Cet établissement a été fondé en 1832, sous le nom Caisse de crédit. de *Landes-Credit-Casse* ou caisse de crédit territorial.

En fondant cette institution, le gouvernement et l'assemblée des états s'étaient surtout proposé pour but, nous l'avons dit, de faciliter aux paysans par des prêts à 3 1/2, 3 et même 2 p. o/o, le payement de

24

leurs dettes, le rachat des dîmes, usages et redevances foncières, qui grevaient les propriétés.

La loi de création du 23 juin 1832 a été complétée
et modifiée par des lois postérieures, mais sur des
points particuliers seulement. Ces modifications de
détail n'ont nullement altéré le caractère de l'institution.

Organisation. Le siége de la caisse est à Cassel; elle est placée
sous la haute surveillance, 1° des ministres de l'intérieur et des finances; 2° de l'assemblée des États dont
le comité permanent concourt à l'apurement des
comptes, soit par lui-même, soit par délégation. L'Assemblée des États nomme en outre l'un des trois directeurs.

L'État répond avec tout son avoir de toutes les obligations de la caisse.

La *Landes-Credit-Casse* emprunte aux caisses de dépôt, aux caisses d'épargne, aux corporations, aux particuliers, enfin à l'État, à un taux qui ne peut jamais
dépasser 3 1/2 p. o/o, les capitaux qu'elle prête, 1° pour
le rachat des dîmes et servitudes foncières; 2° pour
tous autres emplois.

Les caisses de dépôt sont tenues de livrer à 3 p. o/o
toutes sommes disponibles excédant 100 thalers dont
les directeurs n'ont pas l'emploi prochain et sûr. La
caisse, en outre, obtient, en cas de besoin, des secours
du Trésor à 3 1/2 p. o/o sur ses obligations.

Les prêts pour rachat de dîmes et autres charges

foncières sont régis par une loi postérieure spéciale en
date du 31 octobre 1833.

Quant aux autres prêts, une ordonnance du 14 octobre 1832 complète la loi du 22 juin. Cette ordonnance prescrit les formalités hypothécaires, les documents à fournir pour être admis à contracter emprunt
la forme des obligations et des coupures, les règles de
comptabilité, etc.

La caisse, pour tout autre emploi que le rachat de
dîmes, etc.; ne prête pas moins de 100 thalers à 4
p. o/o; si le prêt est remboursable dans l'année, l'intérêt est de 4 1/2.

Les sommes prêtées sont remboursables par annuités
avec faculté d'anticipation; l'amortissement, payable
avec les intérêts par semestre, doit être de 1/2 p. o/o
par an au moins, du capital prêté.

Un plan d'amortissement est délivré à chaque débiteur.

Les obligations, nominatives ou au porteur, émises
par la caisse sont de 50, 500 et, depuis la loi du
31 octobre 1833, de 1,000 thalers.

Tous les employés des finances sont à la disposition
de la caisse, et lui doivent leur concours gratuit. Les
percepteurs publics sont chargés du recouvrement des
annuités et des intérêts; il leur est alloué, dans ce cas
seulement, une indemnité de 2 p. o/o sur les sommes
perçues.

Lorsque le débiteur ne paye pas à l'échéance, le per-

cepteur lui adresse, au bout de quatorze jours, un avertissement. Si le payement n'est pas effectué dans un second délai de quatorze jours le percepteur procède
à l'exécution comme pour les contributions arriérées de
l'État.

Voici au surplus la traduction :

1° De la loi de création du 23 juin 1832 ;

2° Des principales dispositions de la loi modificative
du 31 octobre 1833.

LOI DU 23 JUIN 1832,

CONCERNANT

L'ÉTABLISSEMENT D'UNE CAISSE DE CRÉDIT TERRITORIAL.

Nous, par la grâce de Dieu, Frédéric-Guillaume,
prince-électeur et co-régent de Hesse, etc., avons décidé, avec le concours de l'assemblée de nos états, pour
mettre à exécution la proposition de ces états, du
9 mars 1831, tendant à fonder un établissement qui
faciliterait aux sujets le payement de leurs dettes et
leur permettrait de se procurer des capitaux à un intérêt modéré, afin d'améliorer leur position en rache-
tant les charges qui grèvent leurs propriétés foncières,
et le ministère d'État entendu, avons ordonné et ordonnons.

§ 1er. Une caisse de crédit territorial séra établie dans notre ville de Cassel. Cette caisse recevra et prêtera de l'argent à intérêt et sera administrée d'après les règles qui suivent.

2. L'état répond, avec tout son avoir, de toutes les obligations de la caisse du crédit territorial.

3. Le ministère de l'intérieur exercera la haute surveillance sur la caisse de crédit, de concert avec le ministère des finances. L'assemblée des États participe à cette surveillance en ce sens que le comité permanent de ces États, ou un autre comité élu spécialement dans ce but par lesdits États, concourra à l'apurement des comptes.

4. La direction de la caisse sera composée comme suit : 1° trois membres ayant vote décisif, dont l'un doit être comptable expert, un autre administrateur, et un troisième jurisconsulte; 2° un secrétaire, dans le cas où un des membres n'en exercerait pas les fonctions; 3° un caissier; 4° un teneur de livres contrôleur; 5° le personnel de bureau.

Un membre de la direction sera proposé par l'assemblée des États ou par son comité permanent.

5. Les fonctionnaires des finances et l'administration dans les cercles, autres que celui de Cassel, sont à la disposition de la direction pour les affaires concer-

nant les emprunts, les requêtes sur les demandes d'emprunt, les transcriptions, versements des intérêts, etc.

II. PRÊTS DES CAPITAUX.

6. La caisse ne prête qu'aux habitants de la Hesse électorale, et qui peuvent offrir une sécurité suffisante pour l'engagement de leurs terres ou des droits réels attachés à ces terres (tels que redevances, dîmes).

Ces prêts ne sont pas restreints par la condition personnelle de l'emprunteur, ni par l'emploi auquel l'emprunt serait destiné. Cependant ceux qui voudraient contracter l'emprunt pour l'employer en rachat de servitudes ou de dîmes et de redevances foncières doivent être préférés aux autres emprunteurs.

7. Le mode d'assurer la garantie hypothécaire aux prêts de la caisse fera l'objet d'un règlement séparé.

8. Dans le cas où il ne pourrait être satisfait à toutes les demandes d'emprunt, les petits emprunts doivent, toutes circonstances égales, être préférés aux plus forts.

9. La caisse ne prête pas au-dessous de 100 thalers. La somme prêtée doit être divisible par 10, sauf les chiffres de 25 et 75, si l'emprunt dépasse 100 thalers.

10. Le taux de l'intérêt est fixé à 4 1/2 p. o/o pour les capitaux empruntés pour moins d'une année ou qui doivent être remboursés dans le courant de l'année. Pour les autres, il ne doit pas dépasser 4 p. o/o.

Quant au taux d'intérêt des capitaux empruntés pour rachat des servitudes des dîmes, etc., il est déterminé par les dispositions de la loi sur le rachat.

11. En même temps que le taux de l'intérêt, l'administrateur de la caisse fixera, de concert avec le débiteur, le payement d'une annuité plus ou moins considérable.

Cette annuité, payable tous les semestres, doit se monter au moins à 1/2 p. o/o par an de l'emprunt originaire. L'annuité, jointe aux intérêts, doit former une somme toujours la même, payable tous les ans, jusqu'à l'amortissement de la dette. Le *plan d'amortissement* sera délivré dès l'origine au débiteur, il lui servira de livret pour les quittances de payements partiels. Une triple expédition de ce plan restera à la caisse.

Les exceptions à cette règle seront spécifiées ultérieurement.

12. Le payement des intérêts et des annuités a lieu le 30 juin et le 31 décembre.

13. Le débiteur peut toujours payer des à-compte, mais, s'il n'a pas annoncé le payement trois mois d'avance, il est obligé de payer 2 p. o/o de la somme remboursée, pour les trois mois suivants.

14. Si le remboursement est dénoncé judiciairement de la part de la caisse du crédit, le débiteur ne payera que les droits ordinaires de plumitif et de quittance.

III. SOURCES AUXQUELLES SERA PUISÉ L'ARGENT
POUR LES PRÊTS.

15. Ces sources sont :

1° Certaines sommes déposées dans les caisses principales de dépôt;

2° L'argent disponible des caisses d'épargne;

3° L'argent provenant de baux, de parcelles de domaines, de redevances et de la vente de portions de biens de l'État;

4° Les prêts faits par des corporations et des particuliers;

5° Les secours supplémentaires fournis éventuellement par l'État.

16. Les caisses de dépôt devront livrer à la caisse de crédit toutes les sommes qui dépassent 100 thalers et qui ne sont pas destinées à un but charitable, ou ne sont pas demandées par l'établissement civil des veuves et orphelins.

L'intérêt payé pour ces sommes sera de 3 p. o/o.

17. Les administrateurs des caisses d'épargne peuvent remettre à la caisse de crédit toutes les sommes qui dépassent 100 thalers, et pour lesquelles ils ne trouvent pas un emploi très-prochain et sûr. Ces sommes recoivent un intérêt de 3 $\frac{1}{2}$ p. o/o.

18. Les sommes provenant des baux, redevances payés à l'État, vente des portions de domaines, pour-

ront être prêtées à la caisse du crédit, et recevront un intérêt de 3 $\frac{1}{2}$ p. o/o.

19. Les obligations délivrées aux caisses des dépôts d'épargne et de l'état seront rédigées d'après un certain modèle. Elles contiendront la réserve, quant aux caisses de dépôt, d'une dénonciation réciproque de payement faite quatre semaines à l'avance. La caisse de crédit doit rembourser aux caisses d'épargne les sommes dont celles-ci auraient besoin toutes les fois qu'elle peut le faire sans qu'il y ait préjudice pour elle.

20. La caisse fera, en outre, des emprunts aux corporations du pays et à l'étranger et aux particuliers, par sommes de 5o thalers au moins, au taux de l'intérêt le plus bas possible, et qui en tout cas ne devra pas dépasser 3 $\frac{1}{2}$ p. o/o.

21. Les obligations de la caisse seront rédigées d'après un certain modèle pour des sommes rondes de 5o à 5oo thalers. Elles seront au *porteur* et accompagnées des coupons d'intérêt.

22. Ces obligations pourront être nominatives à la demande de l'emprunteur et, dans ce cas, ne pourront être aliénées que par cession légale. Cette disposition ne s'applique pas aux coupons d'intérêt.

23. La direction peut, si elle le juge utile, emprunter pour un temps plus court à un intérêt modique, sans délai fixé pour la dénonciation.

24. La caisse obtient en cas de besoin un secours

du trésor contre des obligations rédigées dans la forme prescrite et à un intérêt qui ne dépassera pas 3 ½ p. %.

25. Les capitaux de rachat payés à la caisse du crédit après dénonciation préalable, en vertu de la loi sur les rachats, recevront un intérêt de 3 ¾ p. %, pendant les trois premières années, mais ne pourront être prêtés non plus qu'au même taux.

26. Le payement des intérêts par la caisse du crédit se fera aux termes qui seront réglés d'après les époques auxquelles la caisse recevra les intérêts des capitaux prêtés. La fixation de ces termes peut cependant être aussi l'objet d'une convention.

IV. OPÉRATIONS.

27. Le prêt des capitaux dans le cercle de Cassel est effectué par la direction de la caisse de crédit.

28. Dans les autres cercles, les impétrants ont à s'adresser aux employés des finances et de l'administration auxquels pourra être adjoint un membre du conseil de régence. Ceux-ci sont chargés d'instruire l'affaire, et de transmettre le procès-verbal à la direction dans l'espace de dix jours et après avoir reçu la décision de procéder ultérieurement.

29. L'ordonnance de payement ne peut être délivrée que par la direction. Ces obligations sont également conservées à la caisse centrale.

30. La perception des intérêts et des annuités or-

dinaires se fait par les percepteurs publics des cercles
respectifs, qui prélèvent pour ce service une indemnité fixée par la direction et ne pouvant dépasser
2 p. o/o. Les autres opérations sont gratuites.

31. Lorsque les intérêts et les annuités ordinaires
ne sont pas payés aux termes fixés, le percepteur devra,
après un délai de quatorze jours, faire parvenir un avertissement au débiteur. Si, dans un second délai de
quatorze jours, le payement n'a pas eu lieu, l'exécution
se fait comme pour les contributions arriérées de
l'État.

32. Lorsque le percepteur public n'a pu faire rentrer l'arriéré par la saisie de la fortune mobilière du
débiteur, il doit le rapporter à la direction et demander une sommation judiciaire. Il doit être procédé de
même dans le cas où il y aurait opposition légale
contre l'exécution par le percepteur.

33. Les offres de prêts de plus de mille thalers
doivent être faites à la direction centrale.

34. Dans tous les cas cette direction seule décide
de l'admission des emprunts, elle émet les obligations
et ordonne le remboursement en échange.

35. Le payement des intérêts a lieu à la caisse de
crédit ou aux caisses des percepteurs respectifs. Les
coupons d'intérêt sont reçus en payement dans les
caisses publiques. Ils sont échangés ensuite contre des
espèces par la caisse de crédit.

36. Les employés de la caisse de crédit déposent

tous les ans leurs comptes. Les comptes sont vérifiés par la direction, transmis par celle-ci au ministère de l'intérieur, qui les fait apurer par un agent comptable, avec le concours d'un commissaire du ministère des finances et un délégué de l'assemblée des états.

37. L'apurement des comptes doit être terminé avant le mois d'août de l'année qui suit celle dont on vérifie la comptabilité.

38. Une ordonnance ultérieure organisera l'administration des établissements.

Wilhelmshohe, le 23 juin 1832.

Signé FRÉDÉRIC-GUILLAUME,
Prince électeur et co-régent.

Signé ROTH HASSENPFLUG.

EXTRAIT DE LA LOI DU 31 OCTOBRE 1833.

MODIFIANT LA LOI DU 23 JUIN 1832,

RELATIVE À LA CAISSE DU CRÉDIT.

Cette loi a principalement pour but de faciliter les emprunts sollicités par les particuliers et par les communes pour opérer le rachat des redevances des dîmes,

des servitudes et autres charges foncières du même
genre.

Le § 7 de cette loi permet exceptionnellement de
faire quelques prêts aux industriels qui se sont signalés par les services rendus à l'industrie du pays, contre
une garantie équivalente en terre et autres valeurs.
Les prêts de ce genre ont besoin de l'approbation sou-
veraine, donnée sur la proposition des ministres de
l'intérieur et des finances.

Le § 8 dispose que, si un débiteur de la caisse de
crédit tombe en déconfiture, la perception des intérêts et des annuités dus à la caisse doit continuer
comme s'il s'acquittait des contributions directes, et
cela jusqu'au jour où il sera prouvé judiciairement
qu'un préjudice grave en résulte pour un des créanciers hypothécaires qui prime la *caisse de crédit*.

Le § 9 porte que la caisse de crédit doit recevoir
les prêts de la part des tuteurs et des curateurs,
même quand ces prêts ne dépasent pas 25 thalers.
L'intérêt servi pour ces sommes sera de 3 p. o/o.

Cette caisse est autorisée à émettre des obligations
de 1,000 thalers (voyez § 21 modifié).

———

La caisse met en circulation, en échange des capi-

taux qui lui sont confiés, des obligations à 3 1/2 p. o/o
dont le remboursement est exigible au bout de six
mois après dénonciation.

Les obligations délivrées aux caisses de dépôts
contiennent en outre la réserve d'une dénonciation
réciproque de payement faite quatre semaines à
l'avance.

Au début, l'on croyait que l'émission ne dépasserait
pas 3 ou 4 millions de thalers; les émissions s'étant
élevées à des sommes plus considérables, la direction de la caisse demanda à la diète que le chiffre des
obligations exigibles à court terme fut au moins restreint à 6 millions de thalers. Elle n'a pu obtenir cette
limitation. Il y a là évidemment une lacune qu'il serait
prudent de combler.

Malgré l'immense danger résultant de ce vice d'organisation, malgré les circonstances défavorables des
précédentes années, le crédit de la caisse n'a pas
souffert des derniers événements politiques; ses obligations présentent en effet une double garantie, le
gage hypothécaire, la caution de l'État. Le payement
des intérêts et des annuités s'est effectué régulièrement
et malgré quelques pertes éprouvées à la suite d'expro-
priations par insuffisance du gage, toutes les opérations ont bien marché.

Depuis 1848 toutefois, les prêts ont été plus difficilement accordés; les demandes ont subi un examen
plus sévère, les directeurs nommés par le gouverne-

ment accordent ou refusent les prêts en pleine liberté sans avoir à rendre compte de leurs motifs.

Il n'y a qu'une voix sur les bienfaits de la *landes-credit-casse* éprouvée maintenant depuis 18 ans; elle a parfaitement rempli son but. Jusqu'à la fin de 1848, elle a prêté 17,586,536 thalers dont 9,315,710 à des particuliers pour des emplois indéterminés, et le surplus pour rachat de dîmes et redevances.

Bienfaits et prospérité de cet établissement.

Elle a obtenu les résultats suivants :

1° Le rachat des corvées et des dîmes, grâce à elle presque complétement réalisé, et qui, indépendamment de ses autres avantages est aujourd'hui un bienfait politique inappréciable. Afin de l'accélérer, on a vu la caisse permettre aux agriculteurs de se libérer par la livraison de produits du sol.

2° Les emprunts rendus plus faciles et leurs frais allégés, d'abord pour les cultivateurs privilégiés en vue de décharge de redevances, puis pour tous les propriétaires d'immeubles.

3° L'amortissement accordé suivant les convenances de l'emprunteur, tandis que, dans les contrats ordinaires, celui-ci subit celles du prêteur.

D'après les relevés officiels, les capitaux mis en circulation par la *landes-credit-casse*, jusqu'à la fin de 1848, se répartissent ainsi qu'il suit:

Pour le rachat,

1° de corvées... {	à 2 p. o/o................	933,804th
	à 3 p. o/o................	273,745
2° de dîmes.... {	à 3 p. o/o................	3,321,895
	à 3 1/2 p. o/o............	1,137,225
3° de redevances {	à 3 1/4 p. o/o............	1,276,118
foncières.... {	à 3 p. o/o................	712,360

4° de droits de pacages, vaine pâture, etc., à 3 3/4
p. o/o............................ 132,478
5° Pour construction d'écoles, à 3 1/2 p. o/o.... 483,201
6° Prêts divers à 4 p. o/o................. 9,315,710

SOMME TOTALE......... 17,586,530th

Depuis son établissement, cette caisse a joui d'un grand crédit. Des sommes à 3 1/2 p. o/o lui ont été constamment offertes, et ces offres n'ont pu être acceptées qu'après un long délai. Les obligations ont été presque toujours au-dessus du pair et quelquefois jusqu'à 2 p. o/o de prime. La caisse a dû souvent être fermée à cause de la surabondance d'argent qui y affluait. Seulement, depuis l'établissement des chemins de fer, qui ont attiré à eux beaucoup de fonds, il y a eu moins d'affluence. Les événements politiques et la baisse des papiers publics ont aussi contribué à empêcher le placement d'un certain nombre d'obligations à 3 1/2 et ont amené des demandes de remboursements.

Cependant, en 1848, la caisse a reçu
à 3 1/2 p. o/o.................... 755,650 th.

Elle a remboursé en capitaux de la
même catégorie.................... 454,400

Dans les mois de janvier et de février 1849, la caisse a reçu.......... 68,250

En mars 1849................. 80,050

Jusqu'à cette époque de mars 1849, les lettres de
gage n'ont jamais été au-dessous du pair.

Dans les mois suivants, quoique l'État ait ouvert
un emprunt au taux de 4 1/2 p. o/o, les lettres n'ont
pas baissé considérablement, leur cours n'a pas été de
plus de 1 1/2 p. o/o au-dessous du pair, de façon qu'en
comparaison du cours des autres papiers publics
allemands, le cours des lettres est élevé et prouve la
confiance extrême que les capitalistes ont dans les institutions de crédit foncier.

Dans ces derniers temps, les affaires de l'institution
recommencent à fleurir. La tranquillité publique fait de
nouveau affluer le versement des particuliers à la caisse.

Bien qu'aux termes de la loi de création, elle puisse
demander des secours à l'État, il importe de remarquer que, jusqu'à présent, elle n'a pas encore été obligée
d'en solliciter.

L'affranchissement des terres, but de l'institution,
est aujourd'hui effectué, et il en est résulté, d'une part,
que le taux de l'intérêt a pu être abaissé pour les
prêts destinés à cet emploi de 1 1/2 p. o/o, suivant les

25

cas, d'autre part, que l'impôt foncier a pu être augmenté.

La caisse de crédit a été reconnue comme l'une des
institutions les plus bienfaisantes des temps modernes.

Elle a rendu d'immenses services; non-seulement,
elle a, comme banque immobilière, offert aux capitalistes un placement sûr, mais elle a permis de racheter en grande partie les charges de différentes natures qui grevaient la propriété foncière. Ce but a
été atteint complétement et au delà de toute attente.

Elle a atteint en même temps cet autre but non
moins important dans l'économie sociale, d'avoir contribué à maintenir un taux d'intérêt modique pour les
emprunts sur la propriété foncière. Elle a écarté l'u-
sure et favorisé l'épargne. De la sorte elle a eu les
résultats d'une grande caisse d'épargne nationale. Elle
a traversé ces derniers temps orageux sans souffrir de
grands dommages; elle a par là donné la preuve de
sa solidité. Il n'est donc pas douteux que, les circonstances devenant meilleures, son influence bienfaisante
continuera de s'exercer pour la prospérité du pays.

CHAPITRE XII.

HESSE-DARMSTADT

ET PAYS ALLEMANDS DE LA RIVE GAUCHE DU RHIN.

Le grand-duché de Hesse-Darmstadt comptait en 1846 une population de 852,679 habitants, répartie sur une superficie de 152 milles carrés géographiques allemands.

Le gouvernement de la Hesse-Darmstadt est constitutionnel. Il est composé du grand-duc et de deux chambres. A la tête de l'administration est placé un conseil d'État et un ministère composé de cinq chefs de départements ministériels.

Le grand-duché est divisé en trois provinces dont deux situées sur la rive droite, la troisième (Hesse-Rhénane) sur la rive gauche du Rhin. Les provinces sont divisées en districts administrés par des commissions que président des conseillers de régence. Les districts sont subdivisés en cercles.

La loi civile n'est pas uniforme dans tout le pays: la rive droite du Rhin a une législation spéciale, tandis que la rive gauche a conservé le code Napoléon et son régime hypothécaire. La propriété du sol est très-morcelée dans la Hesse-Rhénane.

25.

Il n'existe dans la Hesse-Darmstadt, ni dans aucun des pays hessois, bavarois ou prussien de la rive gauche du Rhin aucun établissement de crédit foncier; le régime hypothécaire du code Napoléon en a empêché la création.

Sur la rive droite, la société anonyme établie à Darmstadt sous le titre d'*Établissement de rentes* (*Renten-Anstalt*), et qui étend ses opérations à la Hesse-Rhénane, a ajouté aux tontines et aux assurances sur la vie des prêts sur hypothèques, mais plutôt dans une pensée de placement de ses capitaux que dans un but direct de crédit foncier ou d'assistance agricole.

Une autre institution de prêts pour les petits propriétaires de la campagne et qui a été d'une grande utilité, existe dans la Hesse-Rhénane sous le titre de *Caisse d'épargne et de prêts*.

Cette caisse se rattachant plus spécialement au crédit agricole mobilier et personnel, nous en parlerons dans la seconde partie de ce volume. Nous ne donnons ici que les opérations de l'établissement de rente relatives aux prêts sur hypothèques.

ÉTABLISSEMENT DE RENTES (RENTEN-ANSTALT).

Les opérations de cet établissement, en ce qui concerne le crédit hypothécaire, consistent à prêter à des communes, à des corporations ou à des particuliers, soit sur première hypothèque, soit sur double valeur en cas de deuxième inscription, des capitaux dont le chiffre ne peut être inférieur à 500 florins, et qui sont remboursables en annuités fixes, calculées depuis 6 o/o au moins jusqu'à 30 o/o au plus, au gré de l'emprunteur.

Ces annuités représentant à la fois l'intérêt courant et l'amortissement du capital, il en résulte que l'emprunteur, contractant par exemple à l'annuité de 6 o/o, aura à payer, pendant 33 ans, la somme de 6 florins par chaque 100 florins du capital emprunté, plus, pour balance de chiffres, un solde final de florins 4,37; après quoi, il sera libéré.

Si le contrat a lieu à l'annuité de 12 o/o, la libération sera effectuée à la fin de la 11e année et ainsi de suite.

Ainsi, en d'autres termes, le prêteur reçoit $4\frac{3}{4}$ p. o/o d'intérêts annuels du capital qui reste effectivement dû, à l'échéance de chaque annuité, de sorte que le surplus des sommes payées représente alors la somme affectée chaque année à l'amortissement du prêt. Or cet amortissement augmente nécessairement, à mesure que le capital et la somme exigible pour intérêts diminuent.

Pendant la durée du contrat, il est toutefois loisible à l'emprunteur d'abréger les termes de l'emprunt, soit par des payements extraordinaires, qui ne peuvent cependant être inférieurs au chiffre d'une annuité, soit en s'acquittant complétement. Mais, dans ce cas, et à moins de stipulations contraires dans le contrat même, l'emprunteur doit prévenir trois mois à l'avance.

Il peut également faire modifier le chiffre de l'an-.
.nuité, soit pour l'augmenter dans la limite jusqu'à
30 p. o/o, soit pour la réduire dans la limite jusqu'à
6 p. o/o, lorsque le contrat a été passé à un taux supérieur.

Enfin l'emprunteur peut se réserver au contrat la
faculté d'acquitter les annuités en fractions semestrielles ou trimestrielles.

Les annuités doivent être acquittées sans frais, à la
caisse de Darmstadt aux échéances stipulées. En cas
de retard, elles sont passibles de l'intérêt à 5 p. o/o.

La société est en droit de dénoncer l'emprunt, et
d'en exiger le remboursement intégral, dans le délai
de trois mois, si l'emprunteur est en retard de ses
versements depuis plus d'un mois, ou si la valeur des
hypothèques a diminué d'un cinquième ou de plus.

Enfin de cinq ans en cinq ans, le prêteur peut faire
procéder à une nouvelle estimation judiciaire des hypothèques ou garanties, et, dans les cas donnés, exiger
que le gage soit reconstitué, le tout aux frais de l'emprunteur.

Dans la pratique, les particuliers ont eu peu recours
aux prêts de cette société, d'abord parce que le chiffre
de 500 florins, comme minimum du capital à emprunter, ne répond pas suffisamment aux besoins d'un
pays où la propriété est très-morcelée, et ensuite parce
que toutes les opérations d'emprunt et de versement
ne peuvent être faites qu'à Darmstadt même. En-

suite l'intérêt de $4\frac{3}{4}$ p. o/o est trop élevé pour les
temps ordinaires, et, dans les temps extraordinaires,
comme en 1848 et 1849, la société n'a qu'acciden-
tellement des fonds disponibles, puisqu'elle trouve à
faire valoir ses capitaux à 5 p. o/o.

Enfin, et malgré un droit fixe d'enregistrement d'un
florin seulement par acte, les frais d'un emprunt de
500 florins, auprès de cette société, s'élèvent d'ordinaire de 2 à 2 1/2 p. o/o du capital, à cause des dépenses d'expertise et d'estimation des immeubles; ils
sont par conséquent trop élevés.

CHAPITRE XIII.

DUCHÉ DE NASSAU.

Le duché de Nassau comptait, à la fin de 1846, une population de 424,817 habitants sur une superficie de 82 milles carrés géographiques.

Le gouvernement est constitutionnel; l'administration est dirigée par un ministre d'État et une *régence*. Le duché est divisé en vingt-huit bailliages.

Une caisse de crédit a été fondée dans le duché de Nassau, en février 1840, sous la garantie et par l'initiative du Gouvernement, dans le but :

  « De procurer aux communes et propriétaires fonciers les moyens de se libérer d'anciennes dettes; de « se racheter des redevances foncières, dîmes et autres « prestations; de se procurer, à un intérêt modique, et « sans intervention coûteuse, les capitaux nécessaires à « l'acquisition de biens-fonds; et enfin de venir en aide, « par des crédits en compte courant, aux entreprises « commerciales et industrielles du pays. »

Le capital d'exploitation de cette caisse avait été fixé au chiffre de 3,500,000 florins (7 millions et demi de francs).

Sur ce chiffre, 500,000 florins ont été fournis par

l'émission d'un papier-monnaie (billets de la caisse de crédit), dont 100,000 à la valeur de 1 florin,

$$50,000 \text{———— } 5$$
$$6,000 \text{————} 25$$

lesquels ont été admis comme argent comptant dans toutes les caisses de l'État, et sont remboursables en espèces à toute première demande.

Le surplus des trois millions a ensuite été réalisé au moyen d'un emprunt contracté chez MM. Rohtschild, contre des obligations au porteur portant intérêt à 3 1/2 p. o/o, réparties en quatre séries de 1,000, 500, 150 et 100 florins, et remboursables par voie de tirage ou de loterie annuelle.

Pour les obligations de 1,000 et de 500 florins, les coupons d'intérêts sont acquittés de semestre en semestre; pour les autres, ils ne le sont qu'à la fin de l'année.

Au 31 décembre de chaque année, une somme minimum de 30,000 florins, soit 1 p. o/o du capital, est affectée à l'amortissement de l'emprunt, de manière que cette somme, avec les intérêts des obligations déjà amorties, constitue alors les primes et les gains des tirages. Du reste, il est loisible à la caisse de crédit d'affecter une plus grande somme à l'amortissement.

Ces obligations, cotées précédemment à 96 et au delà, sont actuellement au cours de 85.

Indépendamment de ce fonds d'exploitation, la caisse de crédit a été autorisée à faire des emprunts momen-

tanés, à courtes échéances, à un taux d'intérêt inférieur
à 3 1/2 p. o/o, et en sommes de 500 florins au minimum; elle disposait également des excédants provenant des caisses publiques, à l'intérêt de 2 p. o/o, et
recevait par contre 4 p. o/o pour ses avances de fonds
à ces caisses. En outre, fonctionnant comme caisse de
dépôts et des consignations judiciaires, elle recevait,
sans avoir à payer d'intérêts, les dépôts inférieurs à
100 florins, et, sur ceux à partir de 100 florins et au-
dessus, l'intérêt à 2 p. o/o n'était dû qu'autant que le
dépôt était fait à l'année. Enfin, comme caisse d'épargne, elle était chargée de recevoir, à l'intérêt de 3 1/2
p. o/o, les versements des classes ouvrières du pays, à
partir de 5 florins jusqu'à moins de 100 florins, que
l'intérêt ne commençait à courir qu'à partir du trimestre
après celui du dépôt, et cessait d'être imputé pour le
trimestre dans lequel s'effectuait le remboursement.

Ainsi dotée, et relevant, pour sa gestion, directement du ministère d'État, la caisse de crédit était représentée par un directeur assisté de deux conseillers,
et, à cette direction, se trouvaient subordonnés, pour
toutes opérations du service de crédit, les percepteurs,
les maires, et tous autres agents comptables du
duché.

Enfin, pour la poursuite de ses droits et intérêts,
la caisse de crédit a été réputée personne morale, et
admise aux bénéfices et priviléges du fisc pour toutes
affaires contentieuses.

Opérations. Quant aux opérations de la caisse de crédit, elles ont été réglées d'après les prescriptions suivantes :

L'emploi des fonds disponibles doit avoir lieu de manière à donner successivement la préférence :

1° Aux avances momentanément demandées par les caisses de l'État;

2° Aux prêts destinés au rachat des dîmes, rentes et redevances en nature;

3° Aux prêts sur hypothèques ou actes judiciaires;

4° Aux prêts demandés par les gens de métier et d'industrie;

5° Aux prêts demandés par les communes.

Les prêts indiqués sous les numéros 2 à 5, et consentis pour la durée d'une année au moins, payent 4 p. o/o d'intérêts. Si le prêt est fait à moins d'une année, la caisse peut exiger un intérêt supérieur, mais sans pouvoir dépasser le taux de 5 p. o o.

Pour les prêts consentis à long terme, les remboursements s'effectuent au moyen d'annuités arbitrées entre le prêteur et l'emprunteur, mais dont chacune doit comporter au moins 1 p. o/o du capital emprunté. Ces annuités, ainsi que les intérêts courants à 4 p. o/o, sont payables par semestre, le 30 juin et le 31 décembre de chaque année.

Tout emprunteur doit être sujet nassauvien, ou avoir des propriétés foncières dans le pays.

Lorsque le prêt est fait dans le but d'un rachat de

dîmes ou rentes foncières, etc., la caisse de crédit, après s'être fait remettre les contrats authentiques de rachat et de répartition, passés entre les intéressés, intervient directement pour le payement, aux lieu et place du débiteur de la rente, et est substituée, jusqu'à l'amortissement complet du prêt, aux titres, droits, priviléges et inscriptions existant au profit du créancier de la dîme. Cette mutation est transcrite au registre des hypothèques, et elle prime toutes autres inscriptions.

Si le prêt pour rachat de dîmes, etc., est fait en nom collectif, la transcription constatera en même temps l'accord fait entre les redevables à l'effet d'établir la part que chaque propriété aura à supporter dans le prix de rachat et dans la somme empruntée à la caisse de crédit; elle énoncera en même temps l'engagement solidaire des débiteurs de payer les annuités et les intérêts, aux termes convenus, par les soins de l'un d'eux nommément chargé de faire les recouvrements et les versements en nom commun.

Les prêts ordinaires sur hypothèques doivent être garantis par une double valeur en immeubles, de sorte que ce n'est qu'exceptionnellement, et lorsque les renseignements sur la moralité et l'état général des affaires de l'emprunteur, sont très-satisfaisants, que cette valeur peut être admise à 1 3/4. D'ailleurs, chaque prêt fait pour un but autre que pour le rachat de rentes doit être précédé d'une enquête minutieuse à l'effet de constater si la réputation et l'état des affaires de l'emprunteur sont satisfaisants, s'il est au courant pour le payement des impôts, s'il est ou non tuteur ou comptable de deniers publics ou municipaux, si les propriétés proviennent de son chef ou du chef des enfants d'un premier lit, etc. Enfin, dans les cas donnés, la caisse de crédit peut exiger, en sus de l'hypothèque spéciale, une hypothèque générale.

Les prêts faits en compte courant à des négociants, fabricants et gens de métier, lorsqu'ils sont accordés sur hypothèque, ne sont pas soumis à la condition de la double valeur des immeubles, et même ils peuvent être consentis sur gages, dépôts de titres et d'effets publics ou de commerce, ou sur cautions reconnues solvables. Chaque ouverture de compte courant doit être précédée d'un arrangement formel sur le taux des intérêts réciproques, le montant de la provision, les époques de remboursement, etc.; enfin les comptes doivent être arrêtés périodiquement, et l'être, dans tous les cas, à la fin de chaque année. Actuellement ces arrêtés s'établissent de six mois en six mois, à l'intérêt annuel de 4 au profit du débiteur, et de 5 au profit de la caisse.

Quant aux prêts à faire à des communes, c'est la régence ou le Gouvernement qui stipule directement avec la caisse de crédit les conditions d'intérêt et le taux des annuités d'amortissement. -

Enfin la caisse de crédit, quoique ne pouvant traiter

aucune affaire de banque, n'en a pas moins été autorisée à faire valoir ses fonds surabondants, en escomp-
tant, au profit du commerce et des industries, les billets et traites à courts termes payables à Francfort, et
en faisant momentanément des placements de fonds
chez des banquiers étrangers [1].

Telle était jusqu'en 1848 l'organisation de la caisse
de crédit agricole. Or, on comprend facilement qu'avec
des attributions aussi multiples et aussi étendues, il n'y
avait que le nom à changer pour faire de cette institution ce qu'elle était réellement déjà, et ce qu'elle devait
tendre à devenir dans un petit pays, une *banque nationale*.

C'est effectivement ce qui eut lieu à la suite des
événements et des embarras politiques et financiers
de 1848, à partir du 19 février 1849. Une loi inter-
vint à cette époque, pour supprimer toutes les lois
antérieures concernant la caisse de crédit, et pour dé-
férer à la banque nationale, en actif et passif, tout le

Modifications.

[1] Les principaux actes législatifs et administratifs concernant la
caisse de crédit sont :

Loi du 4 février 1840, portant institution de la caisse de crédit;

Instruction de service, pour les agents de la caisse, du 17 février 1840;

Loi du 24 juin 1841 réglant la comptabilité et le mode de procéder, en cas de remploi par la caisse de crédit des sommes à payer
pour rachat de dîmes, etc.

Loi du 16 juillet 1842, concernant l'intérêt des fonds de remploi
provenant du rachat de dîmes paroissiales et ecclésiastiques.

courant d'affaires de sa devancière. Mais, pour le fond des choses, le service du crédit agricole est resté à peu près tel qu'il vient d'être exposé.

Toutefois, la loi nouvelle a dû tenir compte des changements graves que les événements politiques avaient apportés aux combinaisons financières de l'époque précédente.

Ainsi, l'intérêt à servir au profit des caisses d'épargnes a été porté de 3 1/3, à 5 p. o/o, et cet intérêt, au lieu d'être supputé à partir des trimestres correspondants aux époques de versement et de remboursement, est compté actuellement à partir des mois correspondants.

L'intérêt des prêts affectés au rachat des dîmes, etc., a été fixé uniformément à 4 p. o/o, tandis que, pour les autres prêts, l'intérêt dépend des fixations périodiques de la banque : actuellement cet intérêt est au taux de 4 1/2.

L'intérêt des fonds de dépôts et consignations judiciaires a été porté de 2 à 3 p. o/o, et cet intérêt court actuellement pour les dépôts de 5o florins et au-dessus, non plus à partir de l'année, mais après les six mois du versement.

La banque a été autorisée à consentir des avances au profit des propriétaires de mines, sur nantissement de produits d'une valeur quintuple de la somme prêtée.

Enfin le rachat des dîmes et rentes en nature ayant

été rendu obligatoire pour tous les intéressés, à partir de 1849, la banque, à l'effet de pouvoir satisfaire à toutes les exigences nouvelles, a été autorisée à s'acquitter des sommes à fournir pour le rachat des dîmes appartenant à l'État, aux domaines et à la caisse centrale des écoles, au moyen d'obligations émises au nom des ayants droit, à l'intérêt de 4 p. o/o, et remboursables par voie d'annuité.

En même temps, la banque a été autorisée à recevoir, sans limite d'aucun chiffre, des corporations, paroisses, comme de tous autres particuliers, tous capitaux provenant du rachat de leurs dîmes ou redevances, contre des titres payables après trois mois de dénonciation, mais toutefois avec cette latitude pour la banque de n'être tenue au remboursement qu'en proportion de ses ressources disponibles au moment donné.

Enfin, indépendamment de la faculté de faire toutes affaires avantageuses de banque et d'escompte, la nouvelle institution a été autorisée à porter à un million de florins l'émission de papier-monnaie que la caisse de crédit n'avait pu faire que jusqu'à concurrence de 5oo,ooo florins seulement [1].

---

[1] Les principaux actes législatifs et administratifs concernant la banque nationale sont :

Loi du 19 février 1849, portant institution de la banque;

Loi du 21 avril 1849, concernant le rachat des dîmes et l'instruction pour le service de la banque, imprimée à la suite de cette dernière loi.

Pour montrer quels ont été, jusqu'à présent, les résultats des opérations faites au point de vue du crédit foncier, il suffira de relater la situation de la banque nationale constatée au 31 décembre 1849.

Cette situation comportait :

A L'ACTIF.

I. Prêts remboursables par annuités :

1° Pour rachat de rentes foncières............	6,378,746	51
2° Pour prêts sur hypothèques...............	842,047	22
3° Pour prêts aux communes................	186,448	45
4° Pour annuités arriérées..................	301,007	48
II. Avances en comptes courants aux commerçants, gens de métiers................................	188,056	50
III. Propriété foncière.......................	714	01
IV. Solde du compte chez les banquiers..............	192,162	55
V. Avances faites aux caisses de l'État...............	1,910,810	23
SOMME......................	10,000,034	55

AU PASSIF.

I. Emprunts remboursables par annuités :

1° Contre lots ou billets au porteur............	2,728,200	00
Annuités arriérées.......................	39,800	00
	780	29
2° Contre obligations ou billets au nom des ayants droit...................., ...	4,231,063	22
II. Emprunts à courtes échéances................	1,795,845	29
III. Capitaux de la caisse d'épargnes...............	87,973	00
IV. ———— de la caisse des dépôts...............	125,917	38
V. Papier-monnaie en circulation...............	756,388	00
VI. Intérêts arriérés, aux titres II à IV..............	18,083	18
VII. *Solde, ou bénéfice de l'année*..............	212,974	19
SOMME......................	10,000,034	55

Il résulte des chiffres qui précèdent que, si le capital actif de la banque est représenté, pour les 8/10 à peu près, par des titres provenant des opérations de crédit foncier, l'institution nouvelle, au moyen de ses avances considérables à l'État, s'est cependant sensiblement éloignée de l'idée fondamentale de 1840, de sorte qu'à proprement parler elle est actuellement moins un établissement de crédit foncier qu'une création financière établie dans le but de centraliser entre les mains de l'État les capitaux disponibles du pays, et de procurer, momentanément du moins, aux caisses publiques, des moyens d'alimentation que, dans d'autres temps, l'on aurait été demander à l'emprunt et au crédit étranger.

CHAPITRE XVI.

SUISSE.

Il existe, dans le canton de Berne, une caisse hypothécaire créée par le gouvernement cantonal en 1840.
Le but de cette institution a été de faciliter les emprunts sur biens fonciers. Mais on a trouvé bientôt que
le paysan qui, en général, est fort à son aise dans le
canton de Berne, était induit, par la facilité de trouver de l'argent sur son bien, à des dépenses exagérées.
Plusieurs familles ont été ruinées. Cela vient de ce
que les prêts avaient été calculés dans le but de fournir des avances en argent, plutôt que dans celui de
faciliter l'achat des titres pour opérer le dégrèvement
des propriétés des charges antérieures.

Un projet d'établissement d'une *banque hypothécaire*
dans le canton de Bâle-Campagne a été formé en 1849
par la société d'économie rurale de ce canton. Dans le
projet de statuts qui a été publié, on remarque que
les obligations de cette banque, dont le taux d'intérêt
n'est pas fixé, seraient remboursables sur simple dénonciation du détenteur faite six mois à l'avance, disposition qui a été reconnue être un grand vice dans
les institutions de ce genre. L'emprunteur engage par

première hypothèque la moitié de la valeur du bien. Il doit payer 4 1/2 p. o/o d'intérêt, et une annuité qui peut varier de 1 1/2 jusqu'à 5 1/2 p. o/o. En cas de retard d'un mois, le débiteur est poursuivi huit jours après par la voie judiciaire ordinaire.

La banque se propose d'organiser des caisses d'épargne dans toutes les communes du canton. Les dépôts faits à ces caisses seront versés à la banque, et produiront 3 p. o/o d'intérêt. Lorsque l'avoir d'un déposant dépassera 150 francs, il sera converti en obligation de la banque.

Ce projet, accompagné d'une explication par demandes et réponses sous forme de cathéchisme destiné à éclairer les campagnards sur l'utilité de l'institution, ne paraît pas encore avoir été mis à exécution.

CHAPITRE XV.

BELGIQUE.

La Belgique ne possède point encore d'établissement de crédit foncier fonctionnant, dans l'intérêt exclusif des propriétaires emprunteurs, comme les associations établies en Prusse, dans le Hanovre, en Saxe, en Autriche.

La *caisse des propriétaires*, établie à Bruxelles en vertu d'un arrêté royal, en date du 8 juin 1835, la *caisse hypothécaire*, approuvée par arrêté royal du 19 mars 1835 modifié par autre arrêté du 16 octobre 1839, ont été fondées bien moins dans le but de secourir la propriété foncière par des prêts au plus bas taux possible, que dans celui de donner des bénéfices aux capitalistes prêteurs.

Ces caisses ont été organisées pour prêter sur hypothèque avec remboursement par annuités à longues échéances de 5 à 60 ans. Mais, tandis que les associations allemandes n'assurent aux capitalistes prêteurs qu'un intérêt de 3 ½ p. o/o, la caisse des propriétaires et la caisse hypothécaire offrent à leurs actionnaires : 1° un intérêt annuel de 4 p. o/o, 2° une part proportionnelle dans le quart des bénéfices réalisés par la société, et qui résultent du taux élevé de l'intérêt des prêts, d'une commission annuelle de 1 p. o/o, ainsi que d'autres sources qu'il serait trop long d'énumérer ici.

La caisse des propriétaires a promis, en outre, à ses actionnaires une prime de remboursement d'au moins 6 p. o/o. Les actions sont divisées par coupures de 5oo fr. ; elles produisent souvent aux porteurs un bénéfice de 8 p. o/o non compris la prime de remboursement.

La caisse hypothécaire ne donne point cette prime; mais elle se fait attribuer un franc sur chaque transfert d'action; elle possède, en outre, une tontine sous le titre de caisse de survivance. Elle fait ce qu'elle appelle le prêt composé, opération qui paraît consister à faire payer au débiteur une annuité double de celle nécessaire pour éteindre sa dette, et à lui rembourser, un an après le payement de la dernière annuité, une somme égale à celle qui lui avait été primitivement prêtée sur hypothèque, somme qui résulte du capital recomposé par le supplément d'annuités.

Nous renvoyons pour plus amples renseignements,

1° Aux statuts de la caisse des propriétaires;

2° Aux statuts de la caisse hypothécaire, publiés par M. Royer (p. 426 et suivantes, 445 et suivantes).

Malgré toutes les facilités d'emprunt promises par ces deux établissements, le gouvernement belge a compris qu'il n'y a d'institutions de crédit foncier vraiment dignes de ce nom, vraiment utiles à l'agriculture, que celles qui sont établies et fonctionnent, comme les associations allemandes, dans l'intérêt exclusif de la propriété, en dehors de toute idée de bénéfices au profit des capitalistes prêteurs.

Dans le but de doter la Belgique de ces institutions qui couvrent l'Allemagne et y produisent de si bons résultats, le gouvernement a saisi l'assemblée belge :

1° D'un projet de loi sur la réforme hypothécaire ;

2° D'un projet de loi pour la création d'une caisse de crédit foncier.

C'est l'institut de crédit ou l'association des propriétaires sous la garantie des états de Gallicie, qui a servi de modèle au gouvernement belge ; c'est une institution du même genre modifiée et appropriée aux besoins du pays que le gouvernement se propose d'introduire en Belgique.

Nous reproduisons ici l'exposé des motifs et le projet du gouvernement belge. Ces documents ont d'autant plus d'intérêt, que la Belgique est dans des conditions économiques et politiques analogues aux nôtres.

La distinction des biens nobles et des biens de paysans n'y existe pas, et le sol y est à peu près aussi morcelé qu'en France.

Voici l'exposé des motifs :

CRÉDIT FONCIER.

EXPOSÉ DES MOTIFS DU PROJET DE LOI PORTANT INSTITUTION D'UNE CAISSE DE CRÉDIT FONCIER.

Messieurs,

D'après les ordres du Roi, le gouvernement a l'honneur de vous présenter un projet de loi sur le *crédit foncier*.

La nécessité d'améliorer le *crédit foncier* est généralement reconnue: il n'y a divergence d'opinion que sur les moyens propres à atteindre le but.

La matière est ardue et difficile: elle a fait, de la part du gouvernement, le sujet de longues méditations et de nombreuses recherches statistiques, dont les éléments et les résultats sont soumis aujourd'hui à l'appréciation de la Chambre.

I.

CAPITAL DONT LA PROPRIÉTÉ FONCIÈRE EST GREVÉE EN BELGIQUE.

Pour juger de l'utilité d'une loi sur le crédit foncier, il était indispensable de connaître, aussi exactement que possible, quel est le capital dont la propriété foncière est grevée en Belgique.

Le relevé des inscriptions existantes aux registres hypothécaires ne fournirait, sur ce point, que des notions fort incertaines; car il arrive que les intéressés acquittent tout ou partie de la dette et laissent néanmoins subsister l'inscription : ils attendent l'époque de la péremption, afin d'éviter les frais d'une radiation.

Mais le bilan de la propriété foncière peut être déterminé avec quelque précision en prenant pour point de départ le chiffre du droit d'inscription, fixé à un par mille francs du capital inscrit, par la loi du 3 janvier 1824, et en combinant cette donnée avec les résultats d'autres dispositions législatives.

L'obligation du renouvellement des inscriptions hypothécaires fut supprimée à compter du 1er janvier 1820 par la loi du 22 décembre précédent. D'un autre côté, aux termes de la loi du 12 août 1842, les inscriptions antérieures au 1er juillet 1834 ont dû être renouvelées avant le 1er juillet 1844, et les inscriptions prises postérieurement, jusqu'au jour où la loi est devenue obligatoire, ont dû et devront être renouvelées dans les dix années de leur date.

Ces deux lois ont influé diversement sur le produit du droit d'inscription. Les inscriptions d'office ne sont pas assujetties à ce droit, mais leur renouvellement, comme celui de toute autre inscription, rend l'impôt exigible. Les inscriptions indéfinies, qui ont pour objet la conservation d'un simple droit d'hypothèque éventuelle, sans créance existante, n'y donnent ouverture que lorsqu'elles se convertissent en créances réelles, conversion dont l'administration peut rarement acquérir la preuve.

Après avoir rappelé les conditions spéciales auxquelles l'exigibilité du droit est subordonnée pour ces deux catégories d'inscriptions, nous allons présenter le tableau du produit de l'impôt et des valeurs sur lesquelles il a été liquidé pendant les vingt dernières années. (Suit le tableau, que nous croyons pouvoir retrancher, ses résultats se trouvant résumés plus·loin.)

La loi du 12 août 1842 n'a fait sentir son influence que l'année suivante. Les capitaux inscrits en 1843 et 1844 comprennent, indépendamment des dettes créées dans le cours de ces deux années, toutes les créances inscrites avant le 1er janvier 1835, et non éteintes au 31 décembre 1844. Ensuite le capital inscrit pendant chacune des années 1845 à 1849, comprend, avec la dette nouvellement constituée, les créances non éteintes de l'année correspondante de la période décennale antérieure. Nous supposons que le renouvellement de chaque inscription ait lieu dans les derniers jours du délai ; en fait il n'en a pas été ainsi, mais cette circonstance n'influera guère sur l'ensemble des calculs qui vont être établis.

Bien qu'aucune inscription n'ait dû être renouvelée de 1830 à 1842, on remarque que le capital annuellement inscrit, après avoir oscillé autour de 44 millions pendant les quatre premières années, a subi brusquement, en 1834, une augmentation de plus de moitié.

Des inscriptions prises, avec ou sans utilité, à la suite du renouvellement trentenaire des titres de créances qui remontaient à 1804 et au delà, ont contribué, dans une certaine mesure, à cette augmentation ; mais elle semble devoir être attribuée principalement à l'extension du crédit, extension qui s'annonçait déjà en 1833, et que les faits constatés de 1834 à 1842 viennent confirmer. Encore qu'il n'y ait guère de différence entre les chiffres de 1839 à 1842, tandis que ceux des cinq années précédentes, à l'exception du capital inscrit en 1836, sont notablement moindres, nous formons une moyenne des neuf années, et nous supposons que si, pendant chacune de ces années, il a été inscrit une dette nouvelle de 57,593,000 francs, un capital nouveau de la même importance a été inscrit pendant chacune des années 1843 à 1849.

Cette induction est corroborée jusqu'à un certain point par le relevé des emprunts hypothécaires contractés pendant les années 1845 à 1849.

Ces emprunts s'élèvent à 268,949,000 francs dont la moyenne par année est de 53,798,800 francs. La différence de 3,803,200 francs existant entre cette moyenne et celle de 57,593,000 fr., doit correspondre au montant des inscriptions étrangères à de simples prêts, comme celles relatives à des constitutions de rentes, ouvertures de crédit, hypothèques judiciaires.

Les inscriptions prises en vertu de jugements et arrêts méritent seules d'entrer en ligne de compte, et celles de ces inscription prises de 1838 à 1848, et non apurées à cette dernière époque, présentaient un capital de 43,521,075 fr., dont le 10ᵉ équivaut à peu près à la différence prémentionnée. Si les inscriptions faites et radiées dans l'intervalle de 1838 à 1848 sont exclues de ce capital, il comprend par contre les inscriptions d'hypothèques judiciaires de toute origine renouvelées durant la même période, mais qui ont sans doute une bien moins grande importance.

A tout prendre, la moyenne des inscriptions requises pour la première fois pendant les années 1843 à 1849 semble se rappocher plus de la moyenne des années 1834 à 1842 que la moyenne des années 1839 à 1842.

A l'aide des données qui précèdent, l'on arrive aux résultats suivants :

1° Les créances inscrites avant le 1ᵉʳ janvier 1835 existaient encore au 31 décembre 1844, jusqu'à concurrence de 271,181,108 fr. 34 cent. ;

2° La dette créée pendant chacune des années 1835 à 1849, et qui est en moyenne de 57,593,000 francs, se trouve réduite, après dix ans, à 29,571,498 fr. 34 c.; par conséquent, elle diminue chaque année de 2,957,149 fr. 34 c. (environ 1/19ᵉ).

Comme la dette annuelle de 57,593,000 francs ne comprend pas les prix de vente non délégués à des créanciers hypothécaires, tandis que le montant des inscriptions renouvelées pour priviléges de vendeurs est compris dans les capitaux représentés par le produit du droit d'inscription des années 1843 à 1849, il faudrait, pour plus d'exactitude, tenir compte de ces renouvellements. Le chiffre n'en est pas connu, mais il ne peut être d'une grande importance, d'après les observations qui seront faites sur les inscriptions d'office;

3° Si l'on applique la même échelle d'extinction au capital de 271,181,108 fr. 34 c., auquel les créances inscrites avant le 1er janvier 1835 étaient réduites à la fin de 1844, il en résulte que ce capital a subi, depuis cette dernière époque, une réduction annuelle de 13,923,969 fr. 37 c., et qu'il forme le restant d'une dette qui s'élevait, au 1er janvier 1835, à 528,148,198 fr. 41 c.

Cette dernière induction commande une réserve. Le sol étant non-seulement un instrument de production, mais un instrument de crédit dont le commerce et l'industrie manufacturière ont fait un plus fréquent usage en prenant de plus grands développements, l'on conçoit qu'à raison des capitaux empruntés pour des opérations qui les reproduisent promptement, les dettes créées depuis 1834 aient pu être soumises à un mouvement d'extinction qu'il serait inexact d'appliquer, par simple induction, aux dettes de toutes origines dont les inscriptions ont été renouvelées en

1843 et 1844. Ces dettes remontent en partie au delà
de ce siècle, et comprennent une foule de rentes perpétuelles. D'un autre côté, en ce qui concerne même
les inscriptions prises de 1834 à 1839, de ce que leur
montant n'a reparu par le renouvellement décennal que
jusqu'à concurrence d'environ la moitié, l'on ne peut
non plus conclure rigoureusement à la même progres-
sion dans l'extinction de la partie restante. Nous venons
d'en indiquer les raisons, et, à ce propos il importe de
remarquer que le montant des inscriptions concernant
des crédits ouverts, garanties de gestion, cautionnements, etc., est renfermé dans les chiffres déduits du
produit du droit d'inscription, chiffres qui comprent-
nent aussi les hypothèques judiciaires dont le renouvellement est très-exceptionnel.

Il faut donc plutôt tenir pour vraisemblable que la
dette réinscrite après dix ans doit son existence à des
causes qui résistent à une prompte extinction; il est
permis de supposer que les capitaux empruntés, dont
le remboursement n'a pas eu lieu après ce laps de
temps, ont reçu une destination qui empêche l'emprunteur de les reconstituer avant longtemps, s'il n'a
même besoin de ressources imprévues pour opérer sa
libération; qu'en un mot, les débiteurs anciens, ne
pouvant étendre leurs efforts au delà du payement des
intérêts, se libèrent rarement, à moins qu'ils ne soient
forcés de réaliser. Le rachat des rentes n'est pas obligatoire, et si aujourd'hui ceux qui recherchent le gage

hypothécaire ne veulent en général plus aliéner leurs capitaux, on sait aussi que, lorsque les intérêts sont régulièrement servis, les créanciers qui n'ont pas besoin de leurs capitaux, loin de se les faire rembourser à l'échéance, craignent plutôt ce remboursement.

Sous les réserves qui viennent d'être faites, nous allons poursuivre nos induction.

Ainsi, à l'exception des prix de vente inscrits pour la première fois et non délégués à des créanciers hypothécaires, la propriété foncière était grevée :

Au 1er janvier 1845, d'un capital de............... 714,039,365^f 54^c
Au 1er janvier 1848, *id*... 747,460,512 71
Au 1er janvier 1850, *id*... 754,955,528 29

La situation que nous indiquons au 1er janvier 1848 peut être contrôlée jusqu'à un certain point au moyen de la situation qui a été constatée par l'application de la loi du 6 mai 1848. L'emprunt décrété par cette loi a porté sur le produit annuel des rentes et capitaux donnés en prêt, garantis par une hypothèque conventionnelle. Cinq pour cent du produit a dû être acquitté par les créanciers belges, au bureau d'enregistrement de leur domicile. La recette s'est élevée à 1,344,981 fr. 39 c. En prenant pour moyenne le taux de $4\frac{1}{2}$ p. o/o, le produit déclaré de 26,890,627 fr. 80 c. correspond à un capital de 597,769,506 fr. 67 c. Ce capital présente une différence en moins de 149,691,006 fr. 04 c.

sur le capital de 747,460,512 fr. 71 c. En outre celui-ci est susceptible d'une augmentation parce qu'en le supputant à l'aide du produit du droit d'inscription, nous avons présumé que les dettes créées en une année continueraient, après 10 ans, à subir le mouvement d'extinction constaté pour la première période décennale. Ainsi le capital de 271,181,108 fr. 34 c., formant, au 1er janvier 1845, le restant des dettes créées avant 1835, a été considéré comme réduit de 41,771,908 fr. 11 c. au 1er janvier 1848, et les dettes inscrites en 1835 et 1836, comme réduites de 8,871,449 fr. 52 c. depuis la 10e année de leur création. Si ces extinctions n'étaient réelles qu'à concurrence de 15,000,000, le capital de 747,460,512 fr. 71 c. devrait être porté à 798,103,870 fr. 34 c., et il excéderait de 200,334,363 fr. 67 c. le capital calculé d'après le produit annuel sur lequel a porté l'emprunt de 1848. Or, de ce dernier capital sont exclues les rentes et créances suivantes, dont les inscriptions existant en 1848 ont été relevées par les conservateurs des hypothèques, savoir :

1° Les créances appartenant à des étrangers, pour un capital de 40,766,695 francs;

2° Les créances inscrites en vertu de jugements et arrêts, pour un capital de 43,521,073.

En prenant le premier capital en entier, sans avoir égard au chiffre, probablement peu important, des inscriptions devenues sans objet, mais en déduisant du

même chef le cinquième du second capital, nous avons
à imputer 34,816,858 fr. 40 c. sur la différence
signalée ci-dessus. Le restant de cette différence, soit
165,517,505 fr. 27 c., doit être mis en balance avec
la somme qui est entrée dans la supputation du capital
de 708,103,870 fr. 34 c., du chef de crédits ouverts,
cautionnements, etc., comme aussi du chef de prix de
vente non délégués à des créanciers hypothécaires et
dont les inscriptions ont été renouvelées en vertu de
la loi de 1842.

3° Les inscriptions pour priviléges de vendeurs,
faites d'office depuis 1837, ou renouvelées en vertu
de la loi de 1842, et non radiées ni périmées en 1848,
s'élevaient à 316,822,084 fr.

A l'égard de ce chiffre, il est à remarquer que les
inscriptions d'office comprendront non-seulement le
prix payable à terme ou converti en rente au profit du
vendeur, mais aussi les rentes et créances dues par ce
dernier, et imposées par lui à l'acquéreur. Or, parmi
les immeubles dont la mutation s'opère, un assez
grand nombre sont grevés; la mutation n'a même souvent d'autre cause que l'état de gêne du propriétaire,
et l'acquéreur d'un immeuble grevé est généralement
chargé de remplir les obligations du vendeur envers
les créanciers inscrits. Il faut donc admettre qu'une
bonne partie du capital de 316,822,084 fr. fait double
emploi avec le capital dont le revenu a servi de base à
l'emprunt de 1848.

Ensuite, on sait que, dans le système hypothécaire
du Code, la prudence conseille aux acquéreurs d'attendre l'expiration de la quinzaine de la transcription
pour acquitter leur prix. Un grand nombre d'inscriptions d'office n'ont pas d'autre cause ; et souvent les
acquéreurs, lorsqu'ils n'ont pas d'intérêt à faire radier
l'inscription, préfèrent épargner les frais de cette formalité. On a observé, notamment depuis la loi du 12
août 1842, que le renouvellement des inscriptions
d'office est assez restreint.

En résumé, sous la réserve de ce qui restait dû
au 1er janvier 1848 sur les prix de vente inscrits
d'office depuis 1837 et non délégués à des créanciers
hypothécaires, les calculs que nous avons établis sur
le produit du droit d'inscription semblent pouvoir être
considérés comme étant en concordance avec la situation que la loi d'emprunt a permis de constater.....

Dans l'hypothèse où la propriété foncière serait
entre les mains d'un seul individu, débiteur unique de
toutes les créances inscrites, il en résulte que ce propriétaire cesserait à l'avenir d'user de son crédit d'une
manière productive ; qu'il emprunterait aux uns pour
rembourser aux autres ; qu'indépendamment de 30 à
36 millions d'intérêts, il aurait à demander à ses ressources propres un supplément qui, pendant neuf années, serait d'environ 14 millions, pour parvenir à
solder en 1863 la dette créée avant 1835 ; qu'en con-

tinuant ensuite à emprunter chaque année un capital
de 57,593,000 fr.; pour l'appliquer en entier à des
remboursements, il demeurerait indéfiniment grevé
d'une dette de 590 millions et obligé de servir un intérêt de plus de 29 millions, sans compter les frais de
l'emprunt annuel.

Si nous abandonnons l'hypothèse pour la réalité, en
nous plaçant au point de vue de tous les propriétaires fonciers, le mouvement indiqué doit s'expliquer autrement.

Nous le répétons, tout propriétaire d'immeuble
possède un instrument de crédit dont il peut faire usage
pour lui-même ou dans l'intérêt d'autrui. Les besoins
de l'homme, du chef de famille, sont variés; le travail
par lequel il y pourvoit ne l'est pas moins. On trouve
des propriétaires fonciers dans toutes les professions.
Des commerçants, des cultivateurs, des manufactu-
riers, des travailleurs de tout ordre, participent,
comme débiteurs, au capital hypothécaire.

Les uns empruntent des capitaux pour les employer
productivement et les inscriptions existant à leur
charge peuvent dès lors correspondre à un accroissement de la richesse nationale. Ces capitaux sont remboursés après un temps plus ou moins long, suivant
la nature des opérations auxquelles ils ont été appliqués
et selon l'importance des bénéfices réalisés ou les
profits que l'emprunteur peut encore espérer en éten-
dant ses opérations.

Entre-temps le terme d'exigibilité stipulé par le

prêteur peut échoir; mais, comme nous l'avons déjà
fait remarquer, les intérêts étant régulièrement servis,
les créanciers hypothécaires ne se prévalent, en général,
de l'échéance du terme que lorsqu'ils ont besoin de
leurs capitaux. Il est inutile et d'ailleurs impossible
d'énumérer les circonstances qui peuvent faire naître
ce besoin, soit pour le créancier originaire, soit pour
ses représentants.

Nous n'avons pas non plus à examiner si le propriétaire foncier, qui se livre à des entreprises étrangères
à l'industrie agricole, ne ferait pas mieux de préférer
la vente à l'emprunt, pour se procurer le capital qu'il
veut faire fructifier par son travail. Sous l'influence de
diverses causes, tantôt l'un, tantôt l'autre de ces moyens
obtient la préférence. En général, l'emprunt est choisi
par ceux qui ne possèdent que des propriétés bâties
servant à leur usage personnel ou à l'exercice de leur
profession.

Si le succès ne répond pas à l'attente des emprunteurs, mais que, sans parvenir à éteindre leur dette à
l'aide de bénéfices ou d'épargnes, ils demeurent en état
de payer le loyer du capital, celui-ci continue à figurer
au livre hypothécaire aussi longtemps que le remboursement n'en est pas demandé. Dans le cas de cette
demande, une aliénation ou un nouvel emprunt devient
nécessaire, et c'est à l'aliénation qu'aboutit toujours le
débiteur devenu impuissant à servir les intérêts.

Ceci nous conduit à signaler une autre catégorie

d'emprunteurs. Parmi les propriétaires fonciers, il y en
a qui, au lieu d'être libres d'engagements, au lieu de
pouvoir songer uniquement à augmenter leur avoir par
le travail, empruntent pour faire face à des engagements antérieurs qu'ils seraient hors d'état de remplir
sans avoir recours à une aliénation. Lorsque ces engagements consistent en dettes chirographaires, les créanciers se contentent parfois d'une hypothèque, dont
l'inscription vient ainsi augmenter le capital hypothécaire, sans être accompagnée d'aucune circulation. A
défaut de pareil expédient, l'opération se réduit à une
sorte de virement de fonds des mains du prêteur dans
celles des créanciers antérieurs, et le livre des hypothèques peut marquer à la fois un mouvement d'extinction et un mouvement de création, sans qu'il y ait,
d'une part, capital reconstitué, d'autre part, capital
destiné à recevoir un emploi productif.

Des capitaux sont aussi empruntés sur hypothèque
pour réparer ou remplacer, dans les mains de l'emprunteur, des agents de production perdus ou détériorés
sans bénéfice.

Enfin, les transmissions immobilières à titre onéreux
donnent lieu à des emprunts dont le montant sert à
payer des prix d'acquisition. L'emprunt contracté dans
ce but semble appartenir à la première catégorie, en
ce sens qu'il procure à l'emprunteur un instrument de
production, à l'aide duquel il compte pouvoir rembourser un jour le capital emprunté. Il en est de même

lorsque le vendeur donne à l'acquéreur un délai plus ou moins long pour le payement du prix, dont il stipule un intérêt. Lorsqu'il y a emprunt au moment de l'acquisition, l'inscription se fait d'office au profit du prêteur, et il suffit d'émarger cette inscription de la subrogation ultérieure, si l'emprunt et son emploi sont constatés dans les formes prescrites. L'inscription qui serait requise distinctement au profit du prêteur ferait double emploi avec l'inscription d'office, si celle-ci n'était radiée.

Ces considérations disent assez qu'il est impossible de décomposer le capital hypothécaire pour déterminer la part des débiteurs par catégorie de profession. On pourrait encore moins distinguer dans cette part le contingent de ceux qui ont employé les capitaux empruntés comme agents de production, et le contingent de ceux qui ont emprunté pour faire face à des engagements antérieurs, leur condition comme producteurs restant la même.

Il n'est pas possible non plus de déterminer, d'une manière plus générale, la part du commerce, celle de l'industrie manufacturière et celle de l'industrie agricole.

Comme les transmissions immobilières à titre onéreux sont une des causes qui donnent naissance aux inscriptions hypothécaires, il a paru utile de dresser le tableau du produit du droit de transcription pendant les vingt dernières années, et de la valeur qui a servi d'assiette à ce droit, auquel sont obligatoirement soumis tous actes emportant mutation entre-vifs de biens immeubles. (Suit le tableau).

Dans une période de vingt ans, une valeur immobilière de près de deux milliards et demi a été déplacée par des actes entre-vifs, sans tenir entièrement compte des 200 à 300 millions dont les prix et les évaluations ont pu être atténués pour diminuer les droits du trésor.

La somme trouvée à la fin de l'année 1848 est de 2,292,709,104 francs; en déduisant 1/5 pour les donations et les échanges, il reste 1,834,167,283 francs pour les autres transmissions à titre onéreux. Or, dans la même année, les inscriptions non périmées ni radiées, ayant pour objet des prix de vente, s'élevaient à 316,822,084 francs. En supposant, contrairement aux observations qui ont été faites sur ce chiffre, que le montant intégral des inscriptions ouvertes fût encore dû, et, de plus, que les mutations auxquelles il s'applique fussent toutes postérieures à 1829, il y aurait encore ce résultat que le montant des acquisitions faites pendant dix-neuf ans se serait trouvé acquitté à la fin de la même période, à concurrence d'environ cinq sixièmes, soit 1,517,345,199 francs.

Cette somme aurait-elle été empruntée et serait-elle restée due aux prêteurs, en tout ou en partie? Pour l'affirmative, il faudrait d'abord supposer que les prêteurs n'eussent point obtenu le privilége du vendeur; car autrement les sommes empruntées se trouveraient

comprises dans le capital de 316,822,084 francs. Ensuite, les emprunts hypothécaires contractés de 1830
à 1849, en prenant même, pour chaque année de cette.
période, la moyenne des cinq dernières années, soit
53,789,800 francs, ne présentaient plus, en 1848,
qu'une dette de 549,730,990 fr. 60 cent., selon la
proportion dans laquelle les capitaux inscrits pendant
les années 1835 à 1839 ont été reproduits par le renouvellement décennal. Enfin, allons jusqu'à admettre
que tous ces emprunts, contractés sans stipulation
d'emploi, aient servi à payer des prix de vente, et que
toutes les mutations antérieures à 1830 fussent soldées
à cette époque, ou l'aient été depuis, sans le secours
d'aucun emprunt, il en résulterait que ceux qui ont
acheté en 19 ans des immeubles dont les prix exprimés
s'élèvent à 1,834,167,383 fr., en auraient payé plus de
moitié pendant la même période, à l'aide de bénéfices,
d'épargnes accumulées, ou par d'autres moyens, l'emprunt hypothécaire excepté.

Écartant les hypothèses impossibles ou invraisem-
blables, nous sommes persuadé qu'indépendamment
de la part qu'ils peuvent avoir dans les inscriptions
pour priviléges de vendeurs, les emprunts contractés
pour payer des prix de vente ne forment qu'une faible
partie de la dette de 798,103,870 fr. 34 cent., considérée comme existant en 1848, en vertu de toutes
inscriptions autres que celles faites d'office et non encore renouvelées.

Mais, une chose bien moins contestable, c'est que les emprunts pour améliorations foncières forment une rare exception. Il n'y a que le commerce et l'industrie manufacturière qui, d'après les bases actuelles du crédit foncier, puissent emprunter sur hypothèque en vue d'un emploi productif, lorsqu'ils ne sont pas forcés de le faire pour parer à des embarras ou pour lutter contre des revers. Un fait qui semble prouver qu'ils usent assez largement du crédit territorial, c'est qu'il résulte du relevé des prêts inscrits pendant les cinq dernières années, que, sur une moyenne de 19,647 prêts par année, s'élevant à 53,789,800 francs, 9,980 prêts, de l'importance de 24,124,940 francs, ont eu lieu sur propriétés bâties, et 9,667 prêts, de l'importance de 29,664,860 francs, sur propriétés non bâties. La première catégorie comprend les prêts dont le gage principal consiste dans des bâtiments, encore que l'hypothèque frappe en outre des terrains, cours ou jardins attenant aux bâtiments; dans la deuxième catégorie on a rangé les prêts affectés principalement sur propriétés non bâties, alors même que le gage comprend des maisons ou constructions accessoires.

En répartissant dans la même proportion la dette de 798,103,870 fr. 34 cent.[1], nous trouvons 291,511 créances, dont 148,078, de l'import de 357,952,771 fr. 45 cent., seraient affectées sur propriétés bâties, et

---

[1] Moyenne de ces dettes : 2,741 francs.

143,433 créances, d'un total de 440,151,098 fr. 89 cent., sur propriétés non bâties.

Quel peut être le rapport entre la valeur des deux catégories de propriétés et la dette hypothécaire ; c'est ce que nous chercherons à déterminer.

La valeur vénale sert d'assiette aux droits établis sur les mutations entre-vifs à titre onéreux et sur les transmissions par décès ; elle fait constamment l'objet des investigations des préposés chargés de recouvrer ces droits et de faire constater par experts l'insuffisance des prix exprimés et des évaluations données par les parties. Les ventes publiques sont relevées par eux dans des tableaux où ils puisent des termes de comparaison, en tenant compte de ce que les prix peuvent avoir d'excessif dans des circonstances particulières. Pendant les dix dernières années, le rapport existant entre le revenu cadastral et la valeur vénale a parcouru l'échelle de 30 à 40 pour les propriétés bâties, et celle de 40 à 80 pour les propriétés non bâties. En prenant la moyenne de ces chiffres, l'on obtient, pour les premières, dont le revenu est de 47,396,493 fr., une valeur de 1,658,877,255^{f}00^c et pour les autres, dont le revenu s'élève à 110,820,536 fr. 21 cent.,

une valeur de............... 6,649,232,172 60

TOTAL.......... 8,308,109,427 60

Les propriétés bâties seraient donc grevées d'un peu moins que le cinquième de leur valeur, les propriétés non bâties, d'un quinzième, et toute la propriété foncière du dixième au onzième de sa valeur.

· L'induction que nous avons tirée de la répartition des emprunts contractés pendant les cinq dernières années, par rapport à la dette de 798,103,870 fr. 34 c., reste au-dessous de la vérité, quant au nombre des créances, à ne consulter que le relevé des déclarations faites jusqu'au mois d'août 1848, en vertu de la loi d'emprunt du 6 mai précédent. Pour un produit annuel de 26,277,171 fr. 87 cent., auquel des déclarations postérieures, non relevées, ont ajouté 622,455 fr. 93 c., les premières déclarations élevaient déjà, au lieu de 291,511, à 332,369 le nombre des rentes et créances. (Suit un tableau indiquant la répartition de ce nombre entre les diverses provinces.)

(Les 332,369 rentes et créances, dont les déclarations ont été dépouillées avant la fin du mois de juillet 1848, sont décomposées, par catégorie de produit annuel, dans un tableau spécial.)

Les rentes et créances, dont les déclarations ont été remises après le mois de juillet 1848 et présentent un produit annuel de 622,455 fr. 93 cent., correspondant à un capital de 13,832,354 francs, appartiennent probablement aux premières catégories du tableau, et elles sont au nombre de 16,908, si l'on adopte la proportion existant entre le nombre et le montant des créances renseignées dans la limite d'un produit annuel de 160 francs.

Nous avons eu à nous occuper des rentes et créances sur lesquelles l'emprunt de 1848 n'a pas porté; le nombre des inscriptions non radiées ni périmées en 1848 était, savoir :

Pour créances possédées par des étrangers, 13,403ᶠ
Pour hypothèques judiciaires, de....... 19,748
Pour prix de vente, de.............140,576

En nous.attachant seulement aux déclarations dont le dépouillement était fait pour l'emprunt à la fin de juillet 1848, nous remarquons que, sur 332,369 rentes et créances, il y en a 132,952 qui ne dépassent pas 20 francs en produit, 450 francs en capital, et dont le produit total est à celui des autres catégories de créances comme 1 à 18. Il y en a 261,745, formant environ les quatre cinquièmes, qui n'excèdent pas 80 francs en produit ni 1,800 francs en capital, et qui, dans le total de 583,937,152 fr. 78 cent., figurent pour plus d'un quart, soit 151,900,926 francs.

Nous avons vu que la moyenne des emprunts hypothécaires contractés pendant les années 1845 à 1849, présente par année 19,647 créances, dont 9,980, de l'import de 24,124,940 francs, sont affectées sur propriétés bâties, et 9,667, de l'import de 29,664,860 fr., sur propriétés non bâties. Ces chiffres comprennent 343 prêts au-dessus de 20,000 francs, s'élevant à 16,439,580 francs, savoir :

135 sur propriétés bâties, pour un capital de................................ 5,365,880f
208 sur propriétés non bâties, pour
un capital de........................... 11,073,700

D'un autre côté, il y a 9,637 prêts au-dessous de
1,000 francs pour un capital de 4,857,660 francs;
5,174 de ces prêts, s'élevant à 2,463,640 francs, sont
inscrits sur propriétés bâties; 4,663 sont inscrits sur
propriétés non bâties, à concurrrence de 2,364,020fr.

Sur 13,759 prêts de 1,000 à 2,000 francs, présentant un total de 10,469,900 francs, 7,193 sont inscrits
sur propriétés bâties pour 5,238,940 francs; 6,766
le sont sur propriétés non bâties pour 5,230,960 fr.

Si les créances de moins de 20 francs de produit
annuel entrent pour plus d'un tiers, et avec celles de
moins de 40 francs de produit, pour environ deux
tiers dans le nombre de 332,369 ce fait est en corrélation avec le morcellement de la propriété foncière.

En effet, voici, d'après le travail qui a été exécuté
au département des finances, et qui constate le véritable état de la propriété foncière en Belgique, le tableau du nombre des propriétaires qui possèdent un
revenu cadastral dans le royaume.

REVENU CADASTRAL.	NOMBRE DE PROPRIÉTAIRES PAR PROVINCE.									TOTAL.
	Anvers.	Brabant.	Flandre occidentale.	Flandre orientale.	Hainaut.	Liége.	Limbourg.	Luxembourg.	Namur.	
10 fr. et au-dessous	7,836	13,229	3,917	9,903	16,279	19,573	7,444	23,285	15,162	116,628
10 à 25 fr	8,088	24,408	8,943	19,311	30,408	19,020	8,547	13,289	14,358	147,071
25 à 50	8,052	23,131	10,324	20,834	27,505	15,583	7,599	9,744	11,696	134,468
50 à 100	8,383	19,586	10,987	20,723	23,612	12,197	7,099	8,153	8,785	119,525
100 à 200	7,709	14,055	9,324	10,551	17,025	8,457	5,518	5,401	5,554	89,774
200 à 400	6,274	9,852	7,668	11,495	11,080	5,944	3,356	2,869	3,077	61,648
400 à 600	2,363	4,027	3,380	4,487	4,083	2,513	1,176	909	1,067	24,025
600 à 800	1,273	2,419	1,758	2,351	2,032	1,360	474	407	468	12,536
800 à 1,000	732	1,527	1,071	1,351	1,183	826	306	219	277	7,492
1,000 à 1,500	996	2,015	1,542	1,796	1,570	1,036	378	213	397	9,952
1,500 à 2,000	415	981	730	837	742	454	172	104	208	4,652
2,000 à 3,000	412	935	609	755	717	452	141	101	211	4,396
3,000 à 4,000	206	429	305	358	352	179	60	63	94	2,046
4,000 à 5,000	83	243	200	199	183	132	34	21	66	1,161
5,000 à 6,000	62	156	132	102	113	73	30	11	34	715
6,000 à 8,000	71	201	139	151	128	90	22	23	67	892
8,000 à 10,000	26	99	92	75	80	55	11	14	45	497
10,000 à 15,000	42	136	87	91	81	40	26	13	58	580
15,000 à 20,000	16	61	43	33	33	17	7	6	20	236
20,000 à 25,000	9	39	22	26	22	10	3	1	11	142
25,000 à 35,000	12	22	18	24	22	14	5	1	13	131
35,000 à 50,000	1	30	11	9	9	8	4	1	7	80
50,000 à 70,000	»	9	4	10	3	6	»	.	2	34
70,000 à 100,000	2	8	2	3	3	1	»	»	1	20
100,000 et au-dessus	»	5	1	1	2	2	»	»	»	11
TOTAUX	59,181	117,528	63,355	111,470	137,276	88,666	42,411	64,938	61,678	738,512

PREMIÈRE PARTIE.

Le tableau suivant indique, avec le nombre des propriétaires, le revenu cadastral des propriétés bâties et des propriétés non bâties de chaque province.

DÉSIGNATION des provinces.	NOMBRE des propriétaires.	REVENU CADASTRAL.		
		Propriétés bâties.	Propriétés non bâties.	TOTAL.
Anvers............	53,181	6,116,424ᶠ00ᶜ	7,432,475ᶠ92ᶜ	13,548,899ᶠ92ᶜ
Brabant...........	117,528	11,053,696 00	17,917,725 26	28,971,421 26
Flandre occidentale.	61,355	6,114,071 00	17,856,234 74	23,970,305 74
Flandre orientale....	111,479	8,160,513 00	18,423,170 05	26,583,683 05
Hainaut...........	137,276	6,625,228 00	20,333,483 14	26,958,711 14
Liége.............	88,666	5,150,044 00	10,461,874 76	15,611,918 76
Limbourg..........	42,411	1,148,850 00	5,812,513 30	6,951,363 30
Luxembourg........	64,938	989,765 00	4,650,057 23	6,639,822 23
Namur	61,678	2,037,902 00	7,943,001 31	9,980,903 31
TOTAUX.........	738,512	47,396,493 00	110,820,536 21	158,217,029 21

En multipliant par la moyenne du revenu le nombre des propriétaires de chacune des catégories, moins la première, pour laquelle il a paru qu'on se rapprocherait de la vérité en prenant pour multiplicateur un revenu de 9 francs, et la dernière à laquelle il faut assigner le restant du revenu cadastral possédé par tous, on trouve que près du tiers de la propriété foncière (49,575,819 sur 158,217,029 fr. 21 cent.) est entre les mains de 668,914 propriétaires, qui ne possèdent pas au delà de 400 francs de revenu cadastral, et environ un second tiers (48,076,500 francs) entre les mains de 58,657 propriétaires dont la possession est limitée à un revenu cadastral de 2,000 francs.

28

Il est impossible de calculer, même par approximation, la proportion dans laquelle les propriétaires des deux premiers tiers supportent ensemble ou respectivement la dette hypothécaire. Seulement, eu égard au nombre et au montant des créances comprises dans les catégories d'un produit peu élevé, l'on doit admettre que ces propriétaires sont proportionnellement beaucoup plus grevés que ceux du dernier tiers.

Parmi les 668,914 propriétaires qui, dans la limite d'un revenu cadastral de 400 francs et au-dessous, possèdent un tiers du revenu total, se trouvent apparemment presque tous les propriétaires qui cultivent leurs biens propres, avec ou sans biens d'autrui, notamment la plupart des chefs des petites exploitations, si nombreuses dans nos provinces.

Ce ne sont certes pas ces derniers qui ont pu songer jusqu'à présent à emprunter des capitaux pour les employer productivement, pour les convertir en améliorations foncières : les conditions onéreuses de l'emprunt hypothécaire y ont toujours mis un obstacle invincible.

II.

QUELLE EST AUJOURD'HUI, EN BELGIQUE, LA POSITION FAITE AU PROPRIÉTAIRE QUI EMPRUNTE ET AU CAPITALISTE QUI PRÊTE SUR HYPOTHÈQUE ?

D'abord l'offre et la demande ne se rencontrent guère directement. La rencontre est d'autant plus difficile

que l'emprunteur affectionne le mystère : dans les conditions actuelles de l'emprunt sur hypothèque, l'opinion publique y voit la gêne du propriétaire plutôt
qu'une opération destinée à accroître son avoir. La
publicité et la concurrence en cette matière n'eussent
d'ailleurs pas été possibles entre particuliers ; la force
des choses a créé des intermédiaires officieux, mais
ces intermédiaires sont disséminés sur tous les points
du territoire, agissent sans lien entre eux, chacun dans
le cercle étroit d'une clientèle. L'offre peut attendre
plus ou moins longtemps la demande, et réciproque-
ment. Le capital offert peut dépasser le capital demandé ou lui être inférieur ; et le capitaliste tient à ne
pas diviser en plusieurs prêts le capital qu'il veut placer sur hypothèque.

Du reste, le lien qui existerait entre les intermédiaires, et qui est impossible dans l'ordre pratique, ne
produirait aucun résultat aujourd'hui. Le prêteur veut
et doit vouloir être rapproché le plus possible, sinon
du gage hypothécaire, au moins du propriétaire, à
qui il prête souvent autant par confiance qu'à raison
de l'hypothèque, et avec lequel il doit rester en rela-
tion jusqu'à l'extinction de la dette.

A un point de vue plus général, il est certain que
les capitaux qui cherchent un placement sur hypothèque sont inégalement répartis, abondants dans quelques localités, rares dans d'autres. Cette inégalité existe
surtout au désavantage de l'industrie agricole, des pro-

priétaires éloignés des grands centres de population.
Ainsi les capitaux placés sur hypothèque dans les provinces telles que le Limbourg et le Luxembourg
sont plus chers que les capitaux placés dans d'autres
provinces. Les conditions de l'emprunt diffèrent d'un
arrondissement à l'autre. On rencontre de la différence,
sous ce rapport, entre les grands centres de commerce
et d'industrie manufacturière. Le tableau qui va suivre
en fournit la preuve pour quelques arrondissements[1].
Sous les deux premières rubriques, il présente par
catégorie de taux d'intérêt les prêts de 1,000 francs et
au-dessous, et ceux de 1,000 à 2,000 francs inscrits
en 1845; puis, sous la troisième rubrique, l'ensemble
des emprunts contractés pendant la même année.
Ainsi, à Arlon, six septièmes (326,800 francs sur
382,300) sont prêtés à 5 p. o/o, et le restant à 4 p. o/o;
tandis qu'à Turnhout un septième (111,300 francs sur
832,000) est placé à 5 p. o/o, un quart (188,300 francs)
à 4 1/2 p. o/o, et la moitié (423,600 francs) à 4 p. o/o.
En regard de Charleroi, où cinq sixièmes (2,564,300 fr.
sur 3,014,400) sont placés à 5 p. o/o, un dixième
(313,500 francs) à 4 1/2 p. o/o, et un vingt-troisième
(134,800 francs) à 4 p. o/o, on voit figurer Anvers,
où un cinquième (513,500 francs sur 2,698,300 francs)
est prêté à 5 p. o/o, un septième (368,000 francs) à
4 1/2 p. o/o, et cinq neuvièmes (1,414,200 francs) à
4 p. o/o. Enfin, en même temps qu'à Nivelles un tiers

[1] Nous croyons pouvoir nous dispenser de reproduire ce tableau.

(656,800 fr. sur 1,995,300) est emprunté à 5 p. o/o, deux neuvièmes (433,400 francs) à 4 1/2 p. o/o, et deux cinquièmes (725,900 francs) à 4 p. o/o, l'arrondissement de Gand obtient un douzième (281,600 fr. sur 3,332,400) à 5 p. o/o, un septième (475,300 fr.) à 4 1/2 p. o/o, et deux tiers (2,291,500 fr.) à 4 p. o/o.

Ce tableau démontre, et ce fait doit peser plus particulièrement sur l'industrie agricole, que le loyer des petits capitaux est plus cher que celui des capitaux d'une certaine importance. En même temps les frais auxquels donnent lieu les formalités constitutives du gage hypothécaire sont relativement plus élevés pour les premiers que pour les seconds capitaux.

Dans un travail sur la propriété foncière et l'enregistrement en France, publié par M. Championnière, cet auteur trace le tableau suivant des droits et frais à supporter par celui qui emprunte sur hypothèque une somme de 500 francs; savoir :

Pour l'obligation :

Enregistrement à 1 p. o/o et le décime..	5f 50c
Timbre de la minute et de la grosse....	7 50
Signification à l'assurance............	7 25
Extrait pour signifier à l'assurance.....	4 25
Bordereau d'inscription...............	6 70
État et inscription...................	10 00
Honoraires du notaire................	10 00
	51 20

Soit, en y comprenant les honoraires, 10 p. o/o, et en déduisant les honoraires, 7 p. o/o.

Quittance de l'obligation précédente :

Enregistrement à 5o cent. pour 100 fr. et
le décime.......................... 2^f 75^c
Timbre de la minute et de l'expédition.... 3 75
Extrait pour la radiation............... 4 25
Radiation........................... 1 35
Honoraires.......................... 9 00

_____

21 10

_____

Soit, en y comprenant les honoraires, 4 p. o/o.

En déduisant les honoraires, 2 1/2 p. o/o.

Ainsi l'opération de prêt terminée coûte à l'emprunteur 14 p. o/o, et rapporte à l'État 9 1/2 p. o/o.

En Belgique, les droits d'enregistrement et d'inscription sont les mêmes qu'en France, sauf qu'au lieu de 10 il y a 3o centimes additionels.

Pour ne parler que des emprunts sur propriétés non bâties, une obligation de 5oo francs entraîne, au *minimum*, les frais suivants :

Droits d'enregistrement et d'inscrip-
tion . . . .   7^f 15^c

    Droits de timbre :

Minute.   0^f 90^c ⎫
Grosse. . . . .   1 20   ⎪
Certificat ou état de charge. . .   0 45 ⎬ 4 05
Bordereau et registres de dé-   ⎪
    pôt et d'inscription . . . . . .   1 50 ⎭
Salaire du conservateur des hypothè-
    ques pour certificat de charges et
    inscription 2 00
                            ――――――――
                             13 20   13^{f}20^c

    Honoraires du notaire :

Rédaction de la minute. . . . .   10 00 ⎫
Rôle d'expédition (*minimum*). . . . . .   3 00 ⎬ 18 00
Rédaction du bordereau et diligences.   5 00 ⎭
                             ――――――――
                             31 20

    D'après ce calcul, pour emprunter 500 francs, il
faut faire, dès le début de l'opération, un sacrifice de
plus de 6 p. o/o. C'est l'équivalent d'un supplément
d'intérêt d'environ 2 1/4 p. o/o lorsque le prêt est fait
pour trois ans, et de 1 1/4 p. o/o s'il est fait pour six
ans, indépendamment du coût de la quittance et de la
radiation de l'inscription.

Pour accepter une condition aussi onéreuse, aggravée encore par le taux d'intérêt le plus élevé, sans tenir compte des clauses secrètes, il a fallu des besoins, des engagements impérieux à satisfaire; et pourtant ils ont donné naissance à environ la moitié des 332,369 créances indiquées dans le tableau par catégorie de produit.

Si l'emprunteur est maltraité, la condition du prêteur en est-elle meilleure?

Sans doute, le gage hypothécaire présente le plus de certitude, mais son appréciation exige une attention exercée, sous le rapport du droit de propriété et de la situation hypothécaire.

Ensuite, si l'hypothèque promet un succès certain à l'action en payement des intérêts et en remboursement du capital, elle n'assure aucune régularité dans l'accomplissement des obligations de l'emprunteur.

L'expropriation, quand il faut y recourir, exige de notables avances, et fait attendre assez longtemps la liquidation.

L'inconvénient le plus grave peut-être, c'est que le prêteur, quand il a besoin de son capital avant l'échéance du terme, trouve difficilement un concessionnaire, s'il ne veut se résoudre à faire un sacrifice. Le transport ne se fait pas non plus sans frais; il faut un acte, qui doit même être notifié au débiteur ou tenu pour signifié.

L'espèce d'indisponibilité dont la créance hypothé-

caire est frappée sous ce rapport détourne une foule
de capitaux, qui, pour n'être point demandés peut-être
aujourd'hui, le seraient si, dans des conditions également plus favorables pour les propriétaires, ceux-ci
pouvaient attendre de leur emploi un légitime bénéfice.

La cause que nous venons de signaler comme un
obstacle à l'affluence des capitaux contribue sans doute
à rendre les constitutions de rente très-rares, et à faire
abréger la durée des prêts, qui varie aujourd'hui de 2
à 20 ans. Il résulte du dépouillement des inscriptions
requises depuis 1844, qu'elles sont en moyenne de
7 ans pour les prêts de 1,000 francs et au-dessous, et
de 8 ans pour les prêts de 1,000 francs à 2,000 francs.

A la vérité, lorsque les besoins prévus ou imprévus
qui ont fait stipuler un terme plus ou moins rapproché
ne se sont pas réalisés, le prêteur, comme nous l'avons
déjà dit, loin de profiter de l'échéance, n'aime pas
mieux que de pouvoir laisser son capital entre les
mains du débiteur qui n'a cessé d'en acquitter le loyer.
Mais le renouvellement du terme étant éventuel, sa
brièveté forme toujours obstacle à l'emprunt ayant
pour but une entreprise qui ne permet pas de reconstituer le capital pour l'époque où le remboursement
pourrait être demandé.

Or la durée moyenne des prêts inscrits au livre des
hypothèques ne suffit pas, à l'industrie agricole en particulier, pour reformer les capitaux dont elle ferait un
emploi productif: immobilisé, participant de la nature

du sol qui les a absorbés pour les rendre par un surcroît de produits, ces capitaux ne peuvent être reconstitués qu'au bout d'une assez longue série d'années.

Peut-on douter que la part des propriétaires cultivateurs dans la dette actuelle, surtout dans les emprunts de peu d'importance, ne corresponde à rien moins qu'à une production proportionnellement plus abondante? Cependant, si dans quelques localités de grands travaux sollicitent encore les efforts de l'industrie a gricole, ce sont surtout des capitaux à la fois nombreux et peu importants, qui, dans l'état de morcellement de la propriété et des exploitations rurales, sont nécessaires pour amener le perfectionnement des méthodes de culture, l'adoption de meilleurs procédés, la multiplication des agents de production, l'extension des capitaux de roulement, en un mot, les améliorations foncières sur toute la surface du pays.

En admettant même que l'industrie agricole pût obtenir aujourd'hui les capitaux dont elle a besoin, moyennant un intérêt modéré et un terme suffisant, il lui manquerait encore une condition essentielle afin d'arriver à la libération. Comme elle ne peut reconstituer le capital emprunté qu'avec des épargnes réalisées successivement à l'aide d'un surcroît de production, et comme les prêteurs actuels ne reçoivent et ne peuvent accepter de petits à-compte sur le capital, que deviendraient les épargnes entre les mains des emprunteurs, si elles devaient s'y accumuler successi-

vement jusqu'à ce que le capital fût reproduit? D'abord
ces épargnes, ne pouvant être immobilisées à leur tour,
seraient, à défaut d'autre emploi, aussi improductives
que gênantes pour les détenteurs qui auraient assez de
raison, de force morale, pour ne pas les détourner de
leur destination. Ensuite, suffirait-il de l'appel d'une
caisse d'épargne, où les dépôts seraient volontaires et
pourraient, en outre, être retirés au gré des déposants? L'affirmation n'est guère possible.

Le Gouvernement pense, Messieurs, que le moment
est venu de prendre des mesures pour que le crédit
territorial, au lieu d'aggraver la condition des propriétaires qui y ont recours, puisse devenir pour eux et
pour le pays, à l'égal du crédit mobilier et personnel,
une source de prospérité.

III.

ESSAIS TENTÉS OU MIS EN PRATIQUE DANS D'AUTRES PAYS
POUR L'AMÉLIORATION DU CRÉDIT FONCIER.

Ici M. le ministre expose les essais tentés dans divers
pays. Il rend compte des documents recueillis par le
gouvernement français sur les institutions de crédit
foncier. Il fait de nombreuses citations du rapport de
M. Royer, et termine par l'exposé du système de la
Gallicie. (Voir cet exposé, page 234.)

IV.

Art. 1 et 2. L'institution que le Gouvernement vous propose, Messieurs, de fonder en Belgique, sous la dénomination de *Caisse de crédit foncier,* sera organisée sur des bases analogues à l'institution créée, en 1841, en Gallicie.

Établissement public, cette Caisse, comme nous le constaterons plus loin, formera, à certains égards, une sorte d'association entre les propriétaires qui emprunteront au moyen de lettres de gage; cependant ils ne prendront aucune part, directe ou indirecte, à l'administration de l'établissement. Ce qui se pratique sous ce rapport dans les pays d'Allemagne, où la propriété foncière est constituée autrement et où les institutions de crédit territorial ont été fondées dans l'intérêt exclusif des biens nobles ou de la grande propriété, ne paraît pas applicable dans notre pays. D'ailleurs, nous avons vu que le personnel dirigeant de l'association de Gallicie est choisi en majorité par un corps politique, sous l'approbation de l'empereur. Les sociétaires emprunteurs, quoique soumis à une solidarité illimitée, nomment seulement, de concert avec la Diète provinciale, deux directeurs sur quatre et un président. Si la

constitution de la propriété foncière en Belgique, et
notamment le morcellement de cette propriété, ne permettent pas de faire appel à des assemblées générales
pour former l'administration de la caisse et choisir le
personnel de surveillance, on trouve un ample dédommagement dans l'organisation politique et administrative du royaume.

Un conseil d'administration dont les membres seront
choisis par le Gouvernement, et une commission de
surveillance, à la formation de laquelle prendront part
les trois branches du pouvoir législatif, offriront cer-
tainement à tous les intéressés des garanties que l'on
ne pourrait attendre meilleures, en cette matière, de
nulle autre combinaison.

En même temps, les agents du trésor, d'une part,
et les fonctionnaires établis en vertu de la loi civile
pour la conservation des hypothèques, peuvent être
constitués les auxiliaires de la Caisse dans toutes les
localités du pays. Il en résultera pour elle le double
avantage de pouvoir fonctionner à peu de frais, et de
voir concourir à la vérification des demandes d'emprunt
des fonctionnaires auxquels la nature de leurs attributions et de leurs archives permettent de constater, de
la manière la plus sûre et la plus complète, l'état civil
des propriétés immobilières.

Pour parler d'abord des receveurs de l'enregistrement, quel est l'immeuble qui, depuis plus d'un demi-
siècle, n'ait fait l'objet d'un acte de transmission entre-

vifs ou de partage, d'un acte d'administration ou de propriété? Si, contre toute attente, les livres d'enregistrement, résumés dans des tables alphabétiques, ne présentaient aucune trace de pareil acte pour un immeuble offert en hypothèque, cet immeuble aurait au moins fait l'objet d'une déclaration de transmission par décès. En outre, les matrices cadastrales existent en copie dans les bureaux d'enregistrement; les mutations y sont annotées comme elles le sont dans chaque commune, et à la simple inscription d'un nouveau possesseur, qui acquitte ensuite l'impôt foncier, la loi sur l'enregistrement attache même l'exigibilité du droit de mutation, si la personne inscrite à la place d'un précédent propriétaire ne prouve qu'il n'y aurait pas eu de mutation ou que la transmission opérée à son profit aurait déjà supporté l'impôt ou en serait exempte.

C'est au contact de ces divers éléments d'appréciation que toute demande d'emprunt aura à subir une première épreuve. Une seconde épreuve l'attend au bureau de la conservation des hypothèques. La situation hypothécaire de l'immeuble sera attestée par le conservateur sous sa responsabilité, et le titre de propriété sera également vérifié par lui. Sous ce double rapport, l'organisation sérieuse et complète du crédit foncier n'est possible que si l'on fait disparaître les hypothèques occultes, en exigeant en outre la publicité de tous les actes qui peuvent affecter le droit de propriété. C'est ce que le Gouvernement vous a déjà proposé, Messieurs, dans le cours de la session; le projet de loi qui nous occupe en ce moment est en quelque sorte le complément de celui qui a pour objet la réforme du système hypothécaire.

Sur les deux points que nous venons de signaler, une dernière épreuve est réservée à la demande d'emprunt au sein du conseil d'administration de la Caisse; et ce conseil, ayant sous les yeux les actes, titres et documents dont la demande devra être appuyée, ainsi que l'appréciation raisonnée des fonctionnaires locaux, sera sans contredit suffisamment éclairé, et pourra prendre une décision en pleine connaissance de cause.

Après le droit de propriété et la situation hypothécaire, il y a un troisième point au sujet duquel il importe d'assurer à la Caisse une garantie non moins complète : nous voulons parler de la valeur du gage et de la proportion qui doit exister entre cette valeur et le montant de l'emprunt auquel l'hypothèque est attachée.

Au point de vue de la France, il a été dit qu'on n'avait assuré le succès des institutions de crédit existant en Allemagne qu'à la condition de les localiser tout à fait, de les former entre quelques grands propriétaires, de n'en pas faire descendre l'application trop bas, le moindre prêt étant de 2,000 florins (4,300 francs) sur un immeuble d'au moins 4,000 florins.

Quant à la Belgique, sa population et son territoire,

combinés avec son organisation administrative et son
système de communications, ne paraissent nullement
hors de proportion avec la sphère d'action possible
d'un seul établissement de crédit territorial, comme
celui que le Gouvernement propose de fonder. Il n'y
a qu'une seule association de crédit pour la Gallicie,
dont la superficie est deux fois plus grande que celle
de la Belgique (1,594 milles carrés géographiques), et
qui possède une population de plus de cinq millions
d'âmes. En Prusse, l'association de Silésie opère sur
une surface qui excède environ de moitié le territoire
belge et qui est couverte de plus de trois millions d'habitants. Cette association, dont l'existence date de trois
quarts de siècle, met en circulation plus de 150 millions de francs, et la somme des lettres de gage émises
par les associations prussiennes s'élevait, en 1844, à
plus de 400 millions. Si ce dernier chiffre ne répond
pas encore aux besoins du crédit hypothécaire en Belgique, il ne prouve rien non plus contre la possibilité
pratique d'une plus grande extension de crédit. En effet,
la simplicité du mécanisme de ces associations est telle,
dit M. Royer, que c'est à peine si l'on en soupçonne
l'existence dans les villes capitales des provinces, où
elles font incessamment circuler tant de millions au
profit de tous, alors que la moindre banque commerciale est connue de tout le monde. Partant de l'espèce
de dédain même dont elles lui ont paru être l'objet
de la part de ceux qu'il suppose habitués à ne considé-

rer l'importance des opérations financières que d'après
la rapidité de la circulation des capitaux et les gros
bénéfices qui en résultent pour eux, M. Royer ajoute:
« Loin de là, les associations prussiennes de crédit hy-
« pothécaire n'empruntent et ne prêtent pas d'argent ;
« elles n'ont aucun capital à leur disposition, ne de-
« mandent presque ni intervention, ni responsabilité du
« gouvernement; n'émettent pas de papier monnaie pro-
« prement dit, mais seulement des obligations négocia-
« bles, parfaitement sûres, ne faisant naître ni difficultés
« ni procès, et ne nécessitant ni des frais considérables,
« ni un personnel nombreux, ni même la présence ordi-
« naire d'un nombre d'employés pendant une grande
« partie de l'année. Il est donc tout naturel qu'une insti-
« tution si modeste et si simple, quelles que soient l'im-
« portance réelle de ses opérations et leur utilité, soit
« mal ou peu connue des personnes qui n'y sont pas
« directement intéressées. »

Nous avons ensuite à relever une erreur dans l'objection signalée. Il est inexact de dire que le moindre
prêt est de 2,000 fl. sur un immeuble valant le double.
A ne prendre que l'association de Gallicie, il y a exagération de moitié dans ces chiffres, et M. Royer rapporte que le *minimum de valeur* des biens sur lesquels
on peut emprunter varie de 1,775 francs à 22,500 fr.
Que prouverait d'ailleurs l'élévation du *minimum* des
prêts dans des pays où les institutions de crédit ont
pour but de favoriser la grande propriété nobiliaire? Il

y a des établissements fondés pour les biens nobles exclusivement. Dans cette catégorie ne se trouvent pas les
associations prussiennes; mais leurs fondateurs ont,
selon M. Royer, constamment voulu accorder une faveur considérable aux biens nobles, pour que, en fait,
ces biens en profitassent exclusivement. Aux termes
d'un édit du 11 septembre 1811, les biens des paysans
libres ne doivent pas être hypothéqués pour plus du
quart de leur valeur, tandis que les biens nobles peuvent l'être pour la moitié et davantage.

Ainsi, indépendamment de l'exagération des chiffres,
il est complétement inexact de dire que l'exclusion de
la petite propriété aurait été, dans l'esprit des fondateurs, une condition de succès pour les institutions
dont il s'agit.

Sans doute, un prêt de 100 francs sur un immeuble
de 200 francs ne possède, au point de vue de l'expropriation, aucune garantie réelle; un prêt de 500 francs
sur un immeuble de 1,000 francs ne possède pas la
même garantie qu'un prêt de 10,000 francs sur un
immeuble de 20,000 francs. Mais en remplaçant l'expropriation forcée par une simple adjudication devant
notaire, autorisée par jugement sur requête, comme
l'aliénation des biens des mineurs, on peut certaine-
ment considérer un immeuble de 1,000 francs comme
donnant des sûretés suffisantes, si le prêt est en rapport avec cette valeur et avec sa variation possible.

Tel est le minimum de valeur auquel le Gouvernement a cru devoir s'arrêter. Comme il s'agit d'organiser le crédit foncier, non dans un esprit d'exclusion et de privilége, mais au profit de tous ceux qui offrent un gage suffisant, le *minimum* de ce gage doit être mesuré uniquement à la nécessité absolue d'assurer le recouvrement des annuités, de manière qu'il ne puisse rester à cet égard le moindre doute dans l'esprit le plus prévenu. Ce résultat sera atteint, pensons-nous, si, dans aucun cas, la valeur du gage hypothécaire ne peut être inférieure à 1,000 francs, si les lettres de gage ne sont délivrées que sur le premier quart de la valeur des bois et forêts, et des propriétés bâties assurées contre l'incendie, à l'exclusion des biens réputés immeubles par destination, et sur la première moitié de la valeur de tous les autres immeubles.

A la vérité, cette base exclut environ 214 mille propriétaires fonciers sur les 738,512 qui existent en Belgique; mais ils ne possèdent qu'environ 2,765,492 fr. sur 138,217,629 francs 21 centimes de revenu cadastral (soit 1/57e). Au surplus, rien n'empêche que deux ou plusieurs petits propriétaires se réunissent pour former une hypothèque de 1,000 francs et davantage.

Pour l'évaluation des immeubles, le cadastre offre une précieuse ressource. A l'instar de ce qui se pratique en Pologne et en Saxe, le Gouvernement propose de prendre le revenu cadastral pour étalon de la valeur vénale, mais seulement quant aux immeubles dont la valeur principale ne réside pas dans la super-

Art. 7 et 8.

ficie. En supputant le capital immobilier du pays, nous avons dit que pendant les dix dernières années le rapport existant entre le revenu cadastral et la valeur des propriétés non bâties avait parcouru l'échelle de 40 à 80. Si l'on adopte le *minimum* de cette échelle, en considérant la valeur des propriétés non bâties, autres que les bois et forêts, comme égale à 40 fois leur revenu cadastral, la Caisse n'aura pas le moindre mécompte à craindre, les opérations préalables à la conclusion de l'emprunt seront simplifiées, et l'emprunteur évitera la publicité et les frais d'une expertise. Toutefois l'administration de la Caisse ne sera pas obligée de s'en tenir à cette base d'évaluation, si, dans chaque cas particulier, elle n'en a obtenu la plus complète confirmation par l'intermédiaire des receveurs de l'enregistrement. De son côté, le propriétaire aura la faculté de demander l'expertise, si la base légale lui paraît trop modérée et qu'elle ne réponde pas au crédit dont il a besoin.

En ce qui concerne les propriétés bâties, les bois et forêts, on peut dire que la prudence sera poussée à l'extrême. Indépendamment de ce que l'emprunt en lettres de gage sera limité au premier quart de la valeur, une expertise sera toujours exigée, et le propriétaire restera étranger au choix des experts. La Caisse pourra utiliser à cet effet les agents du cadastre, qui lui offriront toutes les garanties désirables de capacité et d'impartialité ; de son côté, le propriétaire trouvera, dans le choix de ses agents l'avantage de voir réduire les frais de l'opération à une indemnité strictement équitable, accrue seulement du prix du timbre employé au procès-verbal d'évaluation.

Au reste, dans tous les cas d'expertise, la valeur donnée par les experts sera vérifiée, par comparaison, avec le revenu cadastral et avec les divers éléments dont les receveurs d'enregistrement disposent. Il arrivera rarement, répétons-le, que l'immeuble expertisé n'ait déjà fait, pour la perception des droits d'enregistrement ou de succession, l'objet d'un prix ou d'une évaluation dont la modération ne pourra être suspectée. Enfin, s'il en était besoin, les receveurs achèveraient de former leur conviction sur les lieux, comme ils le font souvent aujourd'hui pour les expertises dans l'intérêt du trésor.

Nous croyons avoir démontré que, sous le rapport de l'évaluation du gage, l'administration de la caisse ne sera pas moins éclairée que sur le droit de propriété et sur la situation hypothécaire, et que l'établissement trouvera, à l'aide d'une procédure sommaire pour l'expropriation, toute la garantie désirable dans le *minimum* de valeur de l'hypothèque et dans la proportion établie entre cette valeur et le montant de l'emprunt.

Les conservateurs des hypothèques sont désignés par la nature de leurs attributions pour être chargés de la délivrance des lettres de gage contre la remise

Art. 11 et 12

454   PREMIÈRE PARTIE.

du contrat d'hypothèque, en vertu duquel ils prendront inscription au profit de la caisse.

Art. 13. Leur intervention sera surtout utile aux propriétaires qui voudront obtenir des lettres de gage afin d'en employer le produit au payement de leurs créanciers. Il est vrai que le propriétaire qui n'a d'autre immeuble que celui déjà grevé ne pourra obtenir des lettres de gage, car la caisse n'en délivrera qu'en échange d'une garantie réelle. Mais cet obstacle disparaît si le propriétaire autorise le conservateur des hypothèques à faire la négociation au cours du jour et à employer le produit des lettres de gage au payement des créanciers dont le rang doit être assuré à la nouvelle obligation.

Art. 14. Cependant il faut prévoir le cas où les créanciers refuseraient de se présenter volontairement au bureau de la conservation des hypothèques pour recevoir les sommes qui leur sont dues. Dans ce cas, le conservateur devrait-il leur faire faire des offres réelles, au nom du débiteur, conformément aux dispositions du Code civil sur les offres de payement et les consignations? Poser cette question, c'est la résoudre. Il faut nécessairement apporter aux dispositions de la loi commune une exception qui n'entraîne ni préjudice ni grief sérieux pour les créanciers inscrits. Tel est le caractère de l'exception que renferme le projet de loi. Les créanciers seront sommés de se présenter au bureau de la conservation des hypothèques dans les dix

jours qui suivront le délai d'un mois, à compter de la
date de la sommation. Cet acte peut ainsi précéder
d'un mois le jour qui serait convenu entre le représentant de la Caisse et le débiteur, pour la passation du
contrat d'hypothèque et la négociation des lettres de
gage; les créanciers n'ayant pas la faculté de se présenter avant les dix jours fixés pour le payement, le
débiteur n'est pas exposé à payer des intérêts par
double emploi pendant plus de dix jours, tandis que,
de leur côté, les créanciers pourront utiliser le mois
qui précède le remboursement à chercher pour leur
capital un autre placement. Le délai qui aurait été stipulé en leur faveur est d'ailleurs respecté, comme il
est tenu compte aussi des distances.

Dans l'hypothèse où l'opération qui vient d'être indiquée libère l'immeuble de toute autre inscription que
celle de l'emprunt en lettres de gage, la Caisse n'a besoin
d'aucune subrogation ou cession de rang de priorité.
Mais supposons qu'un propriétaire dont les immeubles
sont grevés au delà de la moitié de la valeur veuille
participer aux avantages de l'institution de crédit :
dans ce cas, le prix des lettres de gage pourra être
employé au payement des créances grevant la première
moitié de la valeur; et si l'on admet que la Caisse, en
opérant ce payement au nom du débiteur, ne se trouve
pas dans les termes de l'art. 1251, n° 1, du Code civil,
rien n'empêche que la loi proposée n'attache au
payement l'effet d'une subrogation qui assure ainsi le

premier rang à la créance de la Caisse. Les créanciers postérieurs en rang et non payés n'auront pas à se plaindre, puisque non-seulement la subrogation aurait pu être conventionnelle, mais leur condition ne peut que s'améliorer par l'amortissement successif de la créance qui les prime.

Art. 15. Cette dernière créance serait dispensée par la loi commune d'une inscription distincte de celles dont elle occupe le rang par subrogation ; néanmoins le Gouvernement pense que, par une exception qui n'a rien d'exorbitant, il convient de faire inscrire la créance de la Caisse avec la simple mention de la subrogation et le rappel de la date des inscriptions ainsi renouvelées, lesquelles seraient émargées de la même mention. L'inscription nouvelle peut alors, comme toute autre inscription au profit de la Caisse, être dispensée du renouvellement prescrit par la loi commune. L'amortissement, qui s'achève en moins de quarante et un ans, justifie suffisamment cette exception, dont l'avantage sera de simplifier les formalités et d'épargner des frais au débiteur.

L'inscription qui suivra la subrogation légale a un autre côté utile. En supposant que les créanciers non payés, inscrits au moment de la subrogation, fussent fondés à contester, à faire annuler, pour un motif quelconque, les inscriptions dont la Caisse aurait voulu s'assurer le rang, l'inscription nouvelle empêcherait au moins que la Caisse fût primée par des créanciers inscrits depuis la subrogation.

Quant à la supposition, en elle-même, elle ne peut inspirer aucune crainte sérieuse, eu égard aux circonstances qui devraient être réunies pour priver la Caisse de tout recours efficace. D'ailleurs, pour lever le doute qui pourrait rester à ce sujet, il suffira d'exiger, à l'appui de la demande d'emprunt, une déclaration d'adhésion, que s'empresseront de donner les créanciers postérieurs, dont la condition s'améliorera par l'amortissement successif de la créance de la Caisse.

Nous insistons sur l'importance des art. 13, 14 et 15 du projet de loi; ils ont pour objet de faciliter la liquidation d'une grande partie de la dette qui pèse sur la propriété foncière, en y substituant une dette nouvelle, dont l'extinction s'opérera graduellement par le seul payement d'une annuité modérée.

Le taux de 4 p. o/o, auquel le Gouvernement propose de fixer l'intérêt des lettres de gage, est indiqué à la fois par l'expérience faite en d'autres pays, par les divers placements que les capitaux trouvent en Belgique, et en particulier par le taux actuel des placements sur hypothèque. *Art. 3 et 4.*

Nous présentons ici, par catégorie de taux d'intérêt, la moyenne des prêts hypothécaires faits pendant les cinq dernières années,

| TAUX DE L'INTÉRÊT. | MONTANT DES PRÊTS SUR PROPRIÉTÉS | | TOTAL. |
	bâties.	non bâties.	
6 pour cent...............	11,600ᶠ	28,600ᶠ	40,200
5 idem...................	10,954,080	10,784,300	21,738,380
4 3/4 idem................	550,820	845,500	1,396,320
4 1/2 idem................	6,486,160	7,252,840	13,738,800
4 1/4 idem................	884,280	1,640,800	2,525.080
4 idem...................	4,964,900	8,543,600	13,508.500
3 3/4 idem................	26,720	187,180	213,900
3 1/2 idem................	101,640	221,780	323,420
3 1/4 idem................	8,880	21,240	30,120
3 idem...................	110,480	121,660	232,140
2 3/4 idem................	"	360	360
2 1/2 idem................	4,000	6,600	10,660
2 idem...................	5,640	4,020	9,660
Sans intérêts.............	15.740	6,580	22,320
TOTAUX.........	24,124,940	29,664,860	53,789,800

En dépouillant les inscriptions, les conservateurs des hypothèques ont fait attention aux clauses portant réduction d'intérêt pour prompt payement, et le taux de l'intérêt réduit a seul été renseigné.

Si les propriétaires, qui pendant les cinq dernières années ont emprunté au-dessus de 4 p. o/o, avaient pu le faire en lettres de gage, ils auraient profité d'une différence d'intérêt de 1,518,334 fr. 50 cent., soit 303,666 fr. 90 cent. par année. ·

En ce qui concerne la dette totale de 798,103,870ᶠ, existant en 1848, à l'exception des prix de vente inscrits depuis 1837 et non délégués, en supposant qu'elle se répartisse entre les divers taux d'intérêt dans la même proportion que les prêts hypothécaires des cinq dernières années, la conversion en lettres de gage de la portion de cette dette qui donne plus de 4 p. o/o d'intérêt dégrèvera la propriété foncière d'une contribution annuelle de quatre millions et demi (4,505,644f 70c).

En fixant à 1 p. o/o la fraction de capital destinée à l'amortissement, le projet de loi répond également aux besoins qu'il a en vue et aux indications de l'expérience.

Art. 4 et 5.

Comme l'amortissement a lieu par semestre, et que la contribution de 1 p. o/o s'accroît tous les six mois des intérêts servis pour les lettres de gage éteintes, la Caisse peut recomposer le capital en moins de 41 ans si, dès la fin du premier semestre de cette période, elle emploie les sommes exigibles pour cet objet. Nous disons en moins de 41 ans, car le même nombre d'annuités laisse un excédant de 1 fr. 26 cent. par 100 fr. (environ 1 1/4 p. o/o) du capital nominal de l'emprunt en lettres de gage.

Ainsi, moyennant un remboursement annuel de 1,000 fr. pendant 41 ans, soit 41,000 fr. au total, pour toute la durée de la période d'amortissement, le propriétaire emprunteur de 100,000 fr., qui paye en outre 4,000 fr. d'intérêt, se trouve libéré :

De 12,125^f 00^c de la 1re à la 10e année;

De 18,050 00 de plus, de la 11e à la 20e année;

De 26,825 00 de plus, de la 21e à la 31e année;

De 44,263 50 de plus, de la 31e à la 41e année.

Au total 101,263 50 remboursés par un payement réel de 41,000 francs.

Le tableau des prêts inscrits pendant les cinq dernières années prouve que, sur 53,789,800 francs, une somme de 842,460 francs seulement est empruntée au-dessous de 4 p. o/o. En appliquant cette proportion au capital de 798,103,870 francs, on y trouve 785,603,956 francs, dont l'intérêt est de 4 à 6 p. o/o. Ce dernier capital, converti en lettres de gage, s'amortirait au profit de la propriété foncière, si elle déboursait en quarante et un ans la somme de 322,097,622 francs; tandis que, à défaut de cette conversion, elle aurait à débourser en sus une somme de 463,506,334 francs, soit 11,305,032 francs par année, avec la difficulté, pour chaque débiteur, du remboursement à échéance fixe. Nous négligeons le 1 1/4 p. o/o restant disponible sur les quarante et une annuités.

En exposant les conditions actuelles du crédit foncier, nous avons signalé le sacrifice que l'emprunteur doit supporter en droits du trésor et honoraires au moment où il contracte l'emprunt. Dans le système du projet de loi, la dépense relative aux bordereaux d'inscription et de renouvellement disparaîtra. En ce qui concerne les droits d'enregistrement et d'inscription, l'inconvénient sera notablement amoindri si l'on ajoute une fraction de ces droits à l'annuité, de manière à en assurer au trésor l'équivalent.

Les conditions du crédit territorial ne peuvent être améliorées, dans les circonstances actuelles surtout, aux dépens des revenus dont l'État trouve aujourd'hui la source dans la dette hypothécaire. Sous ce rapport, il faut tenir compte du produit, non-seulement des droits dus sur les actes en vertu desquels les inscriptions sont prises, mais aussi des droits dont sont passibles les actes de cession, de transport et de quittance, qui n'auraient plus lieu désormais à cause du caractère négociable des lettres de gage.

La moyenne du produit du droit d'inscription des cinq dernières années est de....... 104,597^f 40^c

La moyenne des prêts hypothécaires de 1845 à 1849 est de 53,789,800 fr. A raison de ce capital, le droit d'enregistrement, au taux de 1 p. 0/0, s'élève à....................... 537,898 00

Les rentes constituées pour prix de vente ne donnent ouverture à aucun droit distinct de celui de vente, et il est probable que les capitaux aliénés

A reporter...... 642,495 40

Report......... 642,495^f 40^c

moyennant rente n'atteignent pas, chaque année, le chiffre de 1 million. Le droit d'enregistrement, au taux de 2 p. o/o, sur cette somme, donne...   20,000 00

Si nous admettons ensuite que les cessions, transports et quittances présentés à l'enregistrement, et tarifés respectivement à 2, 1 et 1/2 pour cent, portent annuellement sur 1/60 de la dette de 798,103,870 francs, soit 13,301,731 fr., et que l'on prenne 1 p. o/o en moyenne, il en résulte encore un produit de...........   133,017 31

                                      795,512 71

       30 p. o/o additionnels.... 238,653 81

           TOTAL....... 1,034,166 52

Comme ce revenu a sa source dans l'existence d'une dette de 798,103,870 francs, dont la conversion en lettres de gage donnerait pour intérêt et amortissement une annuité de 39,905,193 fr. 50 cent., il faut ajouter à cette annuité 2 1/2 pour 100 de son montant, soit 1/8 pour 100 du capital, pour obtenir un produit de 997,629 fr. 83 cent. Ce chiffre présente une insuffisance de 36,536 fr. 69 cent.; mais la moyenne du produit du droit d'inscription des années 1845 à 1849 offre aussi, à cause du renouvellement décennal, un excédant de 35,485 fr. 80 cent. sur la moyenne du produit des années 1834 à 1842, et le projet de loi de révision du système hypothécaire n'exige le renouvellement que tous les vingt ans. Nous avons fait abstraction du produit du droit de timbre des bordereaux d'inscription et des actes de cession, de transport et de quittance ; le trésor en trouvera la compensation dans le nombre des prêts que les besoins de la conversion accroîtront encore temporairement.

Quant à l'ensemble des calculs qui viennent d'être établis, il faut remarquer que le trésor continuerait à trouver, dans la partie non convertie de la dette actuelle, la ressource qui, de ce chef, lui ferait défaut dans les opérations de la Caisse. Art. 24.

Enfin, le trésor ne devant rien perdre, ne doit pas non plus trouver dans les actes, documents et registres auxquels la loi proposée donnera naissance, la source d'un nouveau produit qui pèserait sur les propriétaires emprunteurs : tel est le motif qui a dicté l'article 24 du projet.

Vous aurez déjà pressenti, Messieurs, que les propriétaires emprunteurs, en retour des avantages que leur procurera l'établissement fondé dans leur intérêt, auront à supporter les frais de recouvrement et d'administration dont nous allons nous occuper.

Sous ce rapport, l'organisation administrative du

royaume vient encore puissamment en aide à l'institution.

Les receveurs de l'enregistrement, dont le concours lui est si précieux pour la vérification des demandes d'emprunt, peuvent être chargés aussi du recouvrement des annuités. Comme, à peu d'exceptions près, chaque canton du pays possède un bureau d'enregistrement, les débiteurs trouveront toutes les facilités désirables pour le payement des termes semestriels. Ce payement se fera donc, il est bon de le noter, au bureau où tous les actes et documents concernant l'état civil de l'immeuble hypothéqué ont dû et devront laisser des traces.

Le Gouvernement propose de fixer à 1 pour 100 l'indemnité des agents chargés du recouvrement, et se réservant de les en faire jouir dans une proportion variable, selon l'importance relative des remises dont ils jouissent à charge du trésor.

Pour tout ce qui concerne le maniement et l'emploi des sommes recouvrées sur les débiteurs, l'institution pourra confier le service de caissier à la banque nationale. Elle aura à s'entendre avec cette banque, qui trouvera dans la loi proposée l'autorisation dont elle a besoin.

Il ne reste dès lors qu'à pourvoir aux traitements des administrateurs et des employés qui leur seront nécessaires, ainsi qu'aux frais de matériel et au loyer d'un local convenable.

Si, pour cet objet, on ajoute aux frais de perception

et d'encaissement ce qu'il faut pour atteindre 2 1/2
pour 100 de l'annuité, ou 1/8 pour 100 du capital
auquel elle correspond, voici la ressource que l'on peut
en attendre :

En supposant que, pendant la première année de
l'existence de la Caisse, aucun emprunt ne soit demandé
en vue d'éteindre d'anciennes dettes, et que, sur les
53,789,800 francs, moyenne des prêts d'une année,
40 millions soient demandés en lettres de gage, on obtiendra, à raison de 1 fr. 30 cent. par 100 francs sur
2 millions d'annuités, une somme de 22,000 francs. Au
bout de trois ans, la ressource serait déj de 78,000 fr.
et excéderait peut-être les traitements et frais qu'elle
serait destinée à couvrir. Si nous admettons qu'un
jour la partie de la dette actuelle, dont l'intérêt est
de 4 à 6 p. o/o, soit convertie en lettres de gage, il y
aura de ce seul chef, pendant la durée de l'amortissement, une ressource annuelle de 510,642 fr. 58 cent.
(1 fr. 30 cent. p. o/o sur 39,380,197 fr. 80 cent.)

Les calculs qui précèdent prouvent assez que la contribution proposée pour couvrir les traitements du personnel de l'administration et les frais de matériel ne
tardera pas à laisser un excédant, que la Caisse pourra
employer à l'amortissement dans l'intérêt de ses débiteurs. Seulement, dans la première année de ses opérations, notamment pour le matériel de premier établissement, consistant en meubles, registres, etc., la
Caisse aura besoin d'une avance dont elle sera bientôt

en mesure de faire le remboursement. Cette avance,
qu'il serait difficile de fixer dès à présent, peut varier
de 60 à 80,000 francs au plus; quand le moment sera
venu, Messieurs, le Gouvernement vous demandera
un crédit dont il disposera au profit de l'administration
de la Caisse dans les limites nécessaires.

En résumé, chaque propriétaire emprunteur aura à
payer seulement 1/4 p. o/o du *capital,* en sus de l'annuité de 5 p. o/o, pour tous frais d'administration
et de recouvrement. D'un autre côté, comme il peut
se libérer par anticipation à toute époque, il aura l'avantage, s'il se libère, par exemple, après la seconde
année, de n'avoir payé que 1/2 p. o/o en deux années
pour tous droits d'enregistrement et d'inscription; tandis que, dans le système actuel, il supporte, au même
cas, 1 fr. 43 cent. et même 2 fr. 08 cent. par 100 francs,
en y comprenant le droit de libération, sans compter
les autres frais de l'acte de quittance et de mainlevée
d'inscription. Les droits du trésor seront ainsi propor-
tionnels à la fois au montant et à la durée de l'emprunt,
et c'est plus équitable. Le trésor n'y perdra pas, car il
faut admettre que, proportionnellement aux extinctions,
de nouveaux capitaux viendront successivement et plus
abondamment peut-être, laisser la trace de leur circulation dans le grand livre de la Caisse.

Art. 18.   Quant aux dispositions du projet de loi qui tendent
à assurer le recouvrement prompt et régulier des annuités, ainsi que le remboursement du capital non

encore amorti, soit en cas de retard, soit pour cause
de dépréciation de la valeur du gage hypothécaire,
elles se justifient par la nature des opérations de la
Caisse et par l'importance du but qu'il s'agit d'atteindre.
Si l'on consulte les moyens d'action conférés aux institutions de crédit d'Allemagne, ainsi que les idées
émises par de bons esprits en France, les formalités
proposées pour l'expropriation des débiteurs conci-
lient, dans une juste mesure, leurs intérêts avec ceux
de la Caisse. Ils se soumettent d'ailleurs librement à
cette procédure spéciale, qui leur offre plus de garantie
que la *clause de voie parée*, autorisée par la législation
en vigueur. Cette clause, proscrite en France, est
regardée par M. Troplong comme parfaitement licite,
dégagée d'inconvénients et utile au débiteur; cet auteur déplore l'aveuglement qui, dans son pays, empêche de voir que les ventes volontaires avec publicité
sont bien plus avantageuses que les ventes par expropriation. En rapportant les statuts en vigueur dans le
duché de Posen, M. Royer appelle l'attention sur les
détails relatifs à l'exécution des débiteurs retardataires;
notamment sur l'énergie, la promptitude et la simplicité des procédures employées à leur égard. « Étrangers,
comme nous le sommes, dit-il, aux vrais principes
du crédit foncier, nous trouvons quelque chose de dra-
conien dans ces mesures, dont la pratique démontre
l'incontestable utilité pour les emprunteurs comme
pour les prêteurs, et surtout pour l'intérêt public. »

Si la Caisse possède les garanties les plus complètes sous le rapport de l'instruction des demandes d'emprunt, des conditions auxquelles leur admission est subordonnée, du recouvrement des annuités et de la prompte réalisation du gage, elle offrira non moins de sécurité en ce qui concerne le maniement et l'emploi des sommes recouvrées.

Art. 17. Comme elle forme un établissement tout à fait distinct de l'État et isolé de l'action directe du gouvernement, les agents du trésor auxquels elle confiera le recouvrement des annuités ne pourront les confondre avec les recettes de l'État; ils en seront responsables envers la Caisse, comme ils le sont envers le ministre des finances des deniers du trésor; ils devront les verser pour compte de la Caisse chez les agents de la banque nationale, qui, si elle se charge du service de caissier de l'établissement, sera également responsable envers lui; la Caisse possédera à leur charge les mêmes priviléges et hypothèques que le trésor public, et les cautionnements fournis à celui-ci assureront leur gestion envers elle, en second rang.

Art. 20. L'organisation administrative du royaume permet encore de faire concourir une autorité constituée à asseoir la Caisse sur les bases les plus solides. Les divers comptables de la Caisse seront placés sous la juridiction de la cour des comptes, comme ils le sont en qualité de comptables de l'État.

Art. 19. Il n'y aura aucun maniement de fonds dans les bu-

reaux de l'administration de la Caisse; la banque nationale, soit comme caissier de l'État, soit comme caissier
de l'établissement, payera à Bruxelles et dans ses succursales les coupons d'intérêt, et remboursera les lettres
de gage que le sort aura désignées; sur mandat du
conseil d'administration de la caisse, elle payera les
sommes encaissées pour frais d'administration, et se
chargera en recette, pour compte de l'État, des sommes
encaissées pour droits du trésor. Quant au conseil d'administration, il aura à soumettre les opérations de la
Caisse au contrôle de la cour des comptes, d'une manière analogue à ce qui est prescrit pour l'administration des finances de l'État, et ce, indépendamment de
la surveillance permanente de la commission, dont les
membres sont choisis par les trois branches du pouvoir
législatif.

Enfin, des situations semestrielles et un compte annuel préparés par le conseil d'administration, ainsi
qu'un rapport annuel de la commission de surveillance,
seront livrés à la publicité.

Art. 23.

En présence de toutes les garanties que nous venons de mettre en évidence, que faut-il encore pour
que la sécurité des porteurs de lettres de gage ne laisse
absolument rien à désirer?

Nous avons vu que le payement de 41 annuités par
chaque emprunteur opère sa libération en laissant un
excédant d'environ 1 1/4 p. o/o.

D'un autre côté, un simple retard dans le recou-

vrement des annuités ne peut rendre l'amortissement
plus onéreux pour la Caisse, puisque toute somme
non acquittée à l'échéance est passible d'un intérêt de
5 p. o/o, lequel est d'un semestre au moins pour
chaque retard. Si, nonobstant cette espèce de pénalité,
des recouvrements se faisaient attendre quelque temps,
il serait facile à la Caisse, pour éviter toute irrégula-
rité dans le payement des coupons d'intérêts échus,
de se procurer une avance qui vaudrait au prêteur un
intérêt, dont le taux pourrait être porté à 5 p. o/o
sans le moindre préjudice pour la Caisse.

Il n'y a qu'une perte définitive, qu'une impossibilité actuelle et future de quelque recouvrement, qui
puisse déterminer la prolongation de la période d'a-
mortissement.

Or une pareille éventualité peut-elle inspirer quelque
crainte sérieuse, lorsque, d'une part, il s'agit d'un prêt
fait sur le premier quart ou la première moitié d'une
valeur immobilière de 1,000 fr. au moins, dont la conversion en argent peut être opérée promptement et à peu
de frais, et que, d'autre part, la demande d'emprunt a
été vérifiée sous tous les rapports, à l'aide des meilleurs
éléments d'appréciation possibles, et sous un régime
de publicité absolue des privilèges et hypothèques et
des actes translatifs ou déclaratifs de propriété ?

De plus, il ne faut pas perdre de vue que la dette
étant soumise à un amortissement progressif, le gage
s'accroît en raison de la diminution de la dette.

On pourrait donc limiter l'engagement de chaque emprunteur, attacher sa libération au service de l'annuité, pendant le temps qu'exige l'amortissement dans l'hypothèse qu'il n'y ait aucune non-valeur.

Mais le Gouvernement pense que, dans l'intérêt commun des propriétaires emprunteurs, il faut établir entre eux une certaine solidarité qui, bien que morale plutôt que matérielle, ne manquera pas d'avoir sur le cours des lettres de gage une influence profitable aux emprunteurs ainsi associés.

Art. 6.

Nous avons à répéter que 41 annuités permettent d'éteindre la dette, en laissant un excédent d'environ 1 1/4 p. o/o du capital. Or, d'après le projet de loi, chaque emprunteur sera tenu éventuellement de payer jusqu'à une 45e annuité pour sa libération définitive. Ainsi les non-valeurs, en les supposant possibles, pourraient atteindre 2 1 1/4 p. o/o du capital nominal des lettres de gage en circulation, avant que les porteurs de ces lettres eussent à craindre quelque perte, quelque réduction. Avec une pareille marge, il est impossible que l'esprit le plus craintif ne soit pas complétement rassuré.

On peut encore invoquer sur ce point l'expérience faite en Allemagne. Si, dans la plupart des institutions de ce pays, il y a une garantie solidaire illimitée, M. Royer rapporte qu'elle est purement fictive, et qu'elle a déjà été limitée dans l'association de crédit de Wurtemberg, en ce sens que les emprunteurs s'engagent à servir l'intérêt deux années encore après la fin de l'amortissement, pour subvenir au fonds de réserve, et à payer 26 kreutzers par 100 florins (97 centimes par 215 francs, environ 1/2 p. o/o) du capital encore dû par eux, si l'association éprouve des pertes. C'est un *maximum* au-dessous duquel on peut rester, mais qu'on ne peut franchir. Cette association a créé, à la vérité, un fonds de réserve, à l'aide d'une foule d'accessoires qui sont considérés par M. Royer comme plus inintelligibles qu'onéreux, en définitive, puisque les emprunteurs profitent seuls des bénéfices de l'association, accumulés dans son fonds de réserve, et qui ont l'inconvénient très-grave d'augmenter la contribution annuelle des emprunteurs, et de les détourner de l'association, pour une question de forme, sans clarté comme sans utilité.

V.

RÉFUTATION DES OBJECTIONS.

Ceux qui objectent, contre une meilleure organisation de crédit, l'absence du goût des améliorations agricoles et l'extrême amour de possession chez le petit cultivateur, ont dit aussi que le système de crédit pratiqué en Allemagne est loin de n'avoir eu que des avantages. Suivant eux, si d'une part il a fait baisser le taux de l'intérêt, de l'autre il aurait souvent fourni aux propriétaires le moyen de s'endetter et de se ruiner. Il importe de remarquer, Messieurs, que l'on confond ici deux phases des institutions de crédit d'Allemagne. Les inconvénients signalés se sont produits dans la première période, et, selon le témoignage des hommes qui ont étudié de près ces institutions, ils étaient dus, non au système de crédit, mais au défaut d'amortissement, à la faculté de demander le remboursement intégral aux emprunteurs, et à l'obligation d'opérer ce remboursement à la demande des prêteurs, toutes choses incompatibles avec un bon système de crédit foncier.

Ensuite, serait-il vrai que le succès des institutions dont il s'agit soit sans signification quant à la Belgique, à cause de la différence qui existerait entre elle et les pays du nord de l'Allemagne, où l'industrie manufacturière et les rentes sur l'État ne détourneraient pas les capitaux du placement hypothécaire? Mais rappelons-nous les 54 millions que la propriété foncière emprunte, chaque année, dans des conditions que nous avons montrées aussi défavorables aux créanciers qu'aux débiteurs. Et n'est-ce rien non plus que les 800 millions qui grevaient déjà le sol en 1848? En supposant que, par le système du projet de loi, le crédit territorial ne dût pas recevoir de plus grande extension que par le passé, mais que l'action de la caisse embrassât successivement tout ce qui est placé aujourd'hui à 4 p. o/o et au delà, ne serait-ce pas un assez beau résultat à poursuivre qu'une réduction de

4,505,644 fr. 70 cent. sur les intérêts de la dette actuelle, ainsi que l'extinction de 785,603,956 francs, au moyen d'un déboursé réel de 322,097,622 francs, avantage auquel il faut ajouter l'abaissement de l'intérêt au taux uniforme de 4 p. o/o pour les emprunts que la propriété foncière ferait à l'avenir, toujours sous l'influence bienfaisante d'un amortissement résolvant la difficulté des remboursements a échéance fixe?

Cependant n'y a-t-il pas d'autres capitaux qui, sans rechercher aujourd'hui les rentes sur l'État, ni répondre à l'appel de l'industrie et du commerce, viendraient s'accumuler avec les capitaux qui demandent un gage immobilier? Nous avons eu occasion de parler de l'effet d'une distribution plus égale de ces derniers capitaux; il y a aussi une foule de petits capitaux, de 100 à 300 francs, par exemple, auxquels le gage hypothécaire se refuse assez généralement. Une partie de ces capitaux, actuellement improductifs, rechercheraient les lettres de gage, dont les petites coupures leur offriraient le placement désiré. Une autre partie de ces petits capitaux afflue à la caisse d'épargne, instituée dans le but de recevoir les épargnes hebdomadaires ou mensuelles des classes ouvrières. Enfin la caisse d'épargne elle-même présentera une ressource notable pour le crédit foncier : au lieu de convertir ses fonds, comme on l'a vu, en valeurs d'une réalisation difficile, sinon impossible, au lieu de les exposer aux chances des entreprises industrielles, cette caisse trouvera dans les lettres de gage un placement qui répondra mieux à toutes les éventualités, car ces valeurs seront, beaucoup moins que les autres, affectées par des crises.

En terminant, Messieurs, nous croyons pouvoir répéter ce que le Gouvernement disait, en vous présentant la loi sur la banque nationale : « L'institution du « crédit foncier, qui offrira un placement sûr pour les « dépôts des caisses d'épargne, doit procurer à la pro- « priété, à des conditions favorables, des capitaux des- « tinés à féconder la terre. En diminuant le taux des « emprunts sur hypothèque, en accordant des sécurités « plus grandes aux prêteurs, et aux débiteurs les moyens « de se libérer à l'aide d'un amortissement à long terme, « l'institution du crédit foncier développera de nou- « velles sources de bien-être pour le pays. »

Le Ministre des finances,

FRÈRE-ORBAN.

PROJET DE LOI.

« Léopold, Roi des Belges, etc.

« Art. 1er. Il est institué un établissement de crédit, ayant pour objet de faciliter les emprunts sur hypothèques et la libération des débiteurs.

« Il porte le nom de *Caisse de crédit foncier.*

« 2. Les opérations de la caisse consistent :

« 1° A délivrer sur hypothèque des lettres de gage ;

« 2° A recouvrer les annuités ;

« 3° A servir les intérêts des sommes prêtées, et à amener la libération des débiteurs par l'amortissement des capitaux.

« 3. Les lettres de gage sont de 100 francs, 200 francs, 500 francs et 1,000 francs.

« Elles sont nominatives ou au porteur.

« Elles portent un intérêt de 4 p. o/o payable par semestre.

« 4. Tout emprunteur s'oblige envers la caisse à payer annuellement, en deux termes égaux, 5 et 1/4 p. o/o du capital nominal. L'excédant de cette annuité sur l'intérêt fixé par l'article 3 reçoit la destination suivante :

« Un p. o/o est consacré à l'amortissement du capital ; 1/8 p. o/o est versé au trésor public à titre de droits d'enregistrement et d'inscription ; 1/8 p. o/o est retenu par la caisse pour faire face aux frais de recouvrement et d'administration.

« 5. Deux fois par an la caisse rembourse des lettres de gage jusqu'à concurrence des sommes disponibles à cet effet. Ces lettres sont désignées par le sort et remboursées à l'expiration du semestre qui suit le tirage ; elles cessent de porter intérêt à partir de cette époque.

« 6. L'annuité déterminée par l'article 4 doit être payée pendant quarante-deux années.

« Si, à la fin de la quarante-deuxième année, la situation de la caisse présente un bénéfice, il est fait restitution au débiteur de ce qu'il a payé pour le temps écoulé depuis l'extinction de sa dette.

« En cas de perte, le débiteur n'est tenu d'y contribuer que jusqu'à concurrence d'une quarante-cinquième annuité.

« Chaque moitié d'annuité doit être acquittée avant la fin du cinquième mois du terme semestriel.

« Toute somme non acquittée à l'échéance est passible d'un intérêt annuel de 5 p. o/o; cet intérêt sera dû pour chaque semestre commencé.

« Avant la fin du cinquième mois de chaque semestre, le débiteur peut rembourser, soit en numéraire, soit en lettres de gage, la totalité ou une partie du capital non encore amorti. Dans ce cas, il est tenu, pour sa libération définitive, d'acquitter un semestre d'intérêt du montant des sommes en numéraire qu'il aura payées par anticipation pour l'amortissement.

« 7. L'hypothèque consentie au profit de la caisse doit avoir le premier rang.

« L'emprunt en lettres de gage ne peut excéder :

« 1° Pour les propriétés bâties et pour les bois et forêts, le quart de leur valeur;

« 2° Pour les autres immeubles, la moitié.

« Sont exclus les immeubles par destination.

« Les bâtiments doivent être assurés contre l'incendie par une compagnie agréée par la caisse, et l'indemnité éventuelle de sinistre lui sera déléguée.

« En aucun cas, la valeur du gage hypothécaire ne peut être inférieure à 1,000 francs.

« 8. La valeur des immeubles de la première catégorie est constatée par experts, aux frais du propriétaire; le choix des experts appartient à la caisse.

« La valeur des immeubles de la seconde catégorie est déterminée par un capital formé de quarante fois le revenu cadastral. Toutefois, si le propriétaire le demande, l'expertise aura lieu également à ses frais.

« 9. Si les immeubles affectés à l'hypothèque ont péri ou ont éprouvé des dégradations, de manière qu'ils soient devenus insuffisants pour la sûreté de la caisse, elle a le droit de réclamer le remboursement de sa créance.

« Néanmoins, si la perte ou les dégradations ont eu lieu sans la faute du débiteur, celui-ci sera admis à offrir un supplément d'hypothèque.

« La caisse règle le mode d'aménagement des bois et forêts; elle peut, en outre, exiger que l'exploitation ait lieu sous la surveillance de l'administration forestière, aux frais du propriétaire, qui doit s'entendre avec cette administration.

« Toute infraction au mode d'aménagement rend aussi la dette exigible.

« 10. La caisse instruit les demandes d'emprunt avec le concours du département des finances.

« 11. L'acte d'obligation est reçu par un notaire au choix de l'emprunteur.

« En vertu de la grosse de cet acte, dont la remise est constatée au registre de dépôt, le conservateur des hypothèques prend, sans bordereau et sous sa responsabilité, inscription au profit de la caisse pour le capital, deux annuités et les frais éventuels. Le lendemain de cette inscription, le conservateur s'assure, également sous sa responsabilité, qu'aucune aliénation n'a été réalisée, ni aucune inscription prise au préjudice de la caisse depuis la date du certificat ou de l'état de charges produit à l'appui de la demande d'emprunt. Le même jour il délivre les lettres de gage à l'emprunteur. Cette délivrance est constatée par une déclaration au pied de la grosse, et si l'emprunteur ne sait signer, elle est attestée par le conservateur et deux témoins.

« 12. Si les immeubles sont situés dans le ressort de plusieurs bureaux d'hypothèques, la délivrance des lettres de gage a lieu au bureau dans le ressort duquel se trouve la plus grande partie des immeubles, eu égard à la valeur déterminée conformément à l'article 8. Elle n'est effectuée qu'après l'inscription de l'hypothèque das les divers bureaux, et chaque conservaeur constate l'inscription au pied de la grosse ou d'une expédition de l'acte d'obligation, sous la double responsabilité prévue par l'article précédent.

« 13. Pour obtenir des lettres de gage sur des immeubles grevés, le propriétaire peut autoriser le conservateur des hypothèques à les négocier au cours du jour, et à employer le produit aux payements des créances au rang desquelles la caisse doit être subrogée.

« Le payement fait à l'acquit du propriétaire grevé opère de plein droit la subrogation de la caisse dans les priviléges et hypothèques des créanciers payés.

« 14. Le propriétaire peut, dans le cas de l'article précédent, et à ses frais, faire sommer les créanciers de se présenter au bureau de la conservation des hypothèques, à l'effet de recevoir les sommes qui leur sont dues, dans les dix jours qui suivront le délai d'un mois à compter de la date de la sommation. Ce délai sera augmenté à raison des distances, conformément à l'article 1033 du Code de procédure civile. Toutefois, si le contrat existant stipulait un terme plus long en faveur du créancier, celui-ci pourrait s'en prévaloir.

« A défaut par les créanciers de s'être présentés dans les dix jours fixés pour le payement, les sommes qui leur sont dues sont déposées à la caisse des dépôts et consignations. Dans la huitaine, le débiteur fait assigner les créanciers, en validité de la consignation, devant le tribunal de l'arrondissement où le bureau des hypothèques est établi; ce tribunal prononce en dernier ressort, et met les dépens à charge de la partie succombante.

« La consignation déclarée valable emporte la libération du débiteur et la subrogation de la caisse nationale du crédit foncier dans les priviléges et hypothèques des créanciers.

« Sur la production du jugement passé en force de chose jugée, le conservateur liquide avec le débiteur.

« 15. Les inscriptions dont la caisse a obtenu le rang par cession ou subrogation sont renouvelées en son nom par une seule inscription pour le capital nominal des lettres de gage délivrées au propriétaire ou employées à son profit, pour deux annuités et les frais éventuels.

« 16. L'annuité déterminée par l'article 4 se prescrit par trente ans à compter du jour de l'échéance.

« Les inscriptions prises au profit de la caisse sont dispensées de tout renouvellement.

« 17. La caisse est autorisée à faire opérer ses recouvrements par les agents du département des finances.

« Elle jouit, après le trésor public, d'un privilége sur les fruits et revenus des immeubles hypothéqués, indépendamment de son action hypothécaire.

« 18. L'action hypothécaire de la caisse n'est suspendue dans aucun cas, nonobstant toute disposition des lois existantes.

« La caisse est affranchie des formes ordinaires de l'expropriation forcée et de l'ordre entre les créanciers.

« Pour arriver à la vente des immeubles affectés à la sûreté de sa créance, la caisse fait notifier au débiteur un commandement dans la forme prévue par l'article 673 du Code de procédure civile.

3.

« A défaut du payement dans la quinzaine, le débiteur est assigné devant le tribunal de la situation des biens ou de la plus grande partie des biens.

« Le tribunal prononce en dernier ressort; il ordonne la vente sous l'observation des formes prescrites pour l'aliénation des biens des mineurs.

« Il y a deux appositions d'affiches à quinze jours d'intervalle. La première apposition est dénoncée au débiteur et aux créanciers inscrits, et ils sont sommés de prendre communication du cahier des charges. ·

« En vertu d'une ordonnance du président du tribunal, rendue sur simple requête, l'acquéreur acquitte les annuités dues à la caisse et les frais faits par elle contre le débiteur, suivant taxe du juge.

« L'acquéreur jouit, pour le payement des annuités non échues, des délais accordés au débiteur originaire.

« En cas de vente par lots, s'il y a plusieurs acquéreurs non cointéressés, chacun d'eux ne sera tenu envers la caisse, même hypothécairement, que de la part contributive de son prix. Mais il ne jouit d'aucun délai, pour les annuités non échues, en dehors des limites fixées par l'article 7.

« L'excédant du produit de la vente est distribué ainsi que de droit.

« 19. Les contestations qui pourraient s'élever entre la caisse et ses débiteurs, dans des cas pour lesquels la procédure n'est pas réglée par la présente loi, seront décidées en dernier ressort par deux arbitres amiables compositeurs, nommés par les parties dans l'arrondissement de la situation des immeubles hypothéqués ou de la plus grande partie de ces immeubles. En cas de partage, il sera procédé conformément aux articles 1017 et suivants du Code civil.

« 20. La caisse est autorisée, pour tout ce qui concerne le maniement et l'emploi des sommes recouvrées sur ses débiteurs, à confier le service de caissier à la banque nationale.

« 21. Toutes les opérations de la caisse sont soumises au contrôle de la cour des comptes, par l'intermédiaire du gouvernement.

« Les agents du trésor chargés du recouvrement des annuités de la caisse sont justiciables de ladite cour, et soumis, à raison de leur part respective dans les opérations de la caisse, à toutes les obligations qui incombent aux comptables de l'État.

« La caisse possède à leur charge les mêmes privilèges et hypothèques que le trésor public, et les cautionnements fournis à celui-ci assurent leur gestion envers elle, le tout sauf la préférence du trésor.

« 22. La caisse est dirigée et administrée par un conseil d'administration de cinq membres nommés par le roi.

« 23. Elle est surveillée par six commissaires, dont deux sont nommés par le roi, deux par le sénat et deux par la chambre des représentants.

31.

« La commission est renouvelée par moitié, de trois ans en trois ans.

« Les membres sortants peuvent être réélus.

« 24. A la fin de chaque semestre, la commission administrative expose la situation de la caisse à la commission de surveillance. Les situations semestrielles, ainsi qu'un compte annuel, sont publiés par la voie du Moniteur.

« Les commissaires surveillants vérifient, toutes les fois qu'ils le jugent utile, et au moins une fois par trimestre, la gestion de la commission administrative.

« Ils présentent, chaque année, au Gouvernement, un rapport sur les opérations de la caisse.

« 25. Les lettres de gage sont exemptes du timbre et de l'enregistrement.

« Pareille exemption est accordée aux registres et documents quelconques relatifs à l'administration de la caisse.

« Les actes concernant l'expertise prévue par l'article 8, et ceux faits en vertu des articles 11, 12, 13 et 14, sont exempts de la formalité de l'enregistrement, à l'exception des actes relatifs à l'instance de validité de consignation. Ceux-ci sont visés pour timbre et enregistrés en débet; les droits sont recouvrés sur le créancier succombant.

« Tous actes faits au nom de la caisse, en vertu des articles 17, 18 et 19 sont aussi visés pour timbre et enregistrés en débet.

« 26. Les salaires alloués aux conservateurs des hypothèques, pour les différentes formalités à accomplir
par eux en exécution de la présente loi, sont acquittés
par les emprunteurs au moment de la délivrance des
lettres de gage ou de la liquidation de leur produit.

« 27. Les lettres de gage sont assimilées aux effets
émis par le trésor public pour l'application de l'article
139 du Code pénal.

« 28. Il sera pourvu par arrêté royal, le conseil
d'administration et la commission de surveillance entendus, à l'organisation des services de la caisse, et à
l'application des dispositions de la présente loi.

« Le jour de la mise à exécution de la loi sera fixé
par arrêté. »

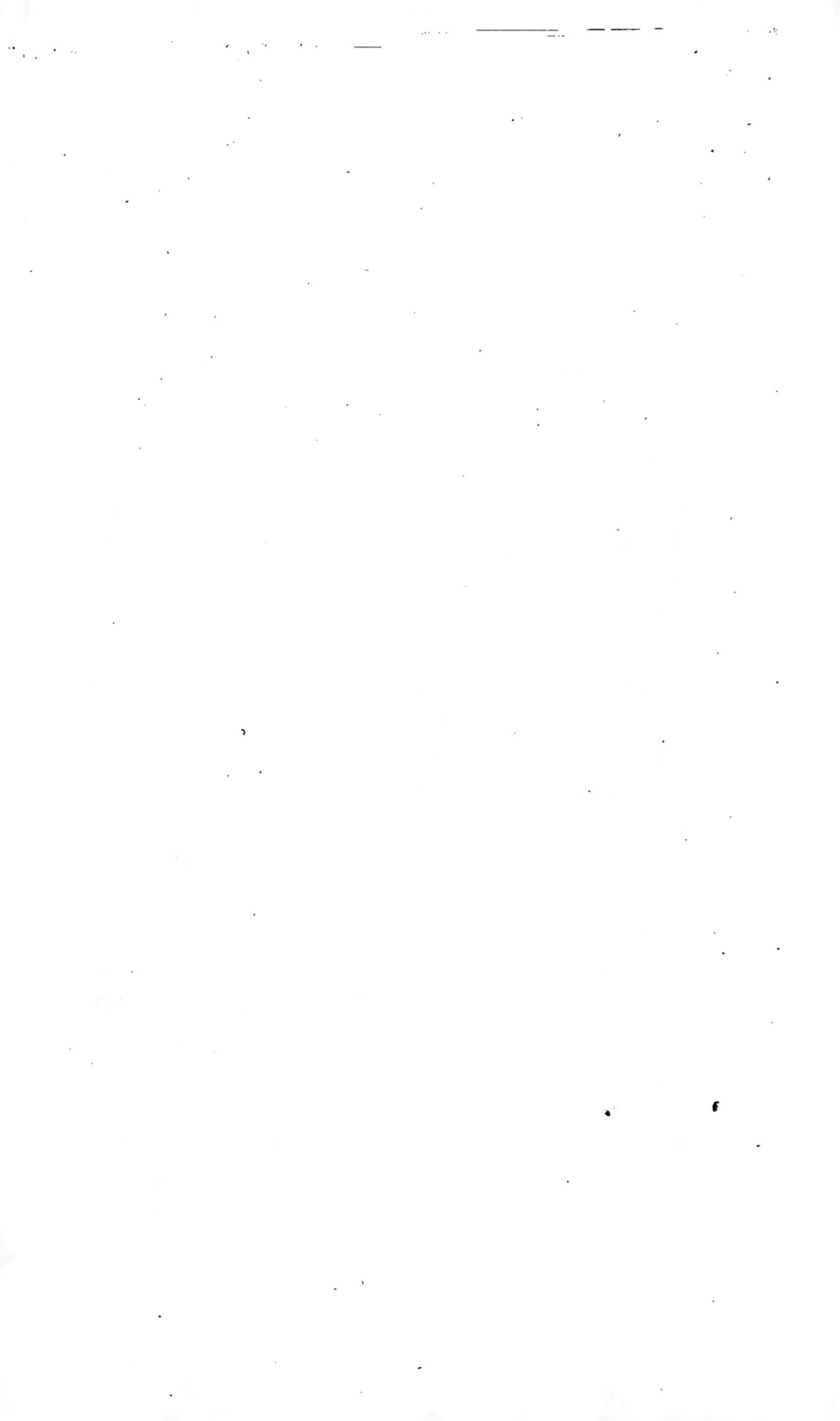

CHAPITRE XV.

ROYAUME-UNI DE GRANDE-BRETAGNE
ET D'IRLANDE.

La Grande-Bretagne n'a point d'institutions de crédit foncier proprement dites; les établissements privés désignés par les économistes sous le nom de *banques agricoles écossaises* n'ont nullement le but et la portée que cette dénomination inexacte semblerait devoir leur attribuer.

On trouve bien, en effet, en Angleterre, en Écosse et en Irlande, dans toutes les villes importantes et les grands centres industriels, des banques locales; mais elles n'ont pas pour objet, comme les associations allemandes, de venir exclusivement en aide à la propriété par des prêts sur hypothèque au plus bas taux d'intérêt possible, avec remboursement du capital à longue échéance par faibles annuités.

Les banques d'Écosse, qui diffèrent sous quelques rapports de celles d'Angleterre, n'ont pas plus que celles-ci droit au titre de banques agricoles : les banques écossaises font, il est vrai, des avances à des agriculteurs; mais ces avances se bornent, en général, aux sommes nécessaires pour le payement des ouvriers ou pour divers achats. Les avances à l'agriculture ne sont nullement le but spécial de la fondation et des opérations des banques écossaises[1].

Diverses causes expliquent l'absence d'institutions de crédit foncier dans la Grande-Bretagne : la constitution de la propriété, l'abondance des capitaux, le faible taux de l'intérêt, l'immense développement donné par les banques au crédit personnel et mobilier, enfin les secours intelligents fournis directement par le gouvernement britannique pour l'amélioration de l'agriculture, pour le drainage, par exemple.

La législation anglaise forme.également obstacle à la création des établissements de crédit foncier. La plus grande partie du sol est aux mains du nombre restreint des familles qui composent la haute aristocratie; les biens appartenant à ces familles sont en général constitués en majorat ou substitués. Ils passent, avec le titre nobiliaire, francs et quittes de toute dette ou charge hypothécaire, à l'aîné des enfants ou successeurs mâles.

Indépendamment de cet obstacle spécial à l'établisse-

[1] Trois actes législatifs règlent l'industrie des banques en Angleterre et en Écosse, ce sont :

L'acte 7, George IV, C. 46, passé en 1826, intitulé : *Acte destiné à régler les associations de certains banquiers en Angleterre,* connu ordinairement sous le titre d'*Acte des sociétés par actions;*

L'acte 7 et 8, Vict. C. 32 passé en 1844, intitulé : *Acte pour régler l'émission de billets de banque, et pour donner à la banque d'Angleterre certains priviléges pour un temps limité;*

L'acte 8 et 9, Vict. C. 38, passé en 1845, intitulé : *Acte destiné à régler l'émission de billets de banque en Écos c.*

ment des institutions du crédit foncier, il existe en Angleterre un obstacle plus général, c'est l'absence de l'hypothèque conventionnelle proprement dite.

Voici comment on procède, en Angleterre, dans les cas où ailleurs on a recours aux hypothèques [1].

Pour garantir au prêteur la restitution de ce qui lui est dû, l'emprunteur lui transfère la possession légale d'un immeuble, et stipule qu'en cas de remboursement du prêt, dans un certain délai, cette possession sera restituée. Ce contrat est appelé *mort-gage* (*mortuum vadium*). Le prêteur, ou *mort-gagé*, n'entre pas toujours en possession *réelle* de l'immeuble ; mais rien n'empêche qu'elle lui soit donnée. Faute de remboursement au jour convenu, l'immeuble est définitivement acquis au prêteur, d'après le droit strict de la *common-law*.

Mais, afin que l'emprunteur, ou *mort-gageant,* ne soit point dépouillé d'un immeuble important, par suite d'un prêt de bien moindre valeur, les *cours d'équité* sont autorisées à interposer leur autorité. Si le *mort-gageant,* offrant le payement réel de sa dette en principal, intérêts et dépens, fait assigner le *mort-gagé* devant une de ces cours, pour obtenir la restitution de son immeuble, il peut être fait droit à sa demande.

Aux termes du statut des troisième et quatrième

---

[1] Le renseignement qui suit est extrait des *Documents relatifs au régime hypothécaire,* publiés par ordre du ministre de la justice en 1844. (Paris, Imprimerie royale.)

années de Guillaume IV, chap. XXVII, sect. 28, cette action de l'emprunteur n'est plus recevable après le délai de vingt ans, à partir du jour où, conformément au contrat, le prêteur est entré en possession de l'immeuble engagé, ou du jour où il a reconnu par écrit le droit du *mort-gageant* de réclamer la restitution de cet immeuble, sauf au *mort-gagé* à rendre compte des fruits qu'il aura perçus. D'un autre côté, il est permis à celui-ci, tant que le prêt ne lui a pas été remboursé, de porter devant les cours d'équité une action tendant à contraindre l'emprunteur, ou à lui rembourser la somme prêtée, ou à compter avec lui relativement aux fruits, dans un délai fixé par la cour, faute de quoi le *mort-gageant* sera définitivement forclos de la faculté de réclamer la restitution de l'immeuble.

Le propriétaire d'un immeuble peut constituer plusieurs *mort-gages* publics fictifs, qui prennent rang suivant leur date ; mais rien n'oblige à rendre ces *mort-gages* publics, et la répression des fraudes auxquelles ils donneraient lieu appartient aux cours d'équité.

On comprend que des institutions de crédit foncier prêtant exclusivement sur hypothèque n'aient pu s'établir dans un pays où la propriété du sol est constituée dans ces conditions.

Les agriculteurs, les fermiers, trouvent d'ailleurs, dans les nombreuses banques établies dans les comtés, et sur leur garantie personnelle, tous les capitaux qui leur sont nécessaires pour parer aux plus pressants besoins, à un taux qui varie de 2 1/2 à 4 p. o/o.

Enfin, dans ces derniers temps, le gouvernement anglais s'est efforcé de suppléer à l'absence d'institutions de crédit foncier, en rendant directement à l'agriculture une partie des services qu'elle aurait pu retirer de ces institutions.

Par ses actes relatifs au *drainage* (*Drainage acts*, 9 et 10 Victoria, chap. 21, juillet 1845), le parlement a autorisé le gouvernement anglais à prêter à l'agriculture, dans le but de favoriser l'opération du drainage, 1° une somme de 2 millions sterlings pour l'Angleterre et l'Écosse ; 2° une somme de 1 million sterlings pour l'Irlande.

Ces prêts, comme ceux des établissements de crédit foncier, ont été stipulés remboursables par annuités et à longues échéances.

De nouvelles demandes d'emprunt, s'élevant à un demi-million sterlings, ayant encore été formées après l'épuisement des fonds, le parlement a voté un dernier acte (le 1er août 1849) dans le but de provoquer et de faciliter le prêt de cette somme par des particuliers.

Ces avances ont exercé une heureuse influence sur l'amélioration des terres dans le Royaume-Uni ; elles ont rendu surtout les plus grands services aux propriétaires de biens substitués, qui ne pouvaient emprunter aucunes sommes pour l'amélioration de leurs domaines. L'empressement que les propriétaires anglais et écossais ont mis à profiter de ces avances démontre que ces lois ont pourvu à l'un des besoins réels du pays.

Il existe en Angleterre et en Irlande des *sociétés de prêts* destinées à venir en aide aux petits cultivateurs.

Ces sociétés rentrant dans la catégorie des établissements de crédit personnel agricole, nous les décrirons dans la seconde partie de ce volume.

CHAPITRE XVI.

TABLEAU ANNEXE.

SIÉGE DE L'ASSOCIATION.	DOTATION.	TAUX DE L'INTÉRÊT servi par l'association au prêteur.
PRUSSE.		
Association provinciale de Silésie...................	1,125,000	1770 : 5 p. 0/0 ; 4 2/3 p. 0/0 ; 1788 : 4 p. 0 1840 : 3 1/2 et 3 1/3 p. 0/0.
——— des marches de Brandebourg,............	750,000	1777 : 4 p. 0/0 ; 1836 : 3 1/2 p. 0/0...
——— de Poméranie.......................	750,000	3 1/2 et 3 1/2 p. 0/0................
——— de la Prusse occidentale................	750,000	1787 : 4 p. 0/0 ; 1838 : 3 1/2 p. 0/0...
——— de la Prusse orientale................	»	1788 : 4 p. 0/0 ; 1838 : 3 1/2 p. 0/0...
——— de Posnanie.....................	»	1821 : 4 p. 0/0 ; 1842 : 3 1/2 p. 0/0...
——— de la Westphalie....................	1,193,890	Mécanisme trop complexe pour être expliq ici.
Institut. royale de crédit de Silésie avec garantie de l'État.	1,125,000	1835 : 4 p. 0/0 ; 1843 : 3 1/2 p. 0/0...
Caisse d'encouragement de Brandebourg.............	»	
——— de Coslin............................	1,125,000	
——— de la Prusse orientale....................	279,300	
——— de Poméranie........................	»	
——— de Paderborn	»	
HANOVRE.		
Association de Hanovre......................	»	3 1/2 p. 0/0....................
——— de Calenberg	«	Idem.....................
——— de Hadeln........................	»	Idem.....................
——— de la Frise orientale..................	»	Idem.....................
AUTRES ÉTATS.		
Association de Mecklenbourg.....................	»	Idem.....................
——— de Saxe........	»	Idem.....................
——— de Bavière	»	Idem.....................
Huit succursales de cercle en Bavière...............	136,960	Le taux de la prime se traite de gré à gré.
Association de Wurtemberg.....................	«	3 1/2 p. 0/0....................
——— de la Hesse électorale................	»	3 et 3 1/2 p. 0/0 ....
——— de Bade pour le rachat des dîmes	»	3 3/4 p. 0/0....................
——— de Nassau..'........................	»	3 1/2 p. 0/0....................
——— de Hambourg......................	»	Idem.....................
——— de Gallicie (Autriche)..................	»	4 p. 0/0.......................

TAUX de l'intérêt servi par l'emprunteur à l'association.	AMORTISSE-MENT.	FONDS de réserve.	LETTRES DE GAGE EN CIRCULATION.
4 p. 0/0.	1/2 p. 0/0.	750,000ᶠ	1782 : 6,333,338ᶠ; 1806 : 90,000,060ᶠ; 1839 : 153,232,218ᶠ.
4 p. 0/0.	"	"	1787 : 13,838,062ᶠ; 1837 : 44,557,338ᶠ.
4 1/2 p. 0/0.	1 p. 0/0.	"	1792 : 19,649,625ᶠ; 1837 : 55,602,844ᶠ.
4 p. 0/0.	1/2 p. 0/0.	"	1806 : 33,375,000ᶠ; 1837 : 38,836,530ᶠ.
4 p. 0/0.	1/2 p. 0/0.	"	1837 : 42.164,250ᶠ.
5 1/4 p. 0/0.	1 p, 0/0.	1,796,520	1844 : 50,802,500ᶠ.
4 3/24 p. 0/0.			
5 p. 0/0.	1 1/4 p. 0/0.	"	1838 : 3,337,500ᶠ.
4 1/4 p. 0/0.	1/2 p. 0/0.	1/4 p. 0/0.	
4 1/2 p. 0/0.	1 p. 0/0.	1/2 p. 0/0.	
4 1/2 à 5 p. 0/0.	1/4 p. 0/0.		
5 p. 0/0.	1 p. 0/0.	1 1/4 p. 0/0.	
4 1/2 p. 0/0.	"	"	1846 : 15,043,680ᶠ.
3 5/6 p. 0/0.	1/2 p. 0/0.	"	1846 : 3,750,188ᶠ.
4 1/2 p. 0/0.	1/2 p. 0/0.		
De gré à gré.			
4 2/3 p. 0/0.	1/2 p. 0/0.	758,174	1846 : 11,930,930ᶠ.
4 1/2 à 5 p. 0/0.	1/2 p. 0/0.	"	1841 : 37,988,254ᶠ.
6 p. 0/0.	1 1/4 p. 0/0.	"	1840 : 1,342,910ᶠ.
5 p. 0/0.	1 p. 0/0.	"	1840 : 6,420,000ᶠ.
5 1/4 p. 0/0.	1 p. 0/0.	1,465,820	1843 : 11,414,016ᶠ.

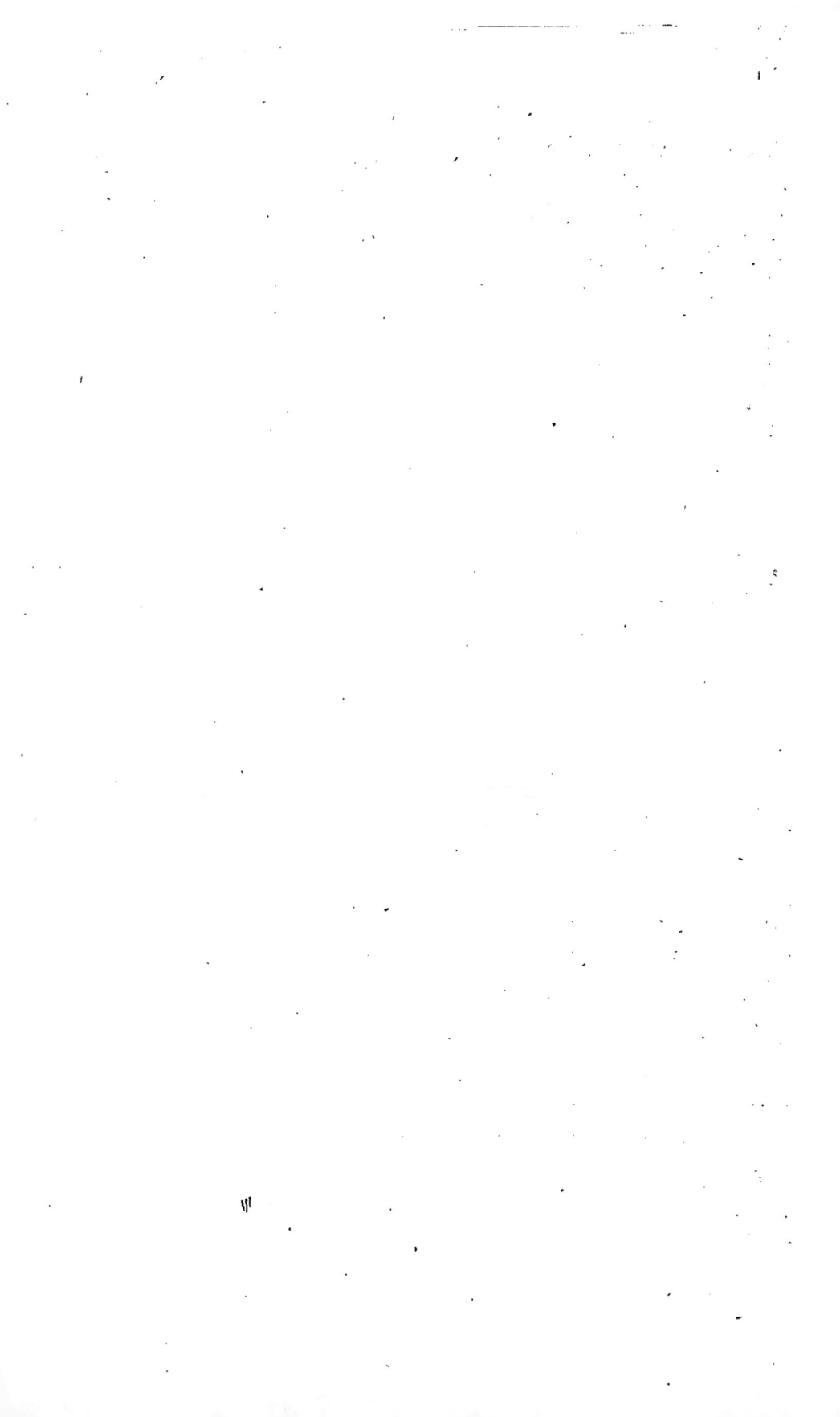

DEUXIÈME PARTIE.

INSTITUTIONS DE CRÉDIT AGRICOLE,

OU PERSONNEL ET MOBILIER.

INTRODUCTION.

Les institutions dont nous avons exposé le mécanisme et les résultats dans la première partie de ce
volume ont exclusivement pour objet de favoriser le
développement du crédit foncier proprement dit, c'est-
à-dire le crédit basé sur la garantie hypothécaire. Il
nous reste à faire connaître les documents qui sont
parvenus au ministère de l'agriculture et du commerce
sur une autre espèce d'institutions, qui existent dans
un grand nombre de pays : ce sont celles spécialement
destinées à venir en aide au crédit agricole, c'est-à-dire
au crédit basé sur la garantie personnelle ou mobilière du cultivateur.

Ces établissements sont le complément nécessaire
de ceux du crédit foncier. Leur but est de fournir au

petit propriétaire, au fermier, au simple ouvrier même, qui n'a d'autre garantie que sa moralité, les secours que les institutions fondées sur le crédit hypothécaire ne peuvent leur procurer. Ils rendent de très-grands services à l'agriculture et aux industries qui s'y rattachent; ils abaissent le taux de l'intérêt, ils mettent un frein à l'usure, et, dans ces derniers temps, ils ont puissamment contribué à amoindrir les effets des crises provoquées soit par la disette de 1846 et 1847, soit par les commotions politiques de 1848.

Le rapport de M. Royer contient des renseignements sur les institutions de crédit agricole qui fonctionnent dans le duché de Bade, dans le Wurtemberg et en Bavière. Des institutions analogues existent également en Russie, dans la Hesse-Darmstadt et en Irlande. Nous publions plus loin les documents qui les concernent; mais nous croyons devoir auparavant décrire en quelques mots l'ensemble de ces divers établissements.

Duché de Bade. — Le duché de Bade possède des banques agricoles. Elles ont été fondées dans le but de prêter de l'argent aux cultivateurs pour acheter des bestiaux, moyennant un intérêt de 6 p. o/o en général. A cause de l'insuffisance des garanties, presque toutes ces caisses sont devenues des banques communales.

L'administration reste propriétaire des animaux achetés avec son argent, jusqu'au parfait rembourse-

ment : ce qui la dispense de toutes poursuites judiciaires en cas de retard des débiteurs dans les payements (Royer, p. 51-56). Pour éviter des pertes trop
considérables, les banques exigent l'assurance du bétail aux frais du cultivateur.

La caisse d'épargne d'Heidelberg a été autorisée à
employer ses fonds disponibles en prêts à l'agriculture
pour l'acquisition du bétail. Le capital des caisses d'é-
pargne tendant toujours à s'accroître, cet emploi des
fonds pourra probablement, dans l'avenir, rendre des
services importants.

Quant aux caisses communales, il faut reconnaître
que dans le duché de Bade elles n'ont pas produit tout
le bien que l'on en espérait. En voici la principale
raison : dans ce duché, on entretient surtout des vaches
laitières ou d'élève. Le capital emprunté ne se refait
pas assez vite pour permettre au cultivateur de se libérer sans amortissement. Les bienfaits de ces caisses
se font sentir surtout dans les pays où l'on engraisse
les bestiaux : la vente de l'animal engraissé ayant lieu
dans l'année même du prêt qui a servi à l'acquisition,
et le produit de la spéculation étant ainsi promptement
réalisé, le cultivateur peut rembourser facilement le
capital emprunté avec un intérêt même élevé. Aussi
voyons-nous, en France, dans certains pays du centre
où l'on fait le commerce des bestiaux, dans la Nièvre,
par exemple, des banques particulières s'établir et
faire beaucoup d'opérations, malgré le taux usuraire

32.

de leurs avances (25, 30 et 40 p. o/o). L'institution
de banques agricoles, assujetties à de certaines règles,
réussirait dans ces pays et ramènerait l'intérêt à un
taux normal.

Wurtemberg. — La propriété est encore plus divisée
dans le royaume de Wurtemberg, et particulièrement
dans la partie basse, qu'elle ne l'est en France. La
petite propriété, dont les besoins sont si fréquents, ne
pouvait obtenir aucun secours de la caisse hypothécaire, qui ne doit pas, aux termes de ses statuts,
prêter moins de 2,000 florins (4,300 francs) sur un
immeuble valant au moins le double. Aussi l'usure
s'était-elle répandue dans les campagnes; elle s'exerçait
principalement sur les malheureux, pour des prêts au-
dessous de 500 francs. Il était devenu nécessaire d'en
combattre les désastreux effets. C'est dans ce but que
les communes ont eu l'heureuse idée de se substituer
aux spéculateurs pour l'escompte des traites.

Banques   Des banques communales se sont établies afin de
communales. suppléer à l'insuffisance des institutions de crédit foncier proprement dites, et de faire pour la petite propriété ce que ces institutions font pour la grande et la
moyenne.

Ces banques empruntent, sous la garantie de la
commune, à un taux assez modique, les capitaux nécessaires pour faire des avances à la petite propriété.

Elles prêtent des fonds à 4, 4 1/2 p. o/o au plus,

jusqu'au minimum de 100 florins (215 francs), et offrent toutes les facilités possibles aux emprunteurs pour le remboursement, qui peut être, à leur volonté, partiel, total ou par annuités, comme à l'association de crédit de Stuttgart.

Elles prêtent, spécialement pour l'acquisition de bestiaux, à 3 1/2 et 4 p. o/o.

Des sommes considérables sont constamment offertes aux banques communales à 3 et 3 1/2 p. o/o, non-seulement par les capitalistes wurtembergeois, mais aussi par les capitalistes étrangers, et principalement par les Bâlois, qui trouvent dans ce placement toute espèce de garantie et le préfèrent à d'autres plus lucratifs.

Ces banques communales servent d'intermédiaires entre les prêteurs et les emprunteurs, afin de modérer les prétentions des premiers dans l'intérêt des habitants du pays. Elles s'administrent elles-mêmes comme elles l'entendent; elles ne sont point solidaires les unes des autres.

Elles sont placées seulement sous la surveillance des préfets ou administrateurs généraux des districts.

Il existe, en outre, dans le Wurtemberg, des caisses d'épargne qui payent 4 p. o/o d'intérêt des sommes qui leur sont déposées, et qu'elles prêtent en général à l'industrie manufacturière, sur hypothèque. *Caisses d'épargne.*

On rencontre aussi dans ce pays de nombreuses associations de bienfaisance établies pour le patronage des *Associations philanthropiques.*

condamnés, des libérés, des orphelins, des ouvriers qui veulent s'établir. L'État lui-même encourage par des avances sans intérêt la fondation d'usines nouvelles.

Enfin, des compagnies particulières, généralement mutuelles, assurent contre la grêle, les épizooties, l'incendie. Les maîtres sont contraints de faire assurer leurs domestiques contre les chances de maladies.

L'assurance contre l'incendie des immeubles est obligatoire, moyennant une prime ou impôt modique prélevé par le gouvernement. (Voy. Royer, p. 140 et suiv.)

Bavière. — La banque bavaroise hypothécaire et d'escompte doit être rangée parmi les établissements mixtes.

Ses opérations sont à la fois basées sur le crédit hypothécaire et sur le crédit personnel; mais elles n'ont pas pour but, comme les banques communales du Wurtemberg, de venir plus spécialement au secours des agriculteurs que de tous autres habitants.

Nous avons fait connaître, dans la première partie de ce volume, la nature et l'ensemble des opérations de cette banque.

Il existe en outre des caisses de secours établies dans chaque cercle du royaume.

Ces caisses sont des établissements charitables, dont le but est de venir en aide aux cultivateurs qui méritent intérêt par leur moralité.

Elles prêtent de petites sommes sur gage ou caution, d'après l'avis du comité de bienfaisance et sur le consentement de l'autorité du cercle.

Ces avances sont remboursables à long terme avec intérêt modique.

Il est difficile d'apprécier l'importance des opérations de ces établissements de pure bienfaisance, qui ne publient aucun compte rendu de leurs opérations, bien que leurs capitaux soient considérables.

Russie. — La banque des paysans de l'île d'Œsel a été instituée dans le but :

1° De favoriser la fondation d'établissements d'utilité publique et de secours pour les paysans ;

2° De faire à ces derniers les avances nécessaires pour nourriture et semailles ;

3° De favoriser les desséchements des marais et les défrichements des terres incultes.

Elle est placée sous la juridiction du ministre de l'intérieur et sous la surveillance du gouverneur général de la Livonie.

Elle est administrée par une commission composée du *landrath* résidant, du landrath maréchal, du directeur de l'économie et de son fiscal.

Son capital est de 58,300 roubles, auxquels il faut ajouter 14,000 roubles promis par la noblesse, et payables avec intérêts à des échéances déterminées.

Le capital est employé de la manière suivante :

1° En argent, pour la formation d'établissements d'utilité générale et de secours aux paysans;

2° En blés en magasins, 5,000 loofs[1] au moins, et 10,000 au plus;

3° En un fonds de 10,000 roubles argent, pour défrichements et dessèchements de marais.

Les fonds ne sont alloués qu'après enquête préalable de la commission et avec le consentement des autorités supérieures.

Les allocations ne peuvent être au-dessous de 25 roubles, ni dépasser 200.

Les blés sont prêtés à intérêt de $1/12^e$ ou donnés en pur don au paysan ruiné par un sinistre.

Caisses
épargne
de prêt.

Hesse-Darmstadt et pays de la rive gauche du Rhin.— Il existe une caisse d'épargne et de prêt dans chaque circonscription de cercles ou d'arrondissements (sous-préfectures).

Ces caisses fournissent aux journaliers et domestiques un placement sûr;

Elles procurent aux habitants pauvres de petits prêts à l'intérêt légal.

Le capital provient des dépôts des sommes fournies par les communes et des versements des fondateurs.

La gestion est confiée à un conseil d'administration, sous le contrôle d'un comité.

---

[1] Le *loof* ou *lof* de l'île d'OEsel contient 63 litres 83 centièmes.

Les prêts sont de 10 à 100 florins au maximum, à 5 p. o/o d'intérêt annuel.

Ils sont consentis sur simple reconnaissance de l'emprunteur assisté d'une caution solvable.

Le remboursement s'effectue par dixièmes, en trois années, à raison de 1/3 par an.

Le débiteur, dans des cas déterminés, peut être tenu de rembourser trois mois après dénonciation.

Toutes ces caisses, qui rendent d'immenses services aux habitants pauvres des campagnes, ont résisté à la crise causée par la disette de 1846 à 1847 et à celle produite par les événements politiques de 1848. Elles sont aujourd'hui dans une situation prospère.

Irlande. — Les sociétés de prêts en Irlande ont Sociétés de p... pour but de venir au secours des petits cultivateurs, petits marchands, terrassiers et ouvriers, par des avances d'argent remboursables par faibles parties et à un intérêt modique.

Toutes ces sociétés sont placées sous le contrôle d'un bureau central établi à Dublin, et dont le lord lieutenant d'Irlande nomme et révoque les membres et employés.

Les fonds de ces sociétés proviennent de donations ou d'emprunts à intérêt; le taux ne peut excéder 5 p. o/o par an.

Au moyen d'obligations transmissibles par voie d'endossement, elles prêtent sur garantie personnelle jus-

qu'à concurrence de 10 livres sterling (250^f). Le taux
le plus élevé est de 4 p. o/o par an.

Les prêts ne sont accordés qu'après enquête préalable sur la moralité de l'emprunteur, et avec l'approbation du comité.

L'emprunteur et ses deux cautions solvables signent
une simple reconnaissance affranchie des droits de
timbre.

Faute de payement à l'échéance, le débiteur est
poursuivi devant le juge de paix de sa résidence ; les
frais ne peuvent jamais dépasser 2 schellings (2^f 50^c).

Si le débiteur ne paye pas après la condamnation,
il est procédé à la vente de ses biens par voie spéciale,
à peu de frais.

Toutes les sociétés sont obligées de faire des rapports annuels sur leur situation.

Les profits, déduction faite du 10e conservé comme
fonds de garantie, sont appliqués à des œuvres charitables, aux hôpitaux, aux pharmacies d'indigents, etc.

CHAPITRE PREMIER.

RUSSIE.

BANQUE DES PAYSANS DE L'ILE D'OESEL

(LIVONIE).

Nous croyons devoir reproduire dans son entier le document suivant, qui renferme l'historique et l'ordonnance constitutive de cette institution.

Voici d'abord l'exposé fait par le ministre [1].

EXPOSÉ DU MINISTRE.

Sur la proposition du gouvernement de Livonie, l'île d'OEsel et l'île de Mohn ont les établissements publics suivants :

Un magasin d'approvisionnement de blé de la couronne sur l'île d'OEsel, à Arensbourg, et sur l'île de Mohn; à Arensbourg, un magasin d'approvi-

---

[1] Nous donnons ce document tel qu'il nous a été adressé, tout traduit. Nous regrettons qu'aucun autre renseignement ne nous ait mis à même de faire disparaître ce qu'il peut avoir d'incomplet.

sionnement sous le nom de magasin d'amélioration.

À Arensbourg, sur le revenu des magasins ci-dessus, on établira la banque des paysans.

Le magasin de la couronne, à Arensbourg, a été fondé d'après le principe de la décision confirmée le 24 mai 1766, pour la révision à faire dans l'île d'OEsel.

Par suite de cette décision, il fut ordonné de ne pas laisser aux fermiers les 4 p. o/o de l'*obrock* (redevance en blé), mais de les remplacer pendant six ans, pour en former les magasins qui doivent fournir les secours tant pour les semailles que pour leur nourriture, par un prélèvement de 12 p. o/o.

Cette épargne, qui fut commencée l'année 1772, continuée les années suivantes, rendit 1,060 *tchetverts*[1] de blé dont on a formé le magasin à Arensbourg.

L'autre magasin de la couronne, sur l'île de Mohn, a été fondé quelque temps après celui d'Arensbourg, avec la confirmation du gouverneur général de Riga et de Reval, prince Repnin. La cause de cette fondation a été l'ordonnance impériale qui a réuni toutes ces terres dans une même enclave.

Mais comme la couronne n'avait pas de fonds pour faire ces changements, le prince Repnin a ordonné de déposer dans les magasins de l'île de Mohn 275 *loofs*

---

[1] Le *tchetvert* contient 209 litres 729 millièmes.

de blé, et il leur assigna encore la somme qui devrait indemniser la couronne des prairies qu'elle avait affermées à ses paysans.

En même temps, le prince Repnin ordonna que les magasins de Mohn donneraient des secours suivant les règles qui régissaient le magasin d'Arensbourg.

Le but de ce magasin d'amélioration était d'employer ses revenus à creuser des fossés et des canaux sur l'île d'Œsel, pour dessécher des marais et défricher des terres incultes.

Le premier fonds de ce magasin fut formé par les confiscations et une partie du superflu des fermages; ce qui formait un total de 570 roubles et 680 tchetverts de blé.

On résolut donc de prêter ce blé comme celui des deux premiers magasins, et de placer l'argent qui resterait.

Depuis leur fondation, ces trois magasins ont prêté des grains aux paysans de l'île d'Œsel, et l'intérêt du douzième les fit considérablement augmenter. Il y avait en 1793, après l'emploi de l'argent pour les deux derniers magasins :

Magasin d'Arensbourg.	3,970 tchetverts.
———— de Mohn.	230 tchetverts.
Idem.	55 roub. argent.
Magasin d'amélioration.	1,630 tchetverts.
Idem.	630 roub. argent.

Mais comme la quantité de blé des deux premiers magasins surpassait les besoins des paysans de la couronne, le prince Repnin ordonna de vendre le surplus, d'en placer l'argent en rentes légales en faveur des paysans de la couronne, et de donner le revenu comme secours à ceux qui en auraient besoin.

Par suite de cette ordonnance, 2,900 tchetverts furent vendus moyennant 11,710 roubles, qui servirent à fonder, en 1793, la banque des paysans de l'île d'Œsel.

Le capital susnommé de cette banque fut placé, et les rentes employées au soulagement des malheurs des paysans, à la guérison et à la destruction des maladies secrètes, etc.

En 1812, cette banque fut placée sous la direction du ministre de la police, sur le rapport du conseil des ministres.

Le capital se montait à 15,485 roubles.

Après que le ministre de la police eut examiné les opérations de la banque, il trouva que cette institution, malgré les bienfaits qu'elle avait répandus sur les paysans d'Œsel, et qu'elle pouvait encore donner, n'était pas solidement fondée.

Le ministre de la police donna alors à la banque, sur le rapport du conseil des ministres, le 20 octobre 1814, le règlement dont les articles principaux sont les suivants :

1° Le capital de la banque doit augmenter par la vente des blés surabondants et par la rente du capital ;

2° Le capital doit être placé d'après les mêmes principes qui régissent le placement des capitaux des établissements de bienfaisance, avec les modifications nécessitées par les besoins des localités;

3° La direction de la banque, ainsi que ses décisions, sont placées sous la surveillance du gouvernement civil, et, pour les circonstances graves, sous celle du gouverneur général; enfin, pour les cas extraordinaires, sous celle du ministre de la police;

4° L'emploi des recettes de la banque est affecté aux secours à donner aux paysans, à la guérison de leurs maladies et à l'établissement de la poste.

Par ce règlement, la banque s'améliora, et, le 1er janvier 1812, elle avait un capital, portant intérêt, de 68,800 roubles argent, et, en argent comptant, 5,860 roubles. Les recettes des années 1819 et 1820 se montèrent à 5,200 roubles, et elle se vit non-seulement en état de satisfaire aux secours mentionnés plus haut, mais encore à de beaucoup plus grands, puisqu'en 1819 elle donna 9,000 roubles.

Lorsqu'à mon entrée au ministère je m'empressai d'examiner ces établissements, j'ai trouvé entre eux une analogie qui permettait une ordonnance qui les comprendrait tous dans les mêmes règlements.

Dans ce but, je me mis en correspondance avec le gouverneur général de Livonie, qui me donna les renseignements suivants :

1° Aux fonds de la banque d'OEsel se trouvaient,

dans les trois premiers magasins, 2,324 tchetverts de blé et 1,781 tchetverts d'orge.

2° La noblesse d'OEsel, d'après les ordonnances sur l'organisation des paysans de Livonie, avait fait la remise, sans exception, des dettes des paysans jusqu'au 1ᵉʳ janvier 1818, et avait demandé, en conséquence, que tous les paysans de la couronne ou des terres particulières jouissent des secours de la banque et des magasins.

Il fut proposé que, pour avoir ce droit, les paysans particuliers d'OEsel devraient contribuer proportionnellement à la formation du capital.

Comme l'exécution de ces propositions souffrait des difficultés, la noblesse d'OEsel offrit de donner 14,000 roubles pour la faciliter.

Par suite, les paysans de la couronne et des terres particulières, d'après l'organisation des paysans libres de Livonie, ne formèrent plus qu'une classe, et eurent un égal droit aux secours des institutions existantes.

Le gouverneur général proposa des règlements sur la gestion de ces institutions et sur la manière de donner des secours.

En considération de tout ce qui a rapport à ces établissements et des propositions du gouverneur général, j'ai jugé utile de comprendre dans une même ordonnance tous les règlements qui se rapportent aux magasins d'OEsel et de Mohn et à la banque des paysans. L'ordonnance ci-dessous donne les règlements suivants :

1° Les magasins doivent être réunis dans une même institution sous le nom de *Banque des paysans de l'île d'OEsel.*

2° L'administration de la banque et la répartition des fonds doivent être confiées, sur les lieux, à une commission composée du landrath résident, du landrath maréchal, du directeur de l'économie et de son fiscal.

3° Cette commission forme, d'après la nature de ses opérations, une instance égale au collége de bienfaisance, et doit se régler, dans tous ses rapports, autant que possible, d'après les ordonnances de ces colléges et jouir de leurs avantages.

4° Trois fonds doivent être formés sous l'administration de cette commission, savoir :

a. Un fonds en argent pour la fondation d'un établissement d'utilité générale et pour le secours des paysans. Il est formé au moyen de l'argent acquis par la banque d'OEsel, ainsi que de celui donné par la noblesse.

b. Un fonds en blé pour secourir les paysans, tant pour leurs semailles que pour leur nourriture. Ce fonds est formé par les trois magasins de l'île d'OEsel et de Mohn, qui désormais n'en feront que deux ; un à OEsel et l'autre à Mohn.

Dans ces deux magasins, il ne doit pas y avoir moins de 5,000 et plus de 10,000 loofs.

c. Un fonds en argent pour le desséchement et le

33

défrichement, qui doit monter à 10,000roubles. Il doit être pris sur la première section du fonds de l'argent de la vente du blé resté dans le magasin d'amélioration, et des 2,260 tchetverts qui s'y trouvaient lors de la réunion de ces magasins.

5° La première section de la banque doit porter intérêt d'après les principes établis pour les établissements de bienfaisance de Livonie. Ces rentes serviront à l'entretien de la banque.

6° Le blé formant le fonds des magasins sera prêté avec l'intérêt de $\frac{1}{12}$, ou donné en pur don.

7° Les blés qui par l'addition du $\frac{1}{12}$ dépasseront la quantité fixée seront vendus, et l'argent ajouté au fonds de la première section. Il peut être encore employé en cas de besoin, et si des circonstances graves l'exigeaient.

8° Les secours en argent et en blé pour les paysans doivent leur être donnés suivant leurs besoins, et exclusivement à ceux qui, d'après le paragraphe 48 de l'organisation des paysans de Livonie, forment la classe des paysans libres de l'île d'OEsel, sans distinction de ceux qui sont sur les terres de la couronne ou sur des terres particulières, ou possèdent un immeuble.

9° La troisième section de la banque, nommée fonds d'amélioration, doit, d'après les principes ci-dessus, rapporter des rentes, comme les deux premiers fonds.

10° Il est du devoir de la commission de rechercher les mesures nécessaires pour le meilleur emploi

du capital et de prendre les informations conscien-
cieuses propres à remplir ce but.

Au cas que Sa Majesté impériale daignât confirmer
ces propositions, il serait pris les mesures nécessaires
pour l'exécution des ordonnances susmentionnées.

Voici maintenant le texte de l'ordonnance constitutive :

I.

DISPOSITIONS GÉNÉRALES.

1. La banque d'OEsel, fondée sous le nom de
banque des paysans de la couronne, sert pour les
paysans de la couronne et pour ceux des terres particulières.

2. Les greniers de réserve fondés à l'île d'Arensbourg et de Mohn, sous le nom de magasins des
paysans de la couronne, et le grenier de réserve fondé
à Arensbourg sous le nom de magasin d'amélioration,
sont réunis à la banque d'OEsel, et forment un institut public qui doit servir pour les paysans de la couronne et pour ceux des terres particulières.

3. La banque d'OEsel et les magasins ci-dessus
mentionnés, réunis en une même institution par cette
loi, sous le nom de banque des paysans d'OEsel, se di-
viseront en trois fonds :

a. Pour la fondation des institutions d'utilité publique et de secours pour les paysans;

33.

b. Pour subvenir à la nourriture et aux semailles des paysans;

c. Pour le desséchement des marais et le défrichement des terres incultes.

4. L'administration de la banque, la formation et l'emploi de ses fonds sont réglés d'après les principes déjà établis pour les établissements de bienfaisance, avec les exceptions et les additions jugées nécessaires.

II.

ADMINISTRATION DE LA BANQUE DES PAYSANS D'ŒSEL.

5. La banque d'Œsel est sous la juridiction du ministre de l'intérieur.

6. La surveillance est confiée au gouverneur général de Livonie.

7. Le comité de son administration est formé par le landrath résident, le landrath maréchal, le directeur et le fiscal de l'économie.

8. Le landrath est le président de la commission. S'il y a égalité de voix dans la commission, celle du président est décisive; mais les autres membres peuvent soumettre leurs opinions, consignées au procès-verbal, au gouverneur civil.

9. Les employés de la chancellerie relèvent et dépendent seulement de la commission.

10. Les dépenses de la chancellerie, aussi bien

pour son entretien que pour les employés, sont soumises au ministre de l'intérieur, qui en juge l'opportunité; la moitié de ces dépenses est supportée par la
noblesse de Livonie.

11. Cette décision, à l'égard du prélèvement sur
la noblesse de l'autre moitié des sommes nécessaires à
l'entretien de la chancellerie, a été prise sur la demande du gouverneur de Riga, en considération de ce
que la noblesse a montré sa bonne volonté à couvrir
les dépenses nécessaires pour cet objet, et parce que
la fondation de cette banque a procuré des avantages
aux paysans des biens particuliers.

12. La commission ouvre ses sessions d'après les
règlements suivants.

13. Il y a quatre sessions ordinaires par an, les
30 mars, 30 juin, 30 septembre et 30 décembre. Si la
nécessité se fait sentir d'une session extraordinaire,
c'est le landrath qui en décide et en fixe l'époque.

14. La commission tient ses séances dans le chapitre d'Arensbourg, et elle y garde aussi sous sa responsabilité les documents de la banque, les magasins,
les créances et, en général, les archives de la commission.

15. La commission dresse procès-verbal de ses
séances, signé de tous ses membres.

16. La tenue des livres, des écritures envoyées et
reçues, les registres des actes et, en général, tous les
papiers de chancellerie sont dirigés par la commission,

conformément aux règles établies pour ces sortes d'affaires.

17. Sous la garde de l'administration de cette commission sont mis les fonds indiqués paragraphe 3 de la banque des paysans, l'argent et les blés, les bâtiments, les terres et établissements existants et ceux qui pourraient être fondés ou acquis à l'avenir.

18. La commission effectue, selon les principes établis par cette ordonnance, l'échange et l'emploi de l'argent et du blé déposé.

19. Si la commission croit utile d'ajouter à ces ordonnances, elle les soumet au gouverneur général par l'entremise du gouverneur civil, et elles sont définitivement approuvées par le ministre de l'intérieur.

20. L'argent comptant est gardé par la commission dans le trésor du cercle, si la maison de la noblesse où les sessions ont lieu n'a pas d'emplacement convenable.

21. L'argent effectif et les documents relatifs aux sommes prêtées seront revisés par tous les membres de la commission dans chaque session.

22 et 23. Les membres de la commission sont responsables des pertes d'argent.

24. Les blés sont gardés dans des magasins *ad hoc*.

25. La commission fait la révision du blé deux fois par an.

26. La commission fait à diverses époques l'inspection des bâtiments et autres dépendances de la banque, et veille à leur conservation.

27. La réception et la délivrance des grains, ainsi que leur surveillance et celle des magasins, sont confiées au commissaire de Mohn et au maître des requêtes, à Arensbourg. Ils ont des appointements pris sur les recettes de la banque.

28. Il sera tenu un livre particulier des recettes de la banque et de ses dépenses, tant pour l'argent que pour le blé, et la commission en donnera le modèle, après en avoir reçu l'autorisation du gouverneur général.

29. La commission doit recevoir les livres timbrés de la chambre des comptes, par l'entremise du gouverneur civil, avant le commencement de l'année.

30. Tous les six mois, un extrait de ces livres est signé par tous les membres et dressé d'après la forme fixée par le gouvernement civil.

41. A la fin de l'année, la clôture des comptes, des livres des recettes et dépenses est remise au gouverneur civil avant le 31 janvier. Ce dernier la remet à la cour des comptes pour être inspectée.

32. Après la révision des livres, la chambre des comptes fait son rapport au gouverneur civil, qui les remet au gouverneur général, pour qu'il ordonne les dispositions nécessaires.

33. D'après ces livres, on fait sur les recettes et dépenses, et sur les opérations de la banque, des *états* signés par tous les membres, et ils sont encore soumis au gouverneur général par le gouverneur civil.

34. Le résultat de l'examen des comptes annuels, ordonné par le paragraphe précédent, sera présenté par le gouverneur général au ministre de l'intérieur, et, dans ce but, il recevra deux exemplaires de ces comptes.

35. La commission prend, comme établissement public, le même rang que le Collège d'institutions de bienfaisance.

36. La commission a ses propres sceaux, aux armes de Livonie, avec l'exergue : « Commission de la banque des paysans d'OEsel ».

37. La commission a la franchise de poste pour les lettres et paquets.

FORMATION DES FONDS.

PREMIÈRE SECTION DES FONDS.

38. La première section de la banque, c'est-à-dire celle pour la fondation d'une institution d'utilité générale et pour les secours des paysans, consiste en argent comptant. Elle est formée par des sommes que la banque a acquises et dont il a été retranché une partie pour en former un fonds particulier, dont il sera parlé dans le paragraphe 44. Il se monte maintenant à la somme de 58,300 roubles.

39. On ajoutera à ce fonds la somme que la no-

blesse d'OEsel a offerte au profit de cette banque,
montant à 14,000 roubles.

REMARQUE. — Cet argent doit être payé avec intérêt par la caisse de la noblesse, aux époques suivantes :

A la publication de cette ordonnance 4,000 roub.

1er juillet 1823 4,000
Id.   1824 3,000
Id.   1825 3,000

SOMME ÉGALE.... 14,000 roub.

40. A cette première section s'ajouteront les revenus des sommes qui, par cette ordonnance, peuvent lui
être acquises, c'est-à-dire le revenu du capital; puis
l'argent de la vente des grains superflus des différents
magasins, et enfin celui de tout revenu qui, d'après
sa nature, peut appartenir à cette institution.

DEUXIÈME SECTION DES FONDS.

41. Les fonds de cette section, destinés à la nourriture et aux semailles des paysans, consistent en grains
provenant des greniers de réserve qui ont cessé d'exister à Arensbourg et à Mohn, ainsi que des magasins
d'amélioration d'Arensbourg.

42. Dans les trois magasins susnommés, qui ne
doivent plus en faire que deux, dont un à Arensbourg

et l'autre à Mohn, il doit y avoir en provision pas
moins de 5,000 et pas plus de 10,000 loofs de grains
pour le secours des paysans.

TROISIÈME SECTION DES FONDS.

43. Le fonds de la troisième section est en argent,
destiné au dessèchement des marais et au défrichement
des terres incultes de l'île d'Œsel, et il est fondé à la
place de celui qui portait le nom d'amélioration.

44. Sur les sommes acquises par la banque, dont
il a été parlé dans le paragraphe 38, il sera pris
10,000 roub. argent pour fonder cette troisième section.

EMPLOI DES FONDS DE LA PREMIÈRE SECTION.

45. L'emploi des fonds de la première section
sera destiné aux trois usages suivants :

a. Placement du capital en prêts à rentes pour procurer des revenus à la banque.

b. Entretien des institutions d'utilité publique.

c. Secours des paysans.

a. Placement du capital.

46. La commission aura soin que le capital de la
banque porte toujours intérêt.

47. Les capitaux de la banque ne seront prêtés que sur hypothèque suffisante.

48. Le placement du capital se fait par la commission de la banque, sous l'autorisation du gouverneur civil de Livonie, qui doit s'enquérir de la sûreté des hypothèques.

49. Les placements se font pour deux et trois ans.

50. Si le débiteur a besoin d'une prolongation pour le payement, elle sera accordée par le ministre de l'intérieur, sur la proposition du gouverneur général, qui en aura été informé par le gouverneur civil et la commission. Cependant elle ne pourra être accordée qu'une fois, avec toute sûreté pour le capital.

51. Les placements faits chez une personne ne seront pas au-dessous de 500 ni au-dessus de 6,000 roubles.

52. Si le capital de la banque permet des prêts plus forts que 6,000 roubles, et qu'il n'y ait des emprunteurs que pour de plus petites sommes, la commission fera là-dessus un rapport au gouverneur général, par le gouverneur civil, pour obtenir la permission du ministre de l'intérieur.

53. Les intérêts des capitaux doivent être de 6 p. o/o.

54. A l'inscription de l'hypothèque, comme dans tous les autres actes qui concernent les placements des capitaux, il faut se régler d'après les lois prescrites pour les établissements de bienfaisance, à l'exception de ceux

qui ne sont pas autorisés par les règlements de cette ordonnance.

55. Les capitaux de la banque peuvent être confiés aux banques de la noblesse, s'il y a avantage.

56. Ils peuvent encore, comme ceux des établissements de bienfaisance, être placés dans la banque de l'empire.

57. Ils peuvent aussi être employés à l'achat des billets de la dette publique ou d'amortissement.

58. La destination pour les améliorations du capital, fixée par les §§ 55, 56 et 57, doit être autorisée par le ministre de l'intérieur, sur la présentation du gouverneur général et du gouverneur civil, sur la proposition de la commission.

b. Entretien des institutions publiques.

59. Sur les fonds de la première catégorie, seront établies les institutions d'utilité publique et de bienfaisance de l'île d'OEsel, selon les moyens existants et selon les besoins.

60. Pour la fondation de ces institutions, les communes donneront des fonds, soit comme prêt, soit comme don, selon que les besoins des paysans le réclameront.

61. Ces établissements seront permis d'après l'ordonnance actuelle, sur le consentement du ministre, obtenu par l'entremise du gouverneur général.

62. Dans la situation actuelle de ces institutions, et jusqu'à ce que le fonds de la banque s'accroisse par sa circulation, il lui sera permis de s'en servir pour payer :

1° L'entretien de la chancellerie de la commission au moyen des sommes données par la noblesse.

Pour le teneur de livres de la gestion des comptes et pour la correspondance......... 400 roubles.

Pour un écrivain............ 150

Pour les frais de la chancellerie et les dépenses non prévues...... 150

2° Pour l'entretien de deux ma-magasins, à 200 roubles chaque... 400

Pour l'hôpital du pays........ 150

Pour la poste-estafette........ 150

TOTAL.......... 1,400

c. Secours pour les paysans.

63. La banque des fonds, 1re partie, sera destinée exclusivement pour les secours de ces mêmes paysans, en conformité du paragraphe 48 de l'ordonnance confirmée par l'empereur, qui fixe la condition des paysans libres de l'île d'OEsel.

64. Ce secours est en argent pour les pauvres et les paysans ruinés par quelque malheur, en exécution

du paragraphe ci-dessus, soit paysans de la couronne ou de terres particulières, ou encore qu'ils aient un bien immobilier.

65. Pour ce secours, seront affectés les revenus annuels de la première section des fonds de la banque, après la réduction qui, dans le paragraphe 62, est désignée pour les dépenses d'administration.

66. Si, dans des cas extraordinaires, les rentes annuelles de la banque sont dépassées par des demandes de secours, et que le capital de la banque doive être entamé, la commission en exposera l'utilité au gouverneur civil et demandera l'autorisation du ministre de l'intérieur par l'intermédiaire du gouverneur général.

67. Dans un cas extraordinaire et ne souffrant aucun délai, le gouverneur civil accorde ce secours et en instruit le ministre de l'intérieur.

68. Ceux qui recevront le secours en argent désigné dans les paragraphes précédents le recevront, 1° comme prêt sans rente; 2° comme don.

69. Les secours seront donnés après enquête préalable de la commission, et avec l'assentiment des autorités supérieures.

70. Il ne sera pas donné, comme secours, de sommes au-dessous de 25 ni au-dessus de 200 roubles argent.

71. Le pétitionnaire, paysan de la couronne ou de terre particulière, ou possédant un bien immeuble,

doit, pour obtenir un secours, présenter sa demande au tribunal de la couronne, qui en réfère au tribunal de la paroisse.

72. Après que le tribunal de la paroisse a reçu la requête du tribunal de la couronne, et qu'il a pris de son côté des informations sur la position du pétitionnaire, il envoie le tout, avec son avis, à la commission, dans les termes voulus d'après le § 13.

73. La commission porte, après examen, le rapport de la paroisse à la connaissance du gouverneur civil, et la commission réunit les avis pour savoir s'il doit être accordé avec ou sans remboursement.

74. Par suite de la présentation de la commission, le gouverneur civil obtient l'autorisation du gouverneur général, et la commission fait connaître au pétitionnaire le résultat de sa demande.

75. Comme les communications avec l'île d'OEsel sont interrompues pendant une certaine partie de l'année, la commission a le droit d'accorder, dans ces cas particuliers, sans attendre l'autorisation, des secours jusqu'à concurrence de 400 roubles.

76. En cas de nécessité, entre le temps des sessions, le président aura le droit de donner jusqu'à concurrence de 200 roubles.

77. Le président de la commission, qui par suite des paragraphes précédents peut faire des avances sous sa responsabilité, est tenu de faire là-dessus, à la

première occasion, un rapport au gouverneur civil, qui le fait connaître au gouverneur général.

78. En accordant ce secours aux paysans, on est surtout tenu de veiller à l'opportunité de ce secours, pour qu'il n'y ait pas de faveurs accordées qui paralyseraient l'industrie du paysan.

EMPLOI DES FONDS DE LA DEUXIÈME SECTION.

79. La 2ᵉ section de la banque d'Arensbourg et de Mohn consiste en blé, et sera employée comme prêt ou comme don pour secourir les paysans, soit pour leur nourriture, soit pour leurs semailles.

80. Les secours en blé des magasins mentionnés dans les paragraphes précédents sont affectés à ces mêmes paysans, qui, conformément au § 48, sont compris dans l'organisation des paysans libres de l'île d'OEsel.

81. Les secours en blé des magasins sont donnés aux pauvres et aux paysans nécessiteux, sans distinction de paysans de la couronne ou de biens particuliers ou possédant un immeuble.

82. Ceux qui demanderont un secours en blé présenteront leurs demandes à la paroisse, et cette dernière à la commission. Les demandes devront être envoyées à la session avant le 30 décembre.

83. Chaque paroisse qui, conformément au paragraphe précédent, n'aura pas envoyé son rapport pour

le secours en blé à la commission, sera regardée comme n'en ayant pas besoin jusqu'à l'année suivante.

84. Après que la commission aura examiné la requête adressée à la paroisse, et qu'elle aura été accordée, la paroisse distribuera les grains dans les communes d'après le nombre d'hommes.

85. Les blés donnés par ordre de la commission sont livrés sur quittance du tribunal de la commune.

86. Pour la restitution du secours, lorsqu'il aura été fait comme prêt, les paysans de chaque paroisse sont responsables.

87. La restitution du secours en blé fait comme prêt, doit avoir lieu immédiatement après la première récolte; il doit être en blé nouveau et séché au four, en y ajoutant 1/12 de loof en sus de chaque loof prêté.

88. La commission doit veiller à ce que la livraison des blés se fasse sans perte de temps. Dans ce but, elle désigne une époque pour la réception des blés, de manière à ce que, dans chaque commune, les paysans se rendent ensemble aux magasins à la fin de la moisson.

89. La commission veille à ce que la réception et la remise des blés se fasse avec les mesures légales. Dans ce but, la commission met sur les mesures reçues dans les magasins le cachet du Gouvernement et le sien.

90. Après que le gouverneur civil a demandé la permission au gouverneur général, la commission peut

donner le secours sans exiger le 1/12, et même en
pur don, à ceux dont la pauvreté rend ce don nécessaire.

91. La commission et son président, d'après les
paragraphes 75 et 76, ont le droit, dans certains cas,
de donner directement de l'argent des fonds de secours, ou du blé. Elle peut accorder encore sans le retour du 1/12 jusqu'à concurrence de 100, et le président jusqu'à 50 loofs, moyennant la remise du 1/12. Ils
doivent chaque fois faire à ce sujet un rapport dans les
formes voulues.

92. Si, après l'application du paragraphe 42, qui
fixe la quantité des blés des magasins, et après le
30 décembre, il en reste encore, malgré les secours
accordés, la commission en fait connaître la quantité,
pour que ceux qui en désirent en fassent la demande
à la session prochaine.

93. Le blé, qui, par suite du versement du $\frac{1}{12}$,
excède la quantité fixée par le paragraphe 42, sera
vendu, et l'argent viendra en accroissement du fonds
de la première section de la banque.

94. Si les besoins ou les intérêts de la banque, d'après
le paragraphe 42, exigent la vente des blés existant en
magasin, dans le cas où la provision ne serait pas demandée, il est permis de vendre le blé au profit de la
banque.

95. Chaque fois qu'une vente de blé doit être faite,
la commission doit, par l'entremise du gouverneur

civil, en faire la proposition au gouverneur général,
en spécifiant la quantité désignée pour être vendue,
ce qui restera en nature et en prêt, et quels sont les
prix du blé.

96. Après que le gouverneur général aura examiné
les représentations de la commission et en aura reçu
l'autorisation du ministre de l'intérieur, il donnera des
ordres pour que la vente s'effectue.

EMPLOI DES FONDS DE LA TROISIÈME SECTION OU FONDS D'AMÉLIORATION.

97. L'emploi des fonds de la 3e section, ou fonds
d'amélioration se divise en deux parties :

A. Exploitation du capital par les prêts;

B. Secours immédiat pour le desséchement et défrichement des terres incultes de l'île d'OEsel.

98. En ce qui concerne l'exploitation du fonds
d'amélioration, la commission observe les mêmes principes que ceux qui ont été adoptés pour les fonds de la
première section.

99. Dans l'emploi immédiat des fonds pour le desséchement et le défrichement des terres, la commission doit veiller à ce que les secours atteignent le but
pour lequel ils ont été donnés.

100. D'après le paragraphe précédent, la commission doit chercher consciencieusement les moyens qui
peuvent produire des améliorations.

101. Afin d'assurer l'efficacité de ces mesures, la commission prend des informations pour régler les rapports de la terre, sur les places où les desséchements et les défrichements offrent une utilité publique.

102. Après cette enquête, la commission procède elle-même à un examen des localités et fixe les travaux à faire, calcule les dépenses des travaux exécutés par les paysans, et en fait la présentation au gouverneur général par le gouverneur civil.

103. Le revenu de ces fonds sera affecté aux dépenses de desséchement et de défrichement.

104. Si les dépenses dépassaient ces revenus, la commission pourrait, après la représentation au gouverneur général par le gouverneur civil, employer une partie des revenus de la première section.

105. Quand il y a urgence pour un travail, on peut employer l'argent du capital, mais seulement avec l'autorisation du ministre de l'intérieur, selon le paragraphe 66.

106. Les travaux sont exécutés d'après les ordres que le gouverneur général donne sur la présentation de la commission et celui-ci en référera en temps utile au ministre de l'intérieur.

CHAPITRE II.

BAVIÈRE.

CAISSES DE SECOURS.

Il existe en Bavière, outre la banque hypothécaire et d'escompte, des *caisses de secours* établies dans chaque cercle du royaume.

Une instruction sur le mode d'administration de ces caisses, datée du 29 août 1848, résume les principes d'organisation de cette institution. En voici l'analyse :

Fondées en 1828 par le roi Louis avec une dotation de 10,000 florins (21,400 francs), chacune, et qui fut augmentée de 4,000 florins en 1833, ces caisses virent leur fond de roulement s'augmenter progressivement par suite des versements opérés par des particuliers.

Elles sont administrées par des fonctionnaires nommés par l'État et prêtent de l'argent par petites sommes aux petits cultivateurs et habitants de la campagne qui, par leur industrie et leurs malheurs, méritent intérêt.

Les prêts sont faits sur gage ou caution, après l'avis du comité de bienfaisance et sur le consentement de l'autorité du cercle. Ils sont remboursés par parties à long terme et portent un intérêt modique. Faute de payement du premier terme échu, toute somme devient exigible de plein droit huit jours après.

L'argent doit être nécessairement employé à l'objet pour lequel le prêt a eu lieu. Il existe un contrôle pour surveiller l'exécution de cette disposition. Ce contrôle est exercé par le bourgmestre (maire) ou le conseil des indigents. Ces autorités doivent aider de leurs conseils les emprunteurs sur l'emploi de l'argent avancé.

C'est, comme on le voit, une institution toute charitable. Ses opérations dans les campagnes sont, à ce que l'on assure, d'une grande utilité, particulièrement aux petits cultivateurs et aux aubergistes.

Il est malheureusement impossible d'apprécier exactement ces opérations, parce que ces petites banques ne publient aucun compte rendu de leur gestion. On connaît seulement le chiffre auquel s'élève aujourd'hui le capital de ces caisses dans chaque cercle; le voici :

Haute-Bavière..................	17,648 fl.
Basse-Bavière................	19,340
Palatinat....................	30,945
Haut-Palatinat..............	20,945
Haute-Franconie............	28,753
Franconie-Centrale...........	17,970
Basse-Franconie..............	34,103
Souabe et Neubourg..........	45,893

Les seuls avantages qui soient accordés par le Gouvernement aux caisses de secours sont : l'exemption du timbre, et des taxes pour tous les actes concernant la gestion de leurs affaires et le droit de se servir d'un sceau; mais elles ne jouissent point de la franchise de poste.

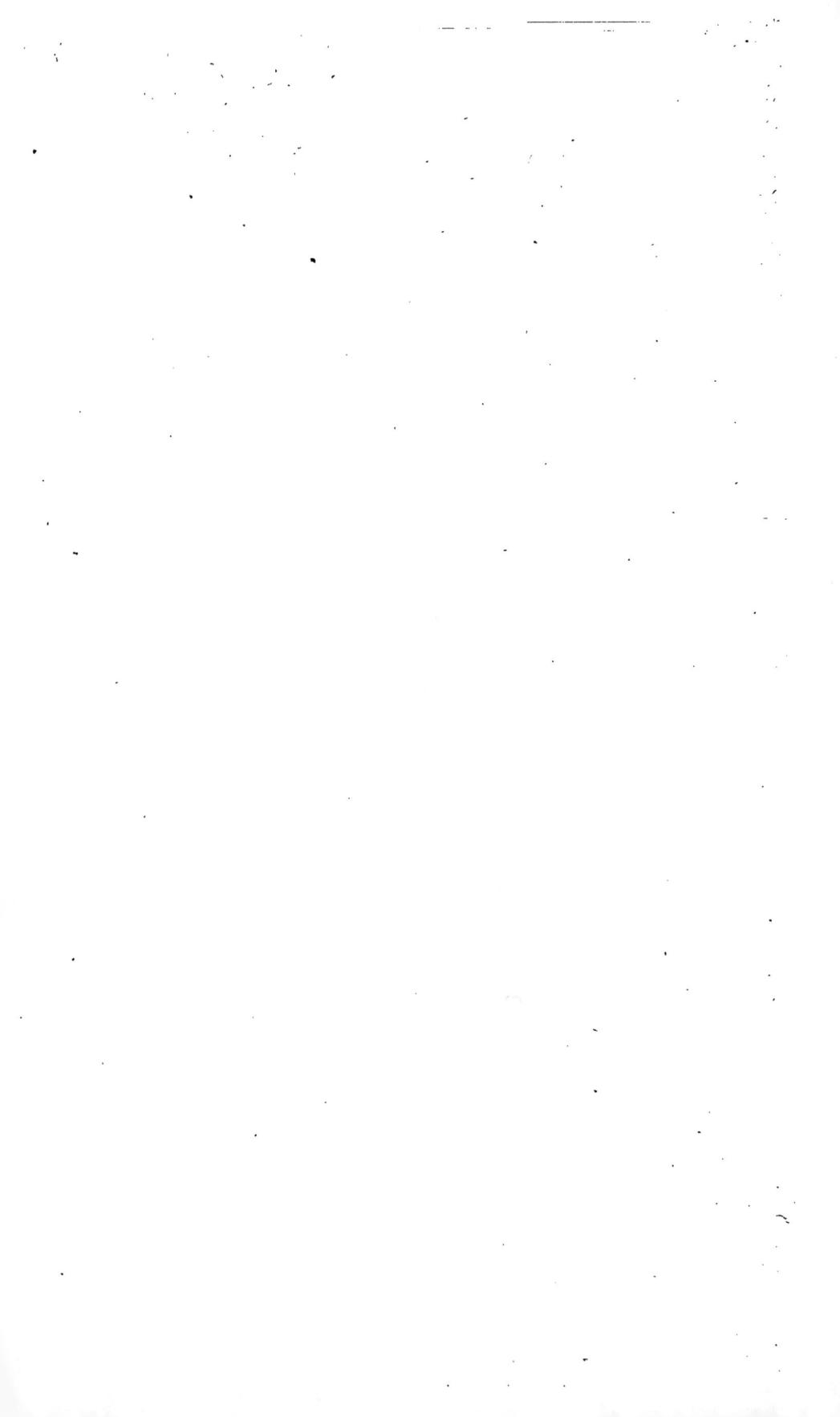

CHAPITRE III.

HESSE-DARMSTADT ET PAYS DE LA RIVE GAUCHE DU RHIN.

CAISSES D'ÉPARGNE ET DE PRÊTS.

Ces établissements, fondés déjà en 1836, sont formés par circonscriptions de cercles ou d'arrondissements (sous-préfectures), dans le double but:

« 1º De fournir aux habitants du cercle, et surtout « à ceux appartenant à la classe des domestiques et des « journaliers, l'occasion de faire valoir leurs épargnes « en toute sûreté ;

- « 2º De procurer aux habitants peu aisés qui, par « des pertes accidentelles, maladies ou autres causes « momentanées, ont été placés dans la nécessité de « faire de petits emprunts, les sommes qui leur sont « nécessaires au taux légal de l'intérêt. »

L'association pour le cercle de Mayence-campagne, par exemple, a été formée :

1º Par une première mise de 500 florins (capital d'exploitation), fournie par les communes de l'arrondissement, au prorata du capital foncier de chacune, et dont il n'est pas dû d'intérêts ;

2º Par les sommes versées par chaque *fondateur*, soit à titre de prêt sans intérêts pour 3 ans et au minimum de 1o florins par tête, soit à titre de don gratuit de 2 florins une fois payés ;

3° Par la somme de 1 florin que chaque commune, chaque membre fondateur et chaque membre ordinaire est tenu de verser annuellement.

Les versements nos 2 et 3 constituent les fonds de réserve destinés à parer aux éventualités de perte et aux frais d'administration ;

4° Par les sommes provenant des dépôts et des livrets d'épargne ;

5° Enfin, par la différence de l'intérêt dû à 4 p. o/o sur le passif de l'établissement, et à 5 p. o/o sur l'actif.

La gestion de l'association est confiée à un conseil d'administration, et le contrôle à un comité. Le premier est composé de six membres et de trois suppléants, demeurant au lieu du siége de l'association. Le deuxième est composé de douze membres et de quatre suppléants, demeurant dans l'arrondissement. La comptabilité et le service des fonds sont dirigés par un caissier comptable et par des sous-caissiers locaux, membres de l'association, agissant sous la surveillance des membres du comité de contrôle. Le caissier, pour sa gestion, est assimilé aux fonctionnaires publics. Enfin, le sous-préfet est chargé de la surveillance supérieure; il a le droit d'assister à toutes les délibérations et de décider en dernier ressort des difficultés entre les membres du conseil.

Quant aux prêts, voici le mode de procéder :

Les demandes, avant d'être soumises à la décision Demandes du conseil d'administration, sont préalablement vérifiées par le caissier sous le rapport de la moralité et des moyens de fortune de l'emprunteur, et de sa caution éventuelle, le tout attesté par un certificat délivré par le maire du lieu, assisté de deux conseillers municipaux.

Aucun prêt ne peut être inférieur à 10 florins. De Prêts. 10 jusqu'à 100 florins au maximum, les prêts sont consentis sur simple reconnaissance de l'emprunteur, assisté d'une caution solvable. Les reconnaissances doivent exprimer exactement la destination de la somme empruntée [1].

Au-dessus de 100 fl. les prêts doivent être garantis Garantie par hypothèque sur des immeubles libres d'inscription.

De 100 à 200 florins, le conseil d'administration peut exiger triple ou quadruple sûreté. Au-dessus de 200 florins, la sûreté doit toujours être triple [2].

---

[1] Il y a des statuts où la caution n'est pas exigée; mais alors le certificat délivré par le maire et le conseil municipal en tient lieu de plein droit, et il en a tous les effets, tantôt pour les signataires seulement, et tantôt pour la commune même, selon les statuts. Enfin, dans les cas d'engagement des communes, les certificats ont besoin de l'approbation et du visa du sous-préfet, et alors les prêts sur simple reconnaissance peuvent comporter jusqu'à 200 florins, remboursables en deux années.

[2] Il y a des statuts qui prévoient le cas où le régime hypothécaire du Code Napoléon sera amélioré, et qui stipulent qu'*alors* la sûreté ordinaire suffira même pour des sommes plus fortes. Dans la Hesse rhénane également, le régime hypothécaire français se révèle comme un empêchement grave à l'établissement des banques foncières.

ération. Les emprunteurs sur simples reconnaissances peuvent se libérer successivement. par dixièmes du capital ; mais leur dette doit être soldée en trois années, et au moins à raison de 1/3 par an.

Enfin, si le conseil d'administration le juge nécessaire, et après une dénonciation de trois mois, le débiteur peut être tenu de se libérer intégralement d'un seul coup.

térêts. Les intérêts des sommes prêtées sont dus à raison de 5 p. o/o, à partir du jour de l'admission de la demande par le conseil d'administration.

Quant aux fonds de dépôt et d'épargnes, les intérêts courants à 4 p. o/o ne sont comptés au déposant qu'à partir du 30me jour après celui de la consignation, et, en cas de remboursement, que jusqu'au dernier jour du mois qui précède le remboursement [1].

---

[1] Il y a des statuts qui établissent trois taux d'intérêts à payer, selon la qualité des déposants.

Ainsi, dans la première classe, l'intérêt est à 5 p. o/o, en faveur des militaires, journaliers, domestiques, etc., lorsque les versements d'une année ne dépassent pas 50 florins, et lorsque le dépôt de plusieurs années ne dépasse pas 200 florins.

Dans la deuxième classe (intérêt à 4 p. o/o) sont comprises les personnes qui n'appartiennent pas aux pauvres de la première classe, mais à condition de ne pas avoir dépassé 100 florins en versement dans l'année, et 500 florins en dépôt accumulé ;

Les personnes mineures, les absents, les interdits, les communes et les établissements publics, jusqu'à concurrence de 500 florins ;

Et enfin, les déposants de la première classe, dans les cas exprimés ci-dessus.

Voici maintenant, pour l'aperçu général des résultats de ces établissements, la situation financière de l'un d'eux (mai 1846), celui du cercle de Mayence-campagne, au siége d'Oppenheim, et qui est précisément celui dont on vient d'analyser les statuts.

L'actif comportait............ 72,006 florins.

Le passif................. 69,292

Le fonds de réserve......... 2,714

Pendant l'année 1845, quatre cent vingt-cinq particuliers avaient reçu en partie sur hypothèques, mais en majeure partie sur simples reconnaissances, des prêts à partir de 12 florins jusqu'à 600 florins, et montant ensemble à 34,061 florins.

351 particuliers et 11 établissements publics avaient déposé à la caisse d'épargne............. 28,602[fl.]

Les remboursements effectués par les emprunteurs s'élevaient, en capital, à........ 20,600

Les intérêts à 5 p. o/o des sommes prêtées (actif), à............................ 3,298

Ceux à 4 p. o/o des sommes déposées (passif), à............................ 2,363

Les cotisations annuelles des communes et des sociétaires à 1 florin par membre, à.. 168

Les frais d'administration, y compris le traitement du caissier comptable à 400 flor., à 550

Toutes ces données, qui sont relevées du compte

L'intérêt est à 3 p. o/o dans la troisième classe, pour tous les dépôts non compris dans les classes précédentes.

officiel que le conseil d'administration est tenu de publier chaque année, appartiennent à l'année 1845, c'est-à-dire à la dernière année normale.

En effet, les années 1846 et 1847 ont été exceptionnelles, à cause de la disette d'alors, et celles de 1848 et 1849 l'ont été encore davantage par les événements politiques. Pendant toutes ces années, les associations, privées de leurs plus importantes ressources par le retrait des dépôts d'épargne, ont été paralysées dans leurs opérations, et leur principal soin devait se porter à faire rentrer leurs créances.

Cependant toutes ont heureusement traversé ces temps difficiles, et, actuellement, ces institutions philanthropiques sont rentrées dans leurs opérations normales.

Les statuts des autres cercles, tels que ceux du cercle d'Alzey et du cercle de Bingen, partent d'une seule et même idée et poursuivent le même but. Il n'y a de différence que dans le mode d'application. Ainsi, par exemple, dans le cercle d'Alzey, les communes n'ont pas concouru à la première mise de fonds, à laquelle il a été pourvu par un prêt de 25 florins fait sans intérêt, pour deux ans, par chacun des 85 sociétaires fondateurs, et par la souscription d'actions de 100 florins, jusqu'au capital de 10,000 florins, portant intérêt à 4 p. 0/0 et réalisables au fur et à mesure des besoins du service.

CHAPITRE IV.

GRANDE-BRETAGNE ET IRLANDE.

—

SOCIÉTÉ DE PRÊT EN IRLANDE.

(*LOAN FUND'S SOCIETIES.*)

Durant les trente dernières années, des associations se sont formées à Londres dans le but d'améliorer la condition de la population agricole en Irlande. Les unes ont fait des avances de fonds pour encourager la fabrication des chapeaux de paille, les autres pour améliorer les pêcheries et l'agriculture, soit en faisant les avances de petites sommes, soit en fournissant les instruments de pêche ou d'agriculture. Toutes accordent aux cultivateurs, marchands, terrassiers et ouvriers, des avances d'argent remboursables par parties avec un certain intérêt. Ces transactions se sont opérées par l'intermédiaire de comités locaux correspondant avec les sociétés de Londres.

Les heureux résultats de ces associations étant géné- ^{Historique}
ralement reconnus, on jugea convenable de rendre un acte du parlement pour mieux encourager ce genre de sociétés. D'après cet acte, du mois de mai 1823, toutes personnes, désirant former une société de crédit pour

prêter de petites sommes, ou fournir des instruments d'agriculture, devront soumettre au juge de paix une copie de leurs règlements; des prêts de 10 livres sterling (250 fr.) par an, pourront être faits à tous sur un titre écrit à la main et exempt du droit de timbre; le trésorier de la société sera chargé du recouvrement de ces avances; l'intérêt légal sera seul exigible, aucun des receveurs ou directeurs ne devra toucher aucun traitement, à l'exception des commis auxquels seront payés les salaires fixés par la société; tous métiers ou instruments prêtés par la société seront estampillés avant leur livraison et exempts de la saisie pour dettes ou non-payement de loyer.

Quelques années d'expérience ont démontré que beaucoup d'abus se glissaient sous le couvert de l'acte de 1823, et que les principes bienfaisants du système ne pouvaient se réaliser sans quelques modifications dans la loi. En effet, quoique les receveurs et les directeurs n'eussent droit à aucune rémunération, il n'en arrivait pas moins que sous le titre général de dépenses nécessaires, illimitées, à payer aux commis, des membres de leurs familles recevaient de fortes gratifications, et on réalisait ainsi peu ou point de bénéfices.

Quelques-unes des sociétés de Londres faisant leurs avances aux comités locaux sans intérêts, et ces mêmes comités prenant 6 p. o/o de l'emprunteur, il en résultait de forts bénéfices gaspillés par une direction dépensière et irresponsable.

Pour mettre un terme à ces désordres, il fut passé en 1836 un acte autorisant le lord-lieutenant d'Irlande à nommer un comité central avec pouvoir d'examiner tous les livres des sociétés établies.

D'après ce même acte, les règlements devaient être examinés et certifiés par un avocat réviseur avant d'être soumis au juge de paix. Toute société violant son règlement devait être suspendue. Les prêts étaient remboursés par fraction. Un intérêt, au taux de 6 deniers par livre sterling (60 cent. par 25 fr.) pour vingt semaines, était payé par l'emprunteur, et les profits, après payement des frais limités d'administration, étaient applicables à des institutions d'intérêt local, comme l'entretien d'un hôpital, d'une école, ou la formation d'un établissement d'utilité publique. Enfin chaque société devait soumettre son compte annuel au comité central, et ce dernier, par acte du parlement passé en 1838, devait lui faire tous les ans son rapport.

Telles étaient les bases sur lesquelles reposaient ces sociétés de crédit.

Tous les actes du parlement y relatifs ont été abrogés, sauf à l'égard des opérations accomplies par des sociétés existantes. (Voir l'acte 6 et 7 Victoria, ch. 91, 24 août 1843.)

Ce dernier acte résume, par conséquent, toute la législation en vigueur relative aux sociétés dont il s'agit. Voici ses principales dispositions :

Il est établi à Dublin un bureau central (*Loan fund*   Organisat *board*) pour le contrôle et la surveillance de toutes les sociétés charitables de prêt et des établissements de prêt sur gage fondés sous l'empire des actes précités. Ce bureau central est placé sous l'autorité du lord-lieutenant de l'Irlande, qui en nomme et en révoque les membres et les employés. Le bureau central a le droit d'examiner tous les actes des sociétés en question, pour s'assurer si leurs statuts ont été autorisés et s'ils sont exécutés, si l'argent dont ces sociétés disposent est appliqué au but auquel il est destiné. Ce même bureau a seul le droit d'autoriser la formation des nouvelles sociétés du même genre, de faire examiner leurs statuts par un homme de loi, et de les approuver, sauf appel au lord-lieutenant d'Irlande.

ital social.   Ces sociétés forment leurs fonds par des donations et par des emprunts dont l'intérêt ne dépasse pas 5 p. o/o par an. Elles sont gérées par des administrateurs dont les fonctions sont gratuites, mais qui sont responsables vis-à-vis de la société et des ayants droit.

Prêts.   Les prêts faits par ces sociétés, sur une garantie personnelle, ne peuvent dépasser la somme de 10 livres sterling à la fois (250 francs). Un second prêt ne peut être fait au même individu, jusqu'à ce que le premier soit intégralement remboursé. (Art. 24.)

Tous les actes d'une pareille société sont affranchis des droits de timbre. (Art. 26.)

ntérêts.   Le taux de l'intérêt des sommes prêtées par la société ne doit pas dépasser 4 pence par livre sterling pour vingt semaines, c'est-à-dire 4 p. o/o par année, qui est composée de quarante-huit semaines, d'après l'usage adopté par cette comptabilité. Cet intérêt peut être retenu d'avance comme escompte. Le capital est remboursé par l'emprunteur à l'aide de versements successifs faits aux termes et par sommes convenues, en prenant garantie pour tout le montant de l'emprunt.

La direction peut cependant, dans le cas où elle y serait autorisée par le bureau de surveillance central, faire des prêts n'excédant pas 10 livres sterling à un taux d'intérêt de un 1/2 pence par mois par livre sterling (c'est-à-dire à 7 1/2 p. o/o par an), à condition qu'il y ait un intervalle de vingt-sept jours entre l'émission du prêt et le payement du premier à-compte, et au moins le même intervalle entre chaque à-compte successif.

Le taux de l'intérêt autorisé par les *actes* antérieurs, qui était de 6 pence par livre sterling pour vingt semaines, cessera d'être perçu après l'expiration de trois mois depuis le 31 décembre 1843.

En cas de retard de payement et après le délai convenu, le défaillant sera poursuivi devant le juge de paix de la juridiction duquel la société relève. Les frais ne dépasseront pas deux schellings (2 fr. 50 c.). Si, après condamnation, le débiteur ne paye pas la somme échue et les frais, il sera procédé à la vente de ses biens par autorité de justice, mais avec des formalités prescrites pour ce cas et qui évitent la plupart des frais ordinairement prélevés.

35.

La société, pour augmenter ses fonds, peut émettre des obligations dans la forme prescrite par le bureau central, transmissibles par voie d'endossement, lequel est fait en présence de deux témoins au bureau de la société, et enregistré dans les livres de la société. Les obligations ne peuvent être émises pour une somme inférieure à 20 livres sterling. Les sommes déposées à la société, dont le montant ne dépasse pas 50 livres sterling, pourront être remboursées au plus tard par les héritiers, trois mois après la mort du créancier décédé sans laisser de testament.

Les affaires de prêts ne peuvent être traitées dans les tavernes, auberges et autres lieux publics.

La comptabilité de la société sera tenue d'après le mode prescrit par le bureau central. Les sociétés doivent faire à ce bureau des rapports annuels sur leur situation. Elles ne peuvent être dissoutes sans donner un avis trois mois à l'avance au bureau central.

Sur les profits réalisés par la société, un dixième doit être conservé comme fonds de réserve pour répondre aux réclamations des porteurs d'obligations. Le reste des profits pourra être appliqué à un but charitable, tel que, établissement d'un hôpital, d'une pharmacie pour les indigents, etc.

Le bureau central peut dissoudre les sociétés qui violent leurs règlements. Celles-ci peuvent en appeler au lord-lieutenant en conseil.

La société de Londres, nommée *Institution irlan-*

daise, *reproductive du fonds des prêts*, est exempte du contrôle du bureau central de Dublin et est régie par des règles particulières. Cette société fait des rapports annuels au parlement.

Les sociétés charitables de mont-de-piété en Irlande sont au contraire soumises au contrôle du bureau central et à toutes les dispositions du présent acte.

Conformément à cet acte, l'instruction suivante a été publiée par le gouvernement irlandais.

INSTRUCTION

POUR LA FORMATION D'UNE SOCIÉTÉ DE PRÊT.

La première mesure à prendre est de convoquer dans la localité une réunion. Tous ceux qui veulent devenir déposants déclarent le nombre d'obligations qu'ils désirent prendre. Ils ont droit à un intérêt de 5 ou de 6 p. o/o, suivant les localités.

Un membre est nommé caissier, un autre secrétaire honoraire, ou bien ces deux fonctions sont réunies sur la même tête, et trois ou quatre autres membres sont nommés administrateurs.

Le secrétaire du bureau central reçoit le procès-verbal de la séance, et il envoie le règlement général approuvé par le bureau central.

Ce règlement contient des blancs destinés à être

remplis par les modifications que chaque société locale exige, d'après l'avis des administrateurs et du comité.

Le règlement étant définitivement adopté, une copie est envoyée au bureau central.

Le bureau approuve ou modifie. S'il approuve, deux copies sont renvoyées à la société. Le comité les signe, et les renvoie, avec une guinée (26 fr. 25 c.) pour honoraire du conseil légal.

Les trois copies sont alors renvoyées par le secrétaire du bureau central au conseil légal, qui les certifie et les renvoie au bureau.

Le secrétaire en conserve une, une autre est transmise au greffier de la justice de paix du comité où la caisse est située, pour être déposée aux archives; la troisième est remise au caissier de la société comme garantie de la légalité de la constitution.

Aucun honoraire ne doit être payé au greffier de la justice de paix. Aucun droit de timbre n'est payé pour les actes de la société.

Les formalités de poursuite par la société sont très-sommaires. Un seul magistrat (le juge de paix), adjuge sans appel. S'il surgit une question de droit, on en réfère au bureau central, qui la soumet par l'organe de son secrétaire aux conseils légaux de la couronne, et l'avis légal est transmis gratuitement.

Après la copie certifiée du règlement, la société existe légalement. Lorsqu'elle s'est pourvue de quan-

tité suffisante de papiers, livres, etc., elle peut commencer ses opérations.

Les livres et modèles sont ci-après (voir leur énu-
mération).

Une réunion (*meeting*) doit être ensuite convoquée,
et un certain nombre de membres sera constitué en
comité permanent.

Ce comité doit immédiatement rédiger les règlements locaux qu'il croit nécessaires; et ces règlements
doivent être transmis au bureau central pour recevoir
son approbation. Une fois approuvés, ils sont renvoyés
à la société et enregistrés à la suite des statuts.

Comme de temps à autres de nouveaux règlements
locaux peuvent être nécessaires, ils sont rédigés, approuvés et enregistrés de la même manière.

A la première réunion du comité, un secrétaire est
nommé, et son traitement fixé pour la première année.

Il souscrit, ainsi que le caissier, l'engagement de
fournir caution, conformément aux statuts, et cet engagement est envoyé au secrétaire du bureau central.

Le caissier doit fournir au secrétaire 100 ou 200
formules de demandes, avec invitation de les donner
à tous ceux qui les réclameront, au prix d'un penny
(10 centimes) chacun.

Le secrétaire doit rendre compte des recettes faites
pour cela au caissier, à chaque réunion.

Les formules remplies sont déposées au comite,
qui doit avoir une connaissance suffisante de la localité

pour apprécier la valeur morale de l'impétrant et la garantie offerte.

Quant à cette valeur morale, il est difficile de donner des instructions à ce sujet, et cependant le succès du système repose sur l'appréciation exacte de cette valeur. Il faut se donner beaucoup de peine, avoir beaucoup de perspicacité, surtout pendant les premiers temps.

Afin que le prêt soit profitable, il est essentiel de s'assurer si l'emprunteur a une somme constante de revenu, qui lui permette de payer les à-compte. S'il est exposé à payer de fréquentes amendes, ou si, pour les éviter, il est obligé de mettre son avoir en gage, ou de vendre sa terre à des conditions désavantageuses, ou de garder une partie du prêt pour payer les premiers à-compte, le prêt doit être refusé.

Par conséquent, à moins qu'un impétrant n'ait de quoi faire face aux premiers payements, il ne faut jamais lui accorder de prêts. Les emprunteurs de chaque localité sont bientôt connus; et à mesure que l'institution dure, la difficulté devient moins grande.

Après l'approbation du comité, l'argent est remis. L'emprunteur et ses cautions signent une obligation suivant modèle. Cette obligation est parafée par le secrétaire.

Une carte est en même temps remplie et remise à l'emprunteur avec l'argent. Elle indique les époques de payement, les amendes pour retards; il doit la produire chaque semaine en payant son à-compte d'un schelling, et la somme payée est marquée sur la carte.

Chaque demande porte un numéro suivant sa date. Ce numéro est transporté sur le livre; il est mis sur la carte. On voit de suite sur le livre avec quelle régularité l'emprunteur paye ses à-compte.

D'après ce livre, on dresse un état hebdomadaire d'où l'on tire des données pour remplir le grand livre, qui est la clef de tout.

Le grand livre est rayé en cinquante-six lignes; il a trois colonnes, une rubrique pour les dates; il doit être tenu suivant le système écossais.

En faisant les inscriptions régulièrement, les intéressés, même peu familiers avec la comptabilité, peuvent tout d'un coup voir quelle est la situation de la société (suit le modèle du livre).

Un compte rendu annuel est exigé de chaque société.

Il constate le chiffre des déposants, la somme en circulation, les obligations dues à la société et son passif. Au 31 décembre, tous les comptes sont balancés, et les payements doivent être faits de manière que rien ne soit porté au débit de l'année suivante.

Un modèle imprimé de ce compte rendu est transmis par le bureau central, vers la fin de l'année, à la société, qui doit le remplir et le renvoyer avant le 31 janvier suivant.

(Suivent des modèles de règlements, de demandes, de certificats, de cautions, de cartes, de livres d'à-compte, d'états hebdomadaires, de livres des débiteurs en retard.)

Les rapports annuels faits au parlement, conformément à l'acte de 1843, par le bureau central, fournissent des documents précieux sur les résultats produits par les sociétés de prêt et sur leur situation.

Nous croyons devoir analyser le troisième rapport fait en 1841, et le onzième fait en 1848.

TROISIÈME RAPPORT DES COMMISSAIRES DU BUREAU CENTRAL D'IRLANDE EN 1841.

En soumettant ce troisième rapport au parlement, le bureau central croit, avant tout, devoir rappeler que l'année écoulée a été des plus malheureuses pour les classes pauvres, à raison de la mauvaise récolte et d'autres causes énoncées dans les rapports locaux venus de tous côtés. Il est agréable au bureau de constater que partout où le système de la société a été établi et a judicieusement fonctionné, il a allégé la détresse dans certains endroits, et, dans d'autres, il l'a fait disparaître. Il a fait naître en même temps des habitudes d'ordre, de propreté et de ponctualité.

RÉSULTATS :

En 1840, 215 sociétés.

Sommes en circulation ou prêtées...... 1,164,046[l]
Nombre des emprunteurs................... 465,750
Profits (déduction faite des intérêts aux
déposants, et frais)................ 15,837[l] 12[sh] 11[d]
Pertes signalées par le rapport de 17 sociétés   360 18 08
Bénéfice net applicable à des buts charitables   15,476 14 03

ONZIÈME RAPPORT DU BUREAU CENTRAL EN 1848.

En 1848 :

Nombre des sociétés............................ 177

Montant des valeurs................. 717,865[l]
Nombre de prêts........................... 190,407
Profits bruts....................... 20,132[l] 01[sh] 10[d]
Intérêts, frais et pertes.............. 22,133 00 10
Pertes nettes...................... 4,528 17 02
Profits nets....................... 2,527 17 10

Ajoutons que le montant des valeurs en circulation
avait été :

En 1841.............. de 1,438,598[l]
    1842................. 1,691,871
    1843................. 1,650,963
    1844................. 1,702,918
    1845................. 1,857,457
    1846................. 1,770,397
    1847................. 863,647

Le rapport ajoute que la prévision du bureau central s'est réalisée à cause de la famine de 1846 et des événements ultérieurs. La preuve en est dans la différence de la circulation en 1846 et en 1847. La perte nette sur l'ensemble des opérations en 1848 a été de 2,000 l. sur un capital de 217,119 l. Il est surprenant que cette perte n'ait pas été plus considérable : le bureau s'en félicite.

Plusieurs sociétés ont été mises en liquidation. Il faut attribuer ce résultat à la détresse générale et à l'émigration en Amérique, tant des emprunteurs que des cautions.

Ces chiffres, il ne faut point l'oublier, ne concernent pas un grand nombre de banques fonctionnant sans être enregistrées ; on peut, sans exagérer, en porter le nombre à 400 qui mettent en circulation un capital de liv. st. 2,000,000 ou 50,000,000 fr.

La statistique de ces rapports prouve clairement la force de vitalité de ce système, à tel point qu'en deux années la circulation s'est élevée de 180,000 livres à 1164,000 liv., soit de 4,500,000 fr. à 29,100,000 fr.

Et quand on considère que ce capital a été répandu parmi la plus pauvre classe du pays le plus pauvre en Europe, en prêts de la valeur moyenne de 3 livres sterling (75 francs), qu'un bon intérêt est payé aux actionnaires et fournit ainsi un placement sûr et lucratif aux petits fermiers et négociants, on ne saurait rien ajouter pour faire l'éloge du système.

Une légère connaissance de la situation de la classe ouvrière, dans un pays d'agriculture comme l'Irlande, suffit pour se convaincre que la circulation d'un si fort capital doit être d'une vaste importance; il serait impossible de calculer tous les services qu'elle rend au propriétaire comme au fermier.

Le jeu de ce système est spécialement apte à corriger certains défauts dominants de la classe ouvrière en Irlande. La nécessité de faire des remboursements hebdomadaires stimule son énergie et lui fait acquérir des habitudes de ponctualité, comme aussi elle donne naissance à de bons sentiments qui doivent produire d'heureux résultats. L'emprunteur doit avoir pour sûreté deux amis qui répondent de sa moralité et de sa bonne conduite et deviennent sa caution légale pour la dette contractée. En beaucoup de circonstances le premier s'est soumis aux plus grandes privations pour ne pas compromettre ses répondants; ceux-ci ne peuvent manquer de s'intéresser à un homme pour lequel ils exposent leur crédit, et d'exercer sur lui une certaine influence. Des rapports d'amitié suivent généralement ces transactions.

Il serait difficile de dire à quelle classe de la communauté ce système de crédit est le plus avantageux, au petit commerce, auquel il offre une banque de dépôt pour ses recettes hebdomadaires; aux marchands de toutes les classes, qui avec l'argent comptant peuvent se procurer les matériaux et les instruments de leur

Bienfaits de ces instituti[ons] pour la classe ouvr[ière]

commerce, ou aux petits fermiers, qui trouvent dans ce secours une addition de capital pour surmonter un embarras temporaire, et peuvent garder leur produit pour attendre un meilleur prix.

Pour le paysan, ces sociétés de crédit, qui leur fournissent l'argent nécessaire à l'achat annuel d'un cochon, sont inestimables. Les salaires payés à cette classe sont si bas qu'ils la mettent presque dans l'impossibilité d'épargner, pour cette acquisition, une somme suffisante sans que ses besoins l'obligent à y toucher.

Par exemple, prenons un des cas les plus fréquents. Un paysan demande une livre sterling pour l'achat d'un cochon; il a des aliments suffisants pour sa famille, mais les restes se perdent; il reçoit une livre pour l'achat de cet animal, qui, nourri avec ces restes, gagne en valeur, suivant les calculs ordinaires, un schelling par semaine (1 fr. 25 c.) Si cette augmentation de valeur était saisissable, chaque semaine, le paysan pourrait payer sa dette par fraction et, à l'expiration des 20 semaines, il aurait remboursé le tout. Mais, comme l'augmentation de valeur de l'animal, n'est pas saisissable, il paye un schelling par semaine sur ses gages: il rembourse son prêt et se trouve en possession d'un cochon de la valeur de 40 schellings.

Supposons maintenant que le remboursement intégral ne dût se faire qu'au bout des 20 semaines, nous le demandons à tous ceux qui connaissent ses habitudes, le paysan gagnerait-il à cet arrangement? Même sans être obligé de rembourser le prêt par fraction, il doit toujours en mettre de côté le montant par petites sommes. Dans cette supposition, pour rendre aussi légère que possible le manque de cet argent, il commence par mettre de côté 1 schelling par semaine pris sur son salaire de 5 shellings, il le dépose dans sa boîte et s'efforce de mettre ensemble cette somme. Mais est-il probable qu'il ne touchera pas à ce dépôt? N'est-il pas souvent exposé à y porter la main au moindre prétexte? Évidemment, et rarement les 20 schellings se trouveront réunis au bout des 20 semaines. Au contraire, en apportant ses économies au bureau de la société, le paysan contracte des habitudes de ponctualité et de régularité; il paye progressivement sa dette, et les directeurs, en obligeant d'autres emprunteurs avec l'argent remboursé, peuvent offrir un dédommagement raisonnable aux actionnaires qui ont avancé l'argent pour défrayer les dépenses de la société, et pour prêter à des conditions plus avantageuses que l'emprunteur ne saurait en trouver partout ailleurs.

Le paysan, soulagé ainsi par la société du crédit, est mis à même d'éviter ces transactions à terme, si ruineuses et si fréquentes parmi la class eagricole du pays.

Un exemple expliquera la nature de ces transactions. Entre les deux récoltes de pommes de terre, les paysans se nourrissent généralement de farine de seigle qu'ils peuvent acheter au prix moyen de 10 schellings (12 fr. 50 cent.) par 112 livres (50 kilog.).

Néanmoins, fort peu d'entre eux ont de l'argent pour aller au marché. Il existe une classe de petits usuriers, dits marchands de farine, qui leur vendent à terme, et l'acheteur s'oblige à payer la farine 18 ou 20 schellings (22 fr. 50 à 25 fr.), en septembre, quand il fera sa récolte de pommes de terre, avec la condition spéciale de payer tout prix, même au-dessus du prix convenu, auquel pourrait s'élever la farine jusqu'au jour du payement. En empruntant une livre sterling de la société pour laquelle il paye 4 deniers d'intérêt (40 centimes), le paysan se met à même d'acheter 2 quintaux de farine aux conditions les plus avantageuses, et, comme sa famille ne manque pas d'aliments, il rembourse sans peine un schelling par semaine.

Les renseignements qui précèdent suffisent pour faire apprécier toute l'importance de ces banques de crédit.

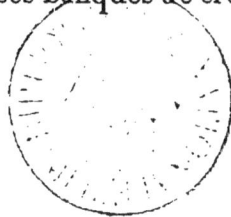

FIN.

TABLE DES MATIÈRES.

PREMIÈRE PARTIE.

INSTITUTIONS DE CRÉDIT FONCIER.

36

562 TABLE DES MATIÈRES.

DEUXIÈME PARTIE.

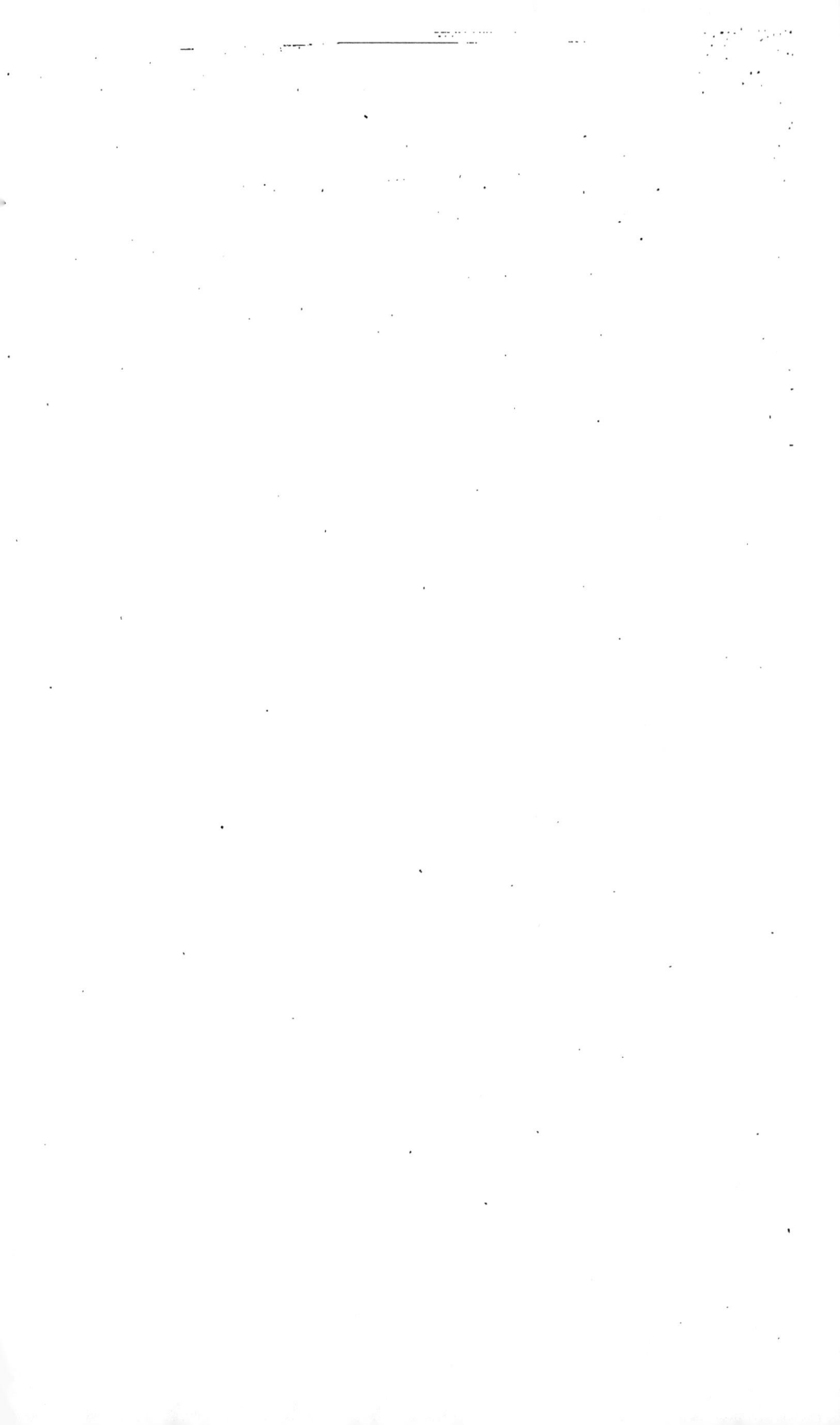

www.ingramcontent.com/pod-product-compliance
Lightning Source LLC
Chambersburg PA
CBHW060845220326
41599CB00017B/2394

9782019188870